彩图1 玉米地膜覆盖栽培

彩图2 玉米双株紧靠栽培

彩图3 甜玉米

彩图4 玉米间作韭葱

彩图5 玉米间作绿豆

彩图6 玉米间作生菜

彩图7 玉米间作莴笋

彩图8 玉米间作小白菜

彩图 9　玉米周边种植

彩图 10　甜玉米地膜覆盖栽培

彩图 11　玉米大棚栽培

彩图 12　白色籽粒糯玉米

彩图 13　彩色籽粒糯玉米

彩图 14　玉米膜下滴灌栽培

彩图 15　糯玉米种子

彩图 16　甜玉米种子

彩图 17　玉米包衣种子

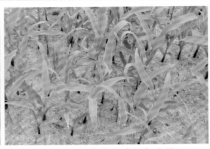
彩图 18　营养块（坨）育苗

彩图 19　玉米软盘（穴盘）育苗

彩图 20　玉米白化苗

彩图 21　幼苗紫叶苗

彩图 22　玉米红叶苗

彩图 23　玉米苗分蘖过多

彩图 24　玉米苗心叶牛尾巴状

彩图 26　玉米抽雄

彩图 25　玉米拔节

彩图 27　玉米大喇叭口期　　　　彩图 28　玉米花粒期

彩图 29　玉米苞叶过短现象　　　彩图 30　玉米空秆植株

彩图 31　玉米秃尖现象　　　　　彩图 32　玉米多穗现象

彩图 33　玉米香蕉穗现象

彩图 34　玉米空秆缺粒

彩图 35　玉米穗发芽现象

彩图 36　籽粒晾晒

彩图 37　玉米缺氮的田间表现

彩图 38　玉米苗期缺磷

彩图 39　玉米缺钾

彩图 40　玉米缺钙

彩图 41　玉米缺锌

彩图 42　玉米粗缩病田间发病状

彩图 43　玉米矮花叶病

彩图 44　玉米大斑病病叶

彩图 45　玉米小斑病病叶

彩图 46　玉米灰斑病病叶

彩图 47　玉米弯孢霉叶斑病典型病叶

彩图 48　玉米锈病田间发病状

彩图 49　玉米褐斑病叶片上的黄褐色
圆形小斑点

彩图 50　玉米顶腐病抽穗期
叶片黄化干枯

彩图 51　玉米纹枯病叶鞘上
不规则云纹状大斑

彩图 52　玉米青枯病田间表现

彩图 53　玉米细菌性茎腐病

彩图 54　玉米全蚀病病株

彩图 55　玉米穗粒腐病病穗

彩图 56　玉米疯顶病

彩图 57　遗传性斑点病田间表现

彩图 58　地老虎为害玉米苗

彩图 59　二点委夜蛾幼虫

彩图 60　二点委夜蛾蛀食玉米茎秆

彩图 61　蝼蛄

彩图 62　金针虫为害玉米苗根部

彩图 63　玉米耕葵粉蚧为害玉米根茎部

彩图 64　玉米黏虫为害玉米

彩图 65　玉米地里的黏虫

彩图 66　玉米叶片上的蓟马

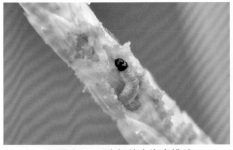

彩图 67　玉米螟幼虫为害雄穗

彩图 68　玉米螟为害叶片

彩图 69　玉米雄穗及叶片密布玉米蚜

彩图 70　拨开玉米雄穗后里面的玉米蚜

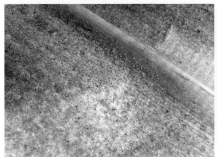

彩图 71　红蜘蛛为害玉米叶片

彩图 72　棉铃虫为害玉米果穗

彩图 73　为害玉米的棉铃虫幼虫

彩图 74　蝗虫

彩图 75
白星花金龟子为害玉米

彩图 76
双斑萤叶甲为害玉米果穗花丝

彩图 77
双斑萤叶甲为害玉米叶片

彩图 78　蜗牛为害玉米叶片

彩图 79　草地贪夜蛾低龄幼虫

彩图 80　草地贪夜蛾为害玉米田间症状

彩图 82　有机磷农药与除草剂混用药害田间表现

彩图 81　玉米草地贪夜蛾为害玉米叶片成不规则形或长矩形典型状

彩图 83　有机磷农药与除草剂混用药害单株表现

彩图 84　玉米施用 2 甲 4 氯异辛酯药后十八天心叶呈棒状

彩图 85　药后十五天新生气生根畸形

彩图 86　玉米莠去津药害

彩图 87　烟嘧磺隆药害致玉米心叶褪绿变黄

彩图 88　玉米氯氟吡氧乙酸异辛酯施用时机不当致下部茎基弯曲

彩图 89　玉米施用硝磺草酮产生药害
致叶片白化褪绿

彩图 90　玉米干旱

彩图 91　玉米灌浆期秋旱

彩图 92　涝渍后的玉米田

彩图 93　玉米苗期涝害

彩图 94　玉米低温冷害

彩图 95　玉米茎倒

彩图 96　玉米根倒

粮油经济作物高效栽培丛书

玉米
优质高产问答

王迪轩　杨　雄　王雅琴　主编

（第二版）

化学工业出版社
·北京·

内 容 简 介

本书采用问答的形式，详细介绍了玉米的优质高产栽培技术、播种育苗技术、田间管理技术、主要病虫草害全程监控技术以及气象灾害减灾技术等内容。针对农民在玉米生产中遇到的 200 个实际问题，提供了具体的解决方案与技术要点，具有很强的针对性和指导性。书中附有近百张高清原色彩图，便于指导实际生产操作。

本书适合广大种植玉米的农民、农村专业合作化组织阅读，也可供农业院校种植、植保专业师生参考。

图书在版编目（CIP）数据

玉米优质高产问答/王迪轩，杨雄，王雅琴主编. —2
版. —北京：化学工业出版社，2020.10（2024.11重印）
（粮油经济作物高效栽培丛书）
ISBN 978-7-122-37337-3

Ⅰ.①玉… Ⅱ.①王… ②杨… ③王… Ⅲ.①玉米-高产
栽培-栽培技术-问题解答 Ⅳ.①S513-44

中国版本图书馆 CIP 数据核字（2020）第 118495 号

责任编辑：冉海滢 刘 军　　　文字编辑：李娇娇 陈小滔
责任校对：王鹏飞　　　　　　　装帧设计：关 飞

出版发行：化学工业出版社（北京市东城区青年湖南街 13 号
　　　　　邮政编码 100011）
印　　装：大厂回族自治县聚鑫印刷有限责任公司
880mm×1230mm 1/32 印张 7¼ 彩插 6 字数 212 千字
2024 年 11 月北京第 2 版第 3 次印刷

购书咨询：010-64518888　　　售后服务：010-64518899
网　　址：http://www.cip.com.cn
凡购买本书，如有缺损质量问题，本社销售中心负责调换。

定　　价：39.80 元　　　　　　　　　版权所有　　违者必究

本书编写人员

主　　编　王迪轩　　杨　雄　　王雅琴

副 主 编　杨子祥　　何永梅　　伍　娟　　陈胜文　　张建萍

参编人员（按姓名汉语拼音排序）

陈胜文　　符满秀　　何永梅　　胡世平　　李慕雯
刘文斌　　隆志方　　彭特勋　　谭一丁　　王迪轩
王秋方　　王雅琴　　伍　娟　　徐丽红　　杨　雄
杨子祥　　张建萍　　张有民

"粮油经济作物高效栽培丛书"自2013年1月出版以来，至今已有8个年头。该套丛书第一版有8个单行本，其中《水稻优质高产问答》《大豆优质高产问答》《棉花优质高产问答》《油菜优质高产问答》四个单行本入选农家书屋重点出版物推荐目录。近几年来，无论是种植业结构还是国家对种植业的扶持政策均不断发展，出现了不小的变化，一系列新技术得到了更进一步的推广应用，但也出现了一些新的问题，如新的病虫危害，一些药剂陆续被禁用等。因此，对原丛书中重要作物的单行本进行修订很有必要（主要是水稻、大豆、油菜、小麦、花生、玉米六个分册）。

针对当前农民对知识"快餐式"的吸取方式，简洁、易懂的"傻瓜式"获取知识的需求，《玉米优质高产问答（第二版）》在第一版基础上进行了修订、完善和补充。一是在内容、结构上有增删和侧重，增加了"玉米除草技术"等相关内容，对一些章节进行了调整和完善。在栽培技术上，突出主流技术，并介绍新技术；在问题解析上，突出主要的问题及近几年来出现的新问题；在病虫草害全程监控技术上，突出绿色防控技术集成。二是在形式上，体现"简洁""易懂""傻瓜式"等特点，为帮助农民朋友提升实践操作能力，精炼语言，适当增加了图片，提升图书的可读性、实用性与适用性，达到快捷式传播的目的。

由于时间紧迫，编者水平有限，书中不妥之处欢迎广大读者批评指正！

编者

2020年5月

全世界每年种植玉米 1.3 亿～1.4 亿公顷，总产量 6 亿吨左右，约占全球谷物总产量的 33%。我国玉米生产发展很快，种植面积和总产量仅次于美国，居世界第二位，种植面积为 2300 万公顷，玉米杂交种的普及率为 88%，良种覆盖率达 90%，生产和消费总量均在 1.26 亿吨左右。

但我国玉米供需面临着长远玉米供不应求和短期内结构性供大于求的矛盾，国内玉米供给稳步增加和饲料需求增长缓慢的矛盾，南方玉米进口和北方玉米出口难度加大的矛盾。玉米作为我国种植面积较大的粮油经济作物，近年来，新的品种不断被选育出来，栽培技术不断完善，变得简单、实用，用肥、用水、用药技术不断进步，应对灾害性气象的措施日益引起重视，也因为种植面积的扩大，新的病虫害不断涌现和发生。

为发展玉米生产，应用现代科学技术，发展玉米工业，加速玉米转化增值，提高玉米综合品质，增强市场竞争力，依靠科技进步，创造一个适宜的物质投入和技术投入环境，采用优良品种和组装适用栽培技术，充分发挥措施效益。提倡科学组装，克服单项技术之所短，使其综合效应显著高于单项技术所起的作用，把先进的单项适用技术和传统的精细农艺结合，良田、良制、良种、良法配套，组建新型的耕作栽培技术体系，充分挖掘玉米增产潜力。编者结合多年的实际，在参考了国内大量资料和网络资料的基础上编写了本书。

本书采用问答的形式，回答了玉米当前生产上推广应用的新品种、主要栽培技术、优质高产疑难解析及主要病虫害全程监控技术的相关问题。以农民在玉米生产中遇到的问题为基础，把理论知识融于疑难解答中，避免了枯燥的说教，语言通俗，图文并茂。

由于时间紧迫，水平有限，书中不妥之处欢迎广大读者批评指正！

编者
2012 年 7 月

▸▸▸ 目录

第一章　玉米优质高产栽培技术 / 001

第二章　玉米播种育苗技术 / 033

第三章 玉米田间管理技术 / 064

第五章 玉米气象灾害及减灾技术 / 187

第一章

玉米优质高产栽培技术

第一节　普通玉米栽培

1. 春玉米直播高产栽培技术要点有哪些?

（1）**品种选择**　应结合本地的生产实际，选用适宜当地推广种植的玉米杂交种。

（2）**种子处理**　播前选晴天晒种 2～3 天。为了防治病虫危害，可对种子进行包衣，可选用玉米专用种衣剂按 1∶50 进行包衣，可以达到很好的防病保苗效果。

（3）**适时早播**　一般在当地 5cm 地温稳定通过 10～12℃时，即可播种。

（4）**合理密植**　因品种和土壤肥力而异，平展型、晚熟品种、平肥地宜稀植，一般每亩（1 亩≈666.7m^2）保苗 2800～3200 株；紧凑型、早熟品种、坡薄地适当密植，一般每亩保苗 3500～4000 株。改传统的大垄栽培为大小行种植，大行距 70cm，小行距 40cm，适当缩小株距，增加株数。

（5）**化学除草**　在玉米播种后、出苗前施用除草剂，常用的药剂有 38% 莠去津胶悬剂 150～200mL/亩，50% 乙草胺乳油 150～200mL/亩。当土壤干旱时，要先浇水后施药或雨后施药，适当增加用药量。有机质含量高的田块，适当增加用药量；反之，对有机质含量低的沙性土壤，适当减少用药量。

（6）**合理施肥**　施足底肥，一般每亩产籽粒 700kg 的地块，每亩施优质农家肥 4000kg、45% 三元复合肥 35～40kg。还应视长势及时追肥，一般在玉米大喇叭口初期追施尿素 30～40kg，在株间开口施入，边施边盖土。

（7）合理灌溉 玉米拔节至抽雄期是玉米营养生长和生殖生长并进阶段，也是玉米生育期中生长发育的最旺盛时期。因此，在抽雄前 13～15 天，要视土壤墒情及时浇足、浇好水，使土壤相对湿度达到 70%～80%。

灌浆至蜡熟的生育后期，仍然需要较多的水分，此时需水量约占总需水量的 30%，是籽粒形成的主要阶段，需要有足够的水才能将茎叶中制造和积累的营养物质输送到籽粒中。浇好灌浆水对玉米的高产也非常重要。浇水后，待地面发白时应及时中耕。

（8）隔行去雄 隔行去雄是一项简单易行的增产措施。一般可增产 5%～8%。

（9）病虫害防治 危害玉米的地下害虫包括地老虎、蛴螬、金针虫、玉米螟、黏虫等。其防治方法可参见本书病虫害防治部分。

（10）适时收获 当玉米包衣变白、籽粒变硬、乳线消失、籽粒基部形成黑粉层时，标志玉米已成熟，应及时收获。

2. 春玉米移栽地膜栽培技术要点有哪些？

春玉米移栽地膜栽培（彩图 1）就是实行薄膜拱棚营养钵育苗，地膜覆盖移栽。它是针对玉米苗前期冻害、渍害两大气候性灾害，克服地膜单项栽培早播出苗率低、不易壮苗的问题，而组装配套形成的春玉米壮苗早发新技术体系。使玉米播种基本不受天气条件影响，争取早苗、全苗和壮齐苗。

（1）选用良种 移栽地膜栽培，可选用晚熟类型玉米杂交种。实施玉米双季栽培或单项地膜覆盖栽培，应选用中熟玉米杂交种。中晚熟种株型紧凑，透光性好，茎秆粗壮，抗倒伏能力强，穗大粒多，单株生产力高，增产潜力大，生育期适中，采取移栽地膜栽培，一般在 7 月中旬前后成熟，对后茬玉米等影响不大。

（2）培育壮苗 在原有单膜棚架育苗的基础上，于床面上加盖一层地膜。双膜育苗增温显著，比单膜增 2～3℃。能够加快苗床内土壤水分循环速度，促使种子吸水均匀，达到出苗整齐健壮。培育出早壮苗，适期移栽，充分发挥早苗早发优势。

① 培肥苗床 实行肥床育苗，并按比例留足苗床，钵径 5cm 育苗的，苗床与大田面积的比例为 1∶20；钵径 7cm 以上大钵育苗的，

苗床与大田面积的比例为 1:(10～15)。早春及时翻耕床土。制钵前，清除苗床杂草，作畦宽 1.5m，长 4.5m 的标准床。用人畜粪 300～400kg、过磷酸钙 3kg、碳酸氢铵 1.5～2kg、硫酸钾 0.5kg 制成营养土。再加入"惠满丰"液肥 150mL，掺和均匀。每亩制钵 4800～5000 个。

② 适时播种　育苗播种适期为 3 月中旬，苗床浇足底墒水，每钵播大粒种子 1～2 粒，及时覆盖湿润细土 1.5～2cm。平铺地膜，再拱棚覆膜，四周盖严，保温保湿促生长。

③ 苗期管理　齐苗后揭去平铺地膜。灵活补水，床面发白时及时浇水。中午高温时及时通风降温。1 叶 1 心期逐步揭拱棚膜炼苗，一般 3 天左右。栽植前 1 天，用活力素兑水喷苗，增强玉米抗性，培育出健壮抗性强的旱壮苗。

（3）施足基肥　玉米苗移栽前 10 天，要施足大田基肥。玉米一生亩需施腐熟厩肥 2000～4000kg（或商品有机肥 200～400kg），纯氮 20～25kg，五氧化二磷 10～15kg，氧化钾 15kg，硫酸锌 1～1.5kg。地膜玉米追肥较难，前期生长快，需肥量大，应增加基肥施用比例。氮肥的 50%，磷、钾、锌肥全部作基肥。精整床面时，均匀施于地膜下。覆膜前，足墒田用 40% 莠去津胶悬液 150g，加 72% 异丙甲草胺乳油 100～150mL，兑水 50kg 均匀喷雾地表，能够有效地抑制整个玉米生长期田间杂草。

（4）及时移栽　一般苗期 15～20 天，本地区气温稳定通过 12℃，玉米苗 2 叶 1 心时即可离床移栽，移栽要及时，成活率才高，防止移栽过迟，影响玉米苗素质和栽后成苗。

一般高产田每亩 4500 株左右，超高产田 5000～5500 株。采取大小行种植，大行 80cm，小行 40cm。用制钵器在地膜上开穴，再将营养钵苗移栽到穴中。要带肥带水移栽，栽后用湿润细土盖严定植穴。玉米栽植后，及时开挖田间套沟，做到田间沟系畅通，能灌能排，日降雨 200mm 田间无积水。

（5）追肥浇水　在拔节前后，加强苗期观察，出现叶色变浅的情况，及早追肥。玉米 6 叶展开时，追施拔节肥，氮肥占总氮肥量的 15%。重施穗肥，在玉米 10～11 叶展开时，大喇叭口期亩追肥占总氮肥量的 35%，促使雌穗小花分化和籽粒形成，并浇足水。

大喇叭口期以后的一段时间是玉米需水的临界期，此期玉米日耗水量每亩达 5t 以上，有条件的，一定要灌足一次水，增加结实率和粒重。

（6）防治病虫害　移栽地膜玉米，由于改变了土壤环境条件，地下害虫活动早，危害比较重，应及时防治。

3. 夏玉米栽培技术要点有哪些？

夏玉米一般是指入夏以后播种的玉米。夏玉米生长发育期间，正处在夏季，是高温干旱大风暴雨以及病虫等自然灾害多发期，尤其是在 7 月中下旬，常会出现伏旱，如果播种时期或选用品种不恰当，就可能遭受伏旱高温危害，造成玉米植株抽雄穗困难，称之为"卡脖旱"，或雄穗与雌穗生长不协调，造成授粉困难，雌穗结实不正常。有些年份在玉米授粉至灌浆阶段，还会受到台风影响，发生大风暴雨，造成玉米植株倒伏。因此，必须因地制宜，采取避灾、抗灾措施，把自然灾害的风险降到最低。

（1）选用良种　玉米品种选择应以紧凑型为主，平展型为辅。夏直播玉米，可选用适应性广、抗病抗倒伏能力好、增产潜力大、生长势强的中早熟品种。前茬作物是油菜的地块，在 5 月中旬收获，宜选用迟熟杂交玉米品种，5 月下旬播种；前茬作物是小麦的地块，一般在 6 月上旬收获，宜选用中熟杂交品种，低山地区可选用早熟杂交品种。

（2）种子包衣　可选用玉丰收专用包衣剂，50mL 包衣剂包种子 5～7kg。

（3）抢时早播

① 播种时期　夏玉米播种越早越好，抢时早播是夏玉米获得高产的关键。夏玉米一般选用的是中熟杂交玉米品种，全生育期在 90～100 天，从播种到抽雄吐丝需 60 天左右，要避开 7 月中下旬高温伏旱阶段，可将播种期确定在 5 月底至 6 月初；若是使用迟熟杂交品种，可将播种期提早到 5 月底。据试验：5 月 26 日至 7 月 6 日，每早播 1 天，每亩约增产 1%。抢时早播还可以避开 6 月底 7 月初的多雨芽涝（易形成黄苗、紫苗）和 9 月上旬的干旱天气。

② 精细播种　提高播种质量，争取一播"苗齐、苗全、苗匀、苗壮"，为实现玉米高产奠定基础。要注重提高播种质量，减少缺苗断垄现象；除尽可能采用包衣种子外，播种时要做到"行距一致、深

浅一致"，避免漏播或重播。

行距一般≥60cm，行距过窄时玉米田通透性差，田间小气候恶劣，容易引发病虫害，而且不利于生长中后期的田间作业。播种深度3～5cm，每穴2粒，亩用种量3kg左右。生育期相近的不同玉米品种混播，每亩能增产20～40kg。

（4）合理密植　合理密植是实现玉米高产的重要措施之一，但玉米的种植密度一定要适当，目前生产上种植密度多不合理，有的偏低，有的则过高。种植密度主要依据品种特性、地力条件、气候条件等确定。密度过大，田间郁闭，杂草较多，容易发生病害。

一般紧凑型品种耐密性比较好，适宜密度4500～5000株/亩；平展型品种不适宜密植，密度范围3000～3500株/亩；半紧凑型品种耐密性中等，适宜密度范围为3500～4000株/亩。此外，高秆品种、大穗型品种以及低产、旱薄地种植应适当稀一些，矮秆品种、小穗型品种以及肥地、高产、水浇条件好的地块种植可适当密一些。

（5）田间管理

① 间苗定苗　可在3～4叶期间苗，5片可见叶以前定苗，定苗过晚不仅容易拔断，而且根系、叶片相互影响较大，易造成苗荒，植株瘦弱，发育不良，还容易造成倒伏。定苗时要留壮苗、匀苗，去弱苗、小苗、病虫苗，缺苗时可在同行或相邻行就近留双株。若发现缺苗断垄，应及时进行温水浸种催芽补种，浇足水分。

② 中耕培土防倒伏　玉米出苗后要及时中耕2～3次，中耕深度掌握苗旁浅、行间深的原则。第一次中耕在定苗前进行，深度为3～5cm。第2～3次中耕在拔节前进行，要适当深一些，以8～10cm为宜。

在多风、多雨地区，封垄前可结合中耕进行培土，培土高度以8cm左右为宜，可促进气生根生长，有效防止倒伏。小喇叭口期和开花期，拔除田间病、小、弱株，改善群体通风透光条件，提高植株抗倒伏能力。对于密度过大或生长过旺的地块，可于拔节至小喇叭口期喷施适当的植物生长调节剂，以防倒。若小喇叭口期之前发生倒伏不必采取任何措施，之后发生倒伏则应根据实际情况采取相应的措施。

③ 化学除草　玉米播后芽前每亩可用40%乙·莠悬乳剂200mL，兑水50kg均匀喷洒行间地表，或每亩用50%乙草胺乳油100～

120mL 兑水 50kg 于地面喷雾。

④ 科学施肥　夏玉米直播田可施基肥，套种玉米可改施种肥。每亩施优质有机肥 1000～1500kg、过磷酸钙 20～25kg、尿素 5.0～7.5kg、硫酸锌 1～2kg、硫酸锰 1～2kg。免耕播种夏玉米，一般每亩可用复合肥 10～15kg 及硫酸锌 1.5kg，在播种时作为种肥施入土壤。施肥时做到种、肥分开，避免烧种烧苗。

苗期是玉米需磷的敏感时期，苗肥可在定苗期至拔节期每亩施过磷酸钙 50～60kg，硫酸钾 20～25kg，氮肥为施用总量的 30%［折合标准氮肥（硫酸铵）25～30kg］。穗肥一般在大喇叭口期重施氮肥，占总追施量的 50% 左右，每亩追施标准氮肥 30～40kg。粒肥一般在抽雄至开花期亩施标准氮肥 10～20kg，施后浇水；也可每亩用浓度为 0.4%～0.5% 的磷酸二氢钾溶液 75～100kg 均匀喷洒上部叶片，延长叶片功能期，提高玉米粒重。施肥时距植株 10cm 处开宽 10～15cm、深 9～12cm 的沟施入肥料，覆土盖严浇水。

⑤ 节水灌溉　玉米苗期喜温，较耐干旱，怕涝，适当干旱有利于促根壮苗。苗期浇水次数可掌握在 1～2 次，忌大水浸灌，土壤相对含水量 60% 左右比较适宜，灌水量每亩 60m^3 左右，遇涝排水。

穗期需水较多，必须重浇抽穗水，土壤相对含水量保持在 65%～80%。在玉米拔节后（7月中下旬），每亩用铡碎的麦秸 200～300kg 覆盖在田间土表，既能增加降雨入渗，又可提高蓄水保墒能力，同时具有抑制杂草生长、破除土壤板结、培肥地力等优点。

花粒期玉米对水分反应十分敏感，是需水临界期，此时玉米耗水量占总耗水量的 50% 左右，土壤水分要保持田间持水量的 70%～80%，达到地皮见湿不见干的效果，见干就浇水，特别是授粉后 25 天内不能缺水。8月中上旬是玉米散粉灌浆期，也是玉米植株对湿害反应较为敏感的阶段。据研究，这个时期的湿害田能导致玉米减产 10%～15%，田间连续积水 3～5 天，能导致减产 20%～40%。

⑥ 人工去雄　在刚抽雄时，可隔行去雄，或隔株去雄，去雄株数不超过全田株数的一半，授粉结束后再将余下的雄穗全部拔掉。去雄时不能把上部的叶片去掉，去掉顶部叶片则导致减产。

⑦ 辅助授粉　在开花、吐丝期遇高温天气或阴雨、寡照天气，

可进行人工辅助授粉，以提高果穗结实能力，减少秃尖缺粒。晴天上午 9～11 时进行，方法是左右手各拿一根 3m 长的竹竿，顺玉米宽行窜动，向两边推动植株，促进花粉散落；对吐丝较迟的植株，可用容器采集花粉，授于雌穗花丝上，应边采粉边授粉。

（6）病虫害防治　主要害虫有玉米螟、玉米蚜、黏虫、蓟马等，主要病害有苗枯病、粗缩病、叶斑病、锈病和褐斑病等，要及时防治，防治措施参见本书相关部分。

（7）适期晚收　夏玉米适当晚收是一项重要的增产措施，适当推迟收获期，能提高粒重，增产效果显著。玉米适宜收获期为完熟期，其生理标志是籽粒基部形成黑色层，乳线消失。如苞叶变白即收，往往会减产 10％左右。

4. 秋玉米栽培技术要点有哪些？

秋玉米是一种适应性广、生育期短、营养丰富的优质高效晚秋作物，多以鲜果穗供应市场。秋玉米栽培由于生长期气温是由高到低，因而与春玉米栽培不尽相同。秋玉米播种时，气温在 35℃ 以上，营养生长期短，对苗期生长十分不利，不易形成大苗、壮苗；孕穗期的高温对籽粒分化也有一定影响；但花期及籽粒灌浆前期天气较为有利，可提高千粒重；灌浆末期尤其是播种较迟的，易受低温霜冻而影响产量。因此栽培秋玉米，播种期应适宜，管理上应突出一个"早"字。

（1）选好品种　秋玉米生长期所处气候条件特殊，前期高温，后期低温、阴雨。故应选用苗期耐高温，后期籽粒灌浆成熟快且抗性好的高产早熟品种。

（2）土地选择　秋玉米前期多遇伏旱，后期秋雨多，又是早稻或春玉米茬口种植，故必须选择排灌方便、土壤肥沃、土层深厚、保水保肥的地块种植，但不宜在陡坡地、瘠薄地和水土流失严重的地块种植。

（3）适期播种　秋玉米要保证不影响前作，同时其散粉期要赶在秋雨来临之前。南方早稻和春玉米一般是 7 月上中旬收获，在湖南，湘中地区栽培早中熟杂交秋玉米宜在 7 月 25 日前后播种，最迟播种期中迟熟杂交种宜在 7 月底，早中熟杂交种宜在立秋前，甜糯鲜食玉米或作牛、羊饲料用的青贮玉米可推迟至 8 月 10 日左右播种。

湘西地区秋季降温快，一般应在7月初播，若前茬作物收获较迟，可采用育苗移栽，在6月中下旬播种，播种前晒种2～3天，以提早出苗，降低丝黑穗病发生率。

育苗方式采用肥团育苗，苗床地做到湿润、阴凉。幼苗2叶1心时移植。秋玉米直播时盖籽深度一般5～6cm，比春玉米深，播后应灌"跑马水"；育苗移栽时应灌定根水2次。一般每亩定植3000～4000株，采用双行留双株种植，行距80～90cm，窝距40～50cm。每窝双株分开，错窝定植，减轻荫蔽。

（4）分期施肥　秋玉米温度高、生长发育快，故应重底早追。施肥的基本原则是施足基肥，增施磷钾肥，早施苗肥，酌施拔节肥，重施攻苞肥。

一般亩用磷肥30kg、钾肥8kg、磷酸二铵20kg或尿素7kg作基肥。中耕除草后亩施尿素、磷肥各5kg作苗肥。在大喇叭口期重施攻苞肥，亩用碳酸氢铵50kg或尿素15～18kg开沟深施覆土，并清沟培土护苗。

（5）人工辅助授粉　秋玉米散粉期气温不稳定，雌雄往往不协调，加之秋雨较多，自然授粉不理想，应加强人工授粉。在大多数植株花丝吐出后，收集混合花粉进行人工授粉1～2次，授粉时间为上午8～11时。同时，不定期摘掉已散粉雄花，增强光照和通透性，减轻病虫害。

（6）病虫害防治　秋玉米处于高温多湿季节，虫害严重，出苗后2～3叶应防治食叶虫（大螟、褐飞虱、黑尾叶蝉等）危害。在4叶期、6叶期和大喇叭口时期应及时防治玉米螟、蝗虫等害虫。

❀ 5. 玉米大垄双行栽培技术要点有哪些？

玉米大垄双行栽培是在传统的玉米栽培基础上，将过去的两条60cm小垄合成一条大垄，或将三条60cm小垄合成两条垄。垄上种双行玉米，垄上行距为30～40cm。其栽培技术要点如下。

（1）选地整地　选择地势平坦，土壤耕层深厚，保水、保肥性能好，土壤肥力较高的黑土、黑钙土等地块，最好具有井灌条件。坡耕地、沙岗地和肥水条件差的地块不宜种植大垄双行。尽量不采用连作3年以上的玉米地块。

前作收获后，及时深松灭茬或深松旋耕起垄复式作业，平整土地，并结合秋翻深施基肥。耕翻深度要达到 25cm 以上，要求无漏耕、不重复耕、无垡块、无根茬、垄面细而平整。耕整地结束后，及时中耕用起垄犁打大垄。打垄后及时采用镇压器镇压保墒。翻地要做到不漏耕，不重耕，地面平整细碎，无坷垃，耕层上实下虚。

（2）选用良种　种子要求纯度高、出芽率高（≥90%），并进行包衣处理。播种前进行晒种。选用株型紧凑、根系发达、抗逆性强，适于密植的耐密型和半耐密型的高产优质玉米品种，以中熟、中晚熟品种为主。

（3）适时播种　实现一次播种保全苗，做到苗全、苗齐、苗壮。方法是早整地、整好地、保墒情。

种子要精选，播前 3～5 天，选择晴朗微风的好天气，将种子摊开在阳光下翻晒 2～3 天，提高发芽势和发芽率。选用适宜的多功能种子包衣剂进行包衣。种植密度可增加 20%～30%，与稀植品种相比产量提高 15%～20%。播种深浅一致，覆土厚度一致。间苗、定苗时要尽可能留大苗、壮苗，不强调等距。

有条件的可在大垄双行上与覆膜配套，覆膜可选用幅宽 90～100cm、厚度 0.007～0.008mm 的超薄地膜，每亩 4kg，人工或机械覆膜均可。覆膜时将地膜铺平拉紧，贴在垄面上，两边用土压实，覆膜后受光宽度在 60～70cm。覆膜时垄面上每隔 1.0～1.5cm 横压一条土，以防风剥地膜。当玉米普遍出苗并第一片真叶展开时，及时剪孔引苗，引苗后用湿土封严苗孔。

（4）配方施肥　一般每亩施优质农家肥 2500kg（或商品有机肥 250kg）、尿素 35～40kg、磷酸二铵 7～10kg、硫酸钾 3～5kg、硫酸锌 1kg，也可以全部选用多元复合肥。氮肥总量的 1/3 及全部磷、钾、锌肥用作基肥，2/3 的氮肥作追肥，以在玉米大喇叭口期追肥为宜。若使用具有氮素缓释剂的一次性玉米专用肥，则全部用作基肥。

（5）适时灌水　春旱严重时可采用坐水播种或播前灌底墒水。如果在抽雄授粉、灌浆乳熟期发生干旱要及时补水。

（6）灭草防虫　播种后每亩用 38% 莠去津悬浮剂 200g、72% 异丙甲草胺乳油或 50% 乙草胺乳油 200mL，兑水 50L 喷洒除草。及时防治玉米螟。

6. 普通玉米地膜覆盖栽培技术要点有哪些？

（1）选用良种　盖膜玉米应比不盖膜玉米提前7～10天播种。生育进程快，提早7～15天成熟。根据这一特点，与当地露地玉米生育期相比较，选用适期品种。如当地露地种植115天左右的品种，地膜覆盖田可选用125天的品种。

（2）种子处理　种子进行精选，去掉烂、秕、杂和小籽粒。选后的种子，在阳光下晒2～3天。为防止地下害虫，播前用50%辛硫磷按种子重量的0.1%～0.2%拌种，或每亩用50%辛硫磷乳油200～250g或3%辛硫磷颗粒剂4kg加细沙后施于沟穴内；用20%三唑酮可湿性粉剂150～200g加水1.5～2.5kg，拌在50kg种子上，以防治丝黑穗病。随拌随播。

（3）选地整地　地膜覆盖栽培玉米，宜选在地势平坦、土层深厚、土质疏松、灌水方便、肥力条件较好的土壤地块。底墒要充足，土地平整，多次耙耱、镇压保墒，达到地平、土绵、墒足、上虚下实。

（4）施足基肥　玉米地膜覆盖栽培，基肥用量要比露地栽培大，一般每亩施腐熟农家肥5000～8000kg（或商品有机肥500～800kg）、碳酸氢铵30～40kg、过磷酸钙20～30kg。结合播前浇、犁地一次施入，集中沟施肥效更好。

（5）适期播种　播种时间一要看温度，气温稳定通过8℃，土壤表层5cm深处温度稳定通过10℃以上，出苗后能避开－3℃左右的低温危害；二要看水分，土壤水分保持在田间土壤持水量的60%～70%。一般掌握地膜覆盖比露地提早10～15天播种为宜。

（6）合理密植　播种方法，可采用开沟定距摆播或打窝错穴点播，每穴点籽2～3粒，播种深度3～5cm，具体深度应根据墒情调整，播种时最好使用标准打孔器，使播种深浅一致。一般每亩保苗晚熟品种4500～5000株、中熟品种5000～5500株、早熟品种5500～6000株。结合播种，窄行中间或株间每亩深施磷酸二铵10kg、硝酸铵7kg与微肥混合作种肥，切忌化肥与种子接触，以免影响种子发芽出苗。

（7）严密盖膜　玉米地膜覆盖宜采用宽窄行平作规格种植，行要开直。

① 盖膜方式　第一种方式是先播种后盖膜，随种随盖。适于机

械化水平高，土壤墒情好的水浇地或下湿地采用，单种玉米宽行套种大豆、萝卜、蒜苗等，播种行向可采用顺风种植，以减少风力接触面，防止揭膜。在盖膜前把地里的前作残留根茬、秸秆和石块等杂物清除干净。打碎土块。应及时打孔放苗，并将孔口用湿土封实。优点是可省去盖膜后打孔播种的工序，同时还可避免因盖土结块影响出苗。缺点是出苗后必须及时放苗，如放苗不及时会引起烧苗。

第二种方式是先盖膜后播种。多在土壤墒情不好或播前遇雨时采用。整地后及时盖膜保墒，掌握"盖早不盖晚、盖湿不盖干"的原则，一般采用打孔播种，播后用湿土将膜孔盖严压实。优点是能提早盖膜增温、保墒，减少了后期破膜放苗的工作。缺点是需要打孔和膜孔盖土，并且盖孔土影响采光，播后遇雨易使播种口上的盖土板结，应及时松动。

② 盖膜方法　盖膜好坏关系到地膜种植玉米成败的关键。人工盖膜一般按 3 人一组操作，先在铺膜带四周各开一条 7～10cm 的沟，然后一人在前铺膜，两人在后面培土压膜。首先将膜卷的一头埋入地头用土压实，然后顺种植行卷动膜卷，边放卷边培土，盖膜一定要严密，将地膜拉紧、拉展、铺平、铺匀。每隔 6m 用细土在膜上打一土带以防刮风揭膜。但膜边压土不宜过多，以最大限度地保持膜面宽度，扩宽采光面，做到严、紧、平、宽。

（8）喷除草剂　铺膜后，田间杂草不易清除，由于温度高，水肥条件好，杂草长势旺盛，与苗争肥水，甚至撑破地膜，影响铺膜效果。因此，覆盖地膜前，必须喷除草剂。每亩用 38%莠去津悬浮剂 50g 加 48%甲草胺乳油 100mL 混合兑水 30～40L，喷在畦面，然后盖膜，最好边喷边盖膜。莠去津可以与其他药剂混合使用，如 38%莠去津悬浮剂 75g 加 50%异丙甲草胺乳油 75mL，或 38%莠去津悬浮剂 75g 加 60%丁草胺乳油 75mL。

7. 如何搞好普通玉米地膜覆盖栽培的田间管理？

（1）查田查膜　播种覆膜后要经常查田，特别是大风时，要将地膜四周和播种孔封严，防止地膜破损和风剥，遇雨后要及时松动播种孔的盖土，防止板结。

（2）剪孔出苗　先播种后盖膜的，当玉米普遍出苗（出苗 50%

左右）并第一片真叶展开时，及时剪孔放苗，放苗时在苗的上方用小刀将地膜划一个长 1～2cm 的小口，注意不要划得太大，不要伤苗。放苗时要掌握"放大不放小，放绿不放黄，阴天突击放，晴天避中午，大风不放苗"的原则，一般每穴只放 1 株壮苗。苗放出膜后，应随即用细湿土加适量的草木灰混合把放苗口封严（既不板结，又渗水保墒），以防透风漏气、降温跑墒和杂草丛生。

（3）**查苗补缺** 因土壤墒情不足造成的缺苗断垄，应及时采取温水浸种催芽补种，浇足水分，细土盖种。若是遭受地下害虫危害造成缺苗，可采用移苗补栽，或在相邻的播种穴上留双苗，确保种植密度。

（4）**打杈除蘖** 地膜玉米生长健壮，常在 7～8 片叶期，从基部 1～3 节叶鞘内长出分蘖，如不及时除掉，则与主茎争肥争水，消耗植株营养，影响主茎生长和发育，应及早除掉。去蘖的方法是用手横向掰掉，不能向上拔，最好在晴天去蘖。

（5）**合理灌水** 根据地膜玉米需水规律，前期要控水，防止幼苗在高温、高湿、高肥的条件下徒长和后期早衰。中期蒸腾量大，耗水量多，要适当增加灌水量。但切忌大水漫灌。后期随着降水量的增加，气温下降，灌水量应适当减少。

（6）**及时追肥** 结合灌水在拔节期和大喇叭口期追肥。离玉米植株 10cm 的地方，每亩分别穴施（或沟施）尿素 40～50kg。推广打孔追肥，使用打孔器在行株间打孔，每两株间打一孔，把肥料丢入孔内，随即用细土封严孔口。每亩用硫酸锌 100～150g，溶于 50kg 水中，叶面喷施 1～2 次，以满足玉米对锌的需求，并可防治白花叶病；喷施磷酸二氢钾 2 次，每次用量 100～150g（溶于 50kg 水中）。

（7）**喷施玉米健壮素** 一般在玉米大喇叭口末期即抽雄前 5～7 天，田间群体个别早发株的雄穗已露出时进行，每亩 25～30mL，兑水 30kg 喷施，随配随用，均匀喷施于植株上部叶片，不重喷、漏喷。可使玉米植株矮健、光合效率增强、延缓衰老、抗倒伏、早熟、增产。

（8）**隔行去雄** 去雄时不要伤害旗叶和茎秆。靠地边的 4 行不去雄，保证用粉。除雄后彻底清除地膜。此外，大田玉米生产中，在玉米吐丝散粉期遇到高温或长期阴雨等不良天气的影响，常会造成玉米雌穗授粉结实不正常，预防的有效措施是人工辅助授粉。

方法是在玉米植株开花吐丝期，晴天或阴天上午 9～11 时，一人左右手各拿一根 3m 长的竹竿，顺玉米行间向两边推动植株，促进花粉散落，以提高花丝授粉的成功率。

（9）**适时揭摸** 覆膜的主要作用是增温保墒，玉米封垄后，渐进雨季，地膜前期增温的作用也基本达到，这时就可以揭掉地膜，增加土壤的通透性，充分接纳雨水。一般揭膜可在 6 月末、7 月初进行，揭膜要做到尽量捡干净，并在玉米收获后再次将残膜清除干净。

（10）**培土防倒伏** 在植株大喇叭口期、抽雄期分 2 次进行培土，每次培土高度以 3～5cm 为宜，促进玉米植株基部气生根系生长，增强抗风能力。遇到突袭的大风、暴雨，造成玉米植株倒伏，应在风雨停止后及时人工扶正，将植株扶起，用脚踏实根部，再进行培土。

（11）**防病治虫** 危害玉米的主要害虫有地老虎、玉米螟、蚜虫等，常发病害有纹枯病、茎腐病、丝黑穗病、大斑病、小斑病、锈病等，防治措施以农业措施为基础，物理和生物措施为重点，化学措施为辅助，具体方法见本书病虫害防治部分。

（12）**适时收获** 地膜玉米多是活秆成熟，要适期收获。收获后要及时捡拾旧地膜。要积极引进和采用光降解和草纤维等农用地膜，可较好地防止农田污染和公害，降低成本。

8. 玉米双株紧靠栽培技术要点有哪些？

传统的玉米种植方式是每穴单株，每亩保苗在 2200～3500 株之间（品种不同种植密度相应有所不同），特别是清种玉米，由于光照和通风条件的制约，一直没有很高的产量，要想取得极高的玉米产量，必须要改变传统的种植方式。

双株紧靠栽培（彩图 2），又叫"二比空"栽培，即在保证每亩株数的情况下，每穴长两株玉米，而且这两株玉米要紧靠一起。这是玉米栽培技术的重大改进，能够较好地解决密植与通风透光的矛盾，使玉米植株于四面通风的环境中生长，极大地提高玉米的光能利用率，充分发挥密植的增产作用。其实质是利用植株根系与地上部分在空间的合理竞争和自动调节作用。

实行"双株紧靠"必须采用精（少）量播种，可省种 1/2 以上。由于穴数减少又很少间苗，可节省管理用工。密度应比单株种植稍大。间苗时留下的两株苗大小要一致、靠近，缺苗时可前后左右借苗，一穴可留 3 株。因此双株栽培是高产栽培条件下的技术措施，可在高产地块进行应用推广，一般可增产20％以上。

（1）种子选择 双株栽培技术的关键是建立整齐一致的群体，降低株间的竞争。要求种子保证高纯度和发芽率，否则容易形成大苗欺小苗的大小株。

（2）合理密植 保证株数，即行距50～70cm，穴距40～70cm，每亩种植3800～4600株，较常规栽培增加30％～40％。

（3）"二比空"双株紧靠为最佳方式 即在小垄（原垄）的条件下种两垄空一垄，密度在每亩4000株以上。

（4）分级精选，种子做到匀籽下地 凡是不分蘖的品种都适合双株紧靠，但必须按种子大小分级选种，做到匀籽下地，这是解决大小株、消灭三类苗的关键。以中粒（一般是玉米棒中部的籽粒）作种最好，可比不经种子精选的增产24.7％。

（5）精量播种 一穴下籽2～3粒，以使"双株"为一个营养中心，保证同时获得养分。

（6）选留苗 出苗后及时定苗，选留株体均匀、健壮的紧靠苗，缺穴或缺株时，要1穴留3株。

（7）田间管理 施肥不低于常规水平，病虫害防治等田间管理同常规栽培。

9. 玉米免耕栽培技术要点有哪些?

玉米免耕栽培技术，是指针对玉米种植普遍存在耕地水土流失严重、种植过程中劳动强度过大、玉米单产水平偏低等实际问题，在未经翻耕犁耙的田地上进行播种和栽培玉米的保护性耕作方法，是一项集除草技术、免耕技术、节水保墒技术、秸秆还田技术为一体的节水增效轻型栽培技术。该技术主要适合于山区秋玉米种植。

（1）土地选择 玉米免耕栽培对田地无特殊要求，可以在相对比较平坦的玉米地进行，易旱水田也可进行玉米免耕栽培，除严重板结和低洼积水的田（地）外，其他田（地）均可进行免耕栽培。

（2）品种选择 选用通过审定，并在当地示范成功的优质、高产、多抗和根系发达、适应性广的玉米良种。尽可能选用经过种衣剂包衣的种子。如果没有条件，未包衣的种子应在播种前2～3天选择晴天晒种半天。

（3）播前除草 免耕地杂草的处理，宜选用高效、安全的除草剂，在播种前 7～10 天喷施，若适宜喷药期降水多，可推迟在播种前 2～3 天喷施。喷施除草剂要掌握"草多重喷、草少轻喷（或人工拔除）、无草不喷"的原则，对杂草较多的地方适当增加浓度，杂草较少的田块可少喷或进行人工清除，无杂草的田块、地块则不用喷施除草剂。每亩可用 41% 草甘膦水剂 400～500mL 兑水 45～50kg 全田均匀喷杀。

在杂草较少的情况下，可在播种后 2 天内每亩用 18% 莠去津悬浮剂 200mL＋41% 草甘膦水剂 60mL 或 18% 莠去津悬浮剂 200mL＋50% 乙草胺乳油 100mL 兑水 45～50kg 全田喷施。

（4）秸秆还田 播种前或播种后出苗前将玉米秸秆等砍倒或压倒，均匀铺在行间，可起到保水保肥、保温降温、培肥地力和减少水土流失的作用。其要点如下：

① 摘穗 在不影响作物产量和品质的情况下，应及早摘穗或收获，玉米要连苞叶一起摘下，尽可能采用直接摘收的方式。

② 秸秆粉碎 秸秆粉碎有利于腐烂，要趁青粉碎。掌握秆青 80% 的穗皮黄而不干时，掰棒后立即进行粉碎，提高粉碎质量。因为割倒摘穗后秸秆还要在田间闲置一段时间再粉碎，秸秆已变黄变干，粉碎效果差，也不易腐烂。

③ 施肥 因秸秆腐烂过程中要吸收土壤中的氮，所以应增施氮肥，以调节碳氮比（2：1），即每亩施碳酸氢铵 20～40kg，以加快秸秆腐烂。

④ 防病虫害传播 秸秆还田时要选用生长良好的秸秆，不要用有病虫害的秸秆还田，应将前作的病株残体移到田外集中烧毁。

秸秆还田可提高地力，但并非还田越多越好，其还田数量要根据水源和耕作条件来决定，原则上应保证当年还田的秸秆充分腐烂，不影响下茬耕作质量，密植玉米可采取隔行取秆或截短秸秆的办法。

（5）播种育苗 春玉米的播种，应在当地土壤表层 5cm 深处温度稳定通过 10℃ 以上时适期播种，秋玉米一般在 7 月中下旬左右。甜、糯等鲜食玉米可根据市场需求，在适宜季节内分期播种或者育苗移栽。播种时先开好播种穴（沟），在穴（沟）内淋腐熟粪水垫底，待水肥干后即播种，每穴点播 2～3 粒种子，然后用经过堆沤腐熟的农家肥和细土盖肥盖种。种子与化肥分别施在两边，不能直接接触。

春玉米后期套种秋玉米和一膜两用免耕栽培秋玉米，在春玉米收获前 10 天左右进行，有利于避开秋旱。先挖穴施磷肥、钾肥，再施腐熟农家肥，然后下种盖土。要注意种子不能直接接触化肥。

甜玉米育苗免耕移栽有利于一年多熟和分期采收。选用肥沃的菜园地作育苗床。夏、秋季育苗每亩用壮秧剂 0.5kg 撒施在苗床面上。每亩用 100 孔育苗盘 38～45 张平铺在整平的苗床上，育苗盘之间、育苗盘与苗床之间不留空隙。用细碎塘泥、菜园土装满育苗盘孔穴，每穴点种子 1 粒，用手轻轻将种子压入土中，然后充分淋水。早春用农用薄膜覆盖保温，夏秋季用遮阳网覆盖防晒降温。育苗期间加强水、肥管理。

（6）合理密植 春玉米平展型品种 3200～3800 株/亩，紧凑型品种 4800～5500 株/亩，半紧凑型品种 3800～4500 株/亩。秋玉米应适当加大种植密度，一般每亩比春玉米增加 200～300 株。

双行单株种植，大行距 80cm，小行距 40cm。株距视密度要求而定，紧凑型为 20～22cm，半紧凑型为 23～25cm，平展型为 30～34cm。单行单株种植，行距为 70cm。株距紧凑型品种为 17～20cm，半紧凑型品种为 22～24cm，平展型品种为 26～30cm。

甜玉米免耕栽培：第一次种植时按畦面宽 100cm、沟宽 30cm、沟深 20～30cm 起好畦沟。第二次以后不用再开沟整畦，固定厢沟免耕种植。当苗有 4～5 叶时按大小苗分级移栽。移栽密度为 3500～4000 株/亩。双行单株种植大行距 80cm，畦中间小行距 50cm，株距 25～30cm。糯玉米可参照执行。

（7）科学施肥

① 基肥 每亩挖穴或开沟施腐熟农家肥 1000～1500kg（或商品有机肥 100～150kg）、复合肥 50kg、过磷酸钙 40kg、氯化钾 15～20kg。也可以用腐秆灵堆沤农家肥，效果更好。

② 苗肥 采摘鲜苞的甜、糯玉米，可在移栽后 5～6 天，每亩用稀粪水 1000kg 和尿素 5～6kg 充分兑匀后淋施。

③ 秆肥 8～9 叶时，每亩施粪水 500～1000kg，或尿素 4～5kg、钾肥 5～10kg。可在株间打洞深施或在根部附近撒施，施后小培土盖肥。

④ 苞肥 抽雄前 10～15 天（即大喇叭口时）施攻苞肥，一般每亩施尿素 15kg 或碳酸氢铵 25～30kg。

（8）田间管理

① 查苗补苗　出苗后及时查苗补苗。补苗方法一是补种（浸种催芽后补），二是移苗补缺。补苗后淋定根水，加施1～2次水肥。

② 间苗定苗　3叶时间苗，每穴留2苗；4～5叶时定苗，每穴只留1苗。

③ 除草　5～8叶期，进行人工除草或每亩用4％烟嘧磺隆悬浮剂50～60mL兑水30～40kg喷雾除草。

④ 及时排灌　旱地免耕种植玉米遇旱时应及时浇灌，抽雄至授粉灌浆期是需水临界期，土壤应保持田间最大持水量为70％～80％。若降水过多应及时排水防涝。

第二节　甜、糯玉米栽培

10. 甜玉米的种植形式有哪些？

甜玉米（彩图3）也称蔬菜玉米、水果玉米，是玉米的一种胚乳变异类型，是近些年来特别是在发达国家发展较快的一种新型品种。在生产上的种植形式有以下几种。

（1）清种　清种是最普通的栽培方式，一般为60cm等行距种植。特点是个体分布均匀，营养面积较大。缺点是通风透光性差，不便于采收。

（2）间作（彩图4～彩图8）　间种是指在同一块地里成行或带状（若干行）间隔种植两种或两种以上作物。甜玉米一般与矮棵菜类进行间作。特点是可提高土地的利用效率和光气热资源。间作还可以同普通玉米一样进行比空栽培，即播种若干行甜玉米空一行。间作和比空栽培较清种有以下优点：形成了良好的群体结构，做到稀中有密，密中有稀，既能满足对肥水的需要，空行又使植株下部得到光照和改善了通风，为地上部分提供了良好的空间条件。另外，间作还为田间作业提供了便利条件。空行和矮棵作物为甜玉米和玉米笋采收提供了通道。

（3）套作　套作是指两种生长季节不同的作物，在前茬作物收获之前，播种后茬作物，在田间两种作物既有构成复合群体共同生长的时期，又有某一作物单独生长的时期。套作可以更充分发挥土地的利用效率，形成一地两收或三收。甜玉米可与不同熟期的作物套作，如晚熟甜玉米与早熟豌豆、花椰菜、甘蓝、菠菜、马铃薯套作；早熟甜玉米与晚熟甜玉米、菜豆、黄瓜等套作。

（4）复种　复种是甜玉米生产中的主要种植形式之一。早熟甜玉米可以与多种作物复种，最常见的复种模式是：早熟甜玉米-白菜（萝卜等）、早熟甜玉米-下茬甜玉米、早熟甜玉米-晚茬黄瓜、早熟甜玉米-晚茬菜豆；早甜瓜-下茬甜玉米、早西瓜-下茬甜玉米、早茬蔬菜-下茬甜玉米。复种经济效益十分显著。

（5）周边种（彩图9）　也称周边种植，是指在花生、豆类、薯类及瓜菜等矮棵作物的地边四周，甚至包括池塘、路旁、宅基地前后等向阳空闲地段种植甜玉米。这是一种见缝插针，充分利用土地资源，额外增产增收的玉米栽培模式。有利于发挥玉米边行增产优势，能充分利用零星土地资源，提高土地利用率，不存在与其他作物争地的矛盾，基本上不影响或很少影响其共生的矮棵作物的产量。但必须精心做好人工授粉。

11. 甜玉米的保护地栽培方式有哪些？

裸地栽培种植成本低、省工省事，但效益相对也较低，适合大面积栽培和罐头原料生产。除了早熟措施以外，其他栽培技术与普通玉米相似。为了提早上市，提高甜玉米的经济效益，甜玉米的保护地栽培和育苗移栽等技术被广泛应用。其方式主要有以下几种：

（1）地膜覆盖栽培（彩图10）　地膜覆盖栽培是最基本的保护地栽培方式。一般要求在秋季做垄，以便保证土壤墒情，待春天解冻时开始覆膜作业。地膜覆盖可比裸地栽培提早收获10天以上，产量提高20%以上，经济效益提高1倍左右。地膜覆盖栽培技术相对比较简单，省工省时，适合大面积栽培。地膜覆盖栽培主要应注意覆膜、除草、破膜三个技术环节：覆膜时要做到垄台平整，地膜紧贴地面，压膜严实，否则膜内有过大空隙时遇大风容易鼓开；甜玉米对除草剂反应比较敏感，使用时要注意用量和除草剂品种，避免剂量过大引起药害，尽量做到喷雾均匀；当幼苗长到4～5片叶时选择阴天或无大风天气的下午或晚上破膜引苗。

（2）小拱棚栽培　小拱棚栽培实际上等于在田间垄作条件下建

造微型塑料棚。一般做法是：在播种后以两垄为一棚，利用架条搭建拱架，以地膜为棚膜进行搭建。当气温达到25℃左右时开始逐渐放风炼苗，待玉米苗达到拱棚高度时将棚膜落至地面。小拱棚也可以采用双拱方式，即在地膜基础上再加盖拱棚。小拱棚栽培在早春能作业时就开始搭棚，当膜内地温稳定在10℃以上时就可播种。也可以播种时做棚。播种最好催芽播种，以提早出苗和保证苗数。为了减少作业，要选择发育正常、健壮的种子，一般每穴播种1粒即可。

（3）育苗移栽　分裸地移栽和地膜移栽。裸地移栽是事先在温室或大棚中育苗，晚霜过后再移栽到田间。这种栽培方式可以比一般大田种植方式提早10天以上；而地膜移栽是先育苗和覆膜，当玉米苗长到3~5片叶，膜下地温也已升高，天气变暖，晚霜过后再将小苗移栽到膜上。该法比地膜栽培还要提前一周左右。

（4）塑料大棚栽培（彩图11）　塑料大棚分暖棚和冷棚两种。适宜高度和宽度的棚架在冬季前建成。待棚内最低温度达到10℃以上时就可以播种。温度升高到30℃以上时开始适当放风，在棚外最低气温达到20℃以上时将棚膜去掉。该种植方式的收获期比小拱棚栽培要早得多。暖棚即通常的蔬菜大棚。由于温度常年保持在0℃以上，可以更早播种。

❄ 12. 怎样进行甜玉米地膜覆盖栽培？

甜玉米地膜覆盖栽培不仅具有保温、节水、保肥、抑制杂草生长等优点，而且有利于提早播种、缩短青苞上市时间，从而达到提高经济效益的目的。

（1）品种选择　宜选择适合当地种植的通过国家农作物品种审定委员会审定的甜玉米品种或省农作物品种审定委员会同意引种的甜玉米品种。一般情况下，以青嫩果穗作水果、蔬菜或速冻加工为主的应选用超甜玉米或加强甜玉米品种；以制作罐头制品为主的，应选用普通甜玉米品种。地膜覆盖栽培宜选用生育期短的品种。

（2）隔离种植　甜玉米栽培技术与普通玉米不同的是，不仅制种田需要隔离，生产田也需要隔离种植，同类型中不同胚乳颜色的品种之间也要隔离，如黄与白、黄与黑、白与黑等。甜玉米如果和普通玉米或其他玉米串粉，就会产生种子直感现象，生成的籽粒失去甜味。因此，要求隔离区达到400m以上。如有树林、山岗、村庄、房屋等自然屏障，距离可适当缩短。如果与开花期不同的玉米相邻种植，开花时间要错开 15 天以上。

（3）精细整地，施足基肥 玉米地膜覆盖栽培宜选择地势较平坦、土层深厚疏松、肥力较高、酸碱度适中、灌排方便的地块种植。一般每亩施腐熟农家肥 1500～2000kg（或商品有机肥 150～200kg）、过磷酸钙 25～30kg、复合肥 20～25kg 作基肥，然后深翻（深耕30cm 左右）、整地、起畦。整平土地后按畦面宽 1.3m（包沟）、畦高 20～25cm 作畦。

（4）品种调节与播期调整 播种期的调整一是要根据用途，二要依据当地的自然条件、生产方式和品种特性。生产时间调节的原则是"短靠播期，长靠品种"。即短时间的调整采用提早或延迟播种即可，而更大幅度的时间调整需要进行不同生育期的品种调节。一般甜玉米的最适采收期为 2～4 天。春播时一般每个播期以 7～10 天为宜，夏播 5～7 天即可。当然，要根据温度和水分情况灵活掌握，温度高时可适当短些，反之长些。感温感光性强的早熟品种，春播的调整幅度一般不超过 30 天。利用不同生育期的品种进行时间调节则可调幅度更大些，同时晚熟品种产量也会更高。

（5）播种盖膜 玉米地膜覆盖栽培播种可比露地栽培提早 10～15 天，过早容易遭受低温冻害。甜玉米要求地表温度稳定在 12℃以上时才可播种。播前浸种催芽，温度 30℃左右，胚根突破种皮时即可播种。

选择无病虫、无损伤、饱满的种子进行穴播，种植密度应依据商品要求、经济效益的大小来确定。每亩植株数为：春播 2800～3000株，秋播 3000～3200 株。一般每畦种双行，行距 50～60cm，株距25～30cm，早熟、极早熟品种适当密植，晚熟品种适当稀植；以生产鲜粒为目的时可以适当密植，以收获大穗为目标的则应适当稀植。每穴播 2～3 粒。由于甜玉米（特别是超甜玉米）籽粒中淀粉含量少而呈现不饱满状态，幼芽顶土能力较弱，因而播种不宜太深，一般覆土 2～3cm 厚。播后可用化学除草剂如丁草胺等均匀喷洒畦面，随即将地膜铺平紧贴地面，四周用细土盖实，以达到保温、保肥、灭草的效果。

在南方，种植甜玉米有育苗移栽的习惯，在技术上应掌握：苗床的土要肥，多施有机肥并适当添加氮磷复合肥；移栽时间，一般为 3

叶期，但各地也有差别；移栽后应及时浇水。育苗移栽不仅可提早生育期，并可节省 1/3 到 1/2 的播种量，还可保证栽培密度。

（6）田间管理

① 及时放苗出膜　当幼苗第一片叶展开时，即用小刀在幼苗处的地膜开 1 个 5～7cm 的方形小孔放苗出膜，然后用细土把膜口封实。

② 及时查苗补缺　齐苗后，应及时查苗补缺，发现缺苗，可将预先用营养钵或育苗袋育成的秧苗补栽，确保幼苗生长一致。栽后即浇水，最好在傍晚或阴天进行。

③ 适时间苗定苗　玉米栽培宜留单苗。间苗宜早，可在 3 叶期进行，每穴留 2 苗。定苗可在 5 叶期进行，采取去弱留强的方法，每穴留 1 苗。

④ 及时追肥　在拔节期前每亩施尿素 10kg、氯化钾 15kg 攻秆；大喇叭口期施尿素 20kg、复合肥 10kg 攻大穗，可在行间破膜追肥，施肥后将膜口用细土覆盖。同时可在雌穗吐丝时补施粒肥，补施粒肥最好采用根外追肥的方法进行，每亩每次用 0.2% 磷酸二氢钾喷施叶面，连续喷 2～3 次。

⑤ 防旱排渍　苗期、拔节期保持土壤湿润，切忌渍水，否则易发"水黄"而影响植株正常生长；抽雄、抽丝期间，是需水关键期，要防止土壤干旱缺水，保持土壤水分在持水量的 70%，多雨时节要加强排水。在玉米整个生长期，注意做好防旱排涝渍工作。

⑥ 及时去蘖　甜玉米一般分蘖力较强，分蘖与主茎争夺养分、水分，影响主茎的生长与果穗的长度，应及早掰除分蘖，每株留壮穗 1 个。为不影响玉米的正常生长，操作时尽量避免损伤主茎及叶片。甜玉米在苗期可发生若干小分蘖，应尽早去除。

⑦ 病虫害防治　重点抓好玉米螟、蚜虫、大斑病、小斑病、纹枯病等的防治。具体方法可参见本书病虫害防治部分。严禁使用高毒、高残留农药。采收前 15 天应停止使用任何农药。

（7）适时采收，回收残膜　甜玉米采收过早，产量低，风味差；采收过晚，产量虽高，但风味也差。所以，应根据商品质量的要求及时采收。采收一是看花丝的颜色；二是用手摸果穗顶端苞叶，苞叶放松时即可采收；三是看籽粒，籽粒颜色呈正常的黄色，籽粒饱满，挤破时流出乳状或糊状物质，即可采收。品种不同采收期也有差别，但一般授粉后 18～25 天为最适宜的采收期。玉米采收后，要及时回收残膜。

13. 甜玉米秋种栽培要点有哪些？

（1）选择良种 可选择适合当地的超甜或普甜玉米优良品种。

（2）精细整地 起畦种植，畦面宽 80～85cm，沟宽 25～30cm，沟深 30cm。整地前 5～7 天每亩用 68% 草甘膦铵盐可溶粒剂 150g 兑水 30kg 喷施于全田，如果气温较低，喷药应再提前 2～3 天进行，如果气温较高，则可适当推迟 1～2 天，充分发挥药效。

（3）适时播种

① 适播时间 甜玉米受气温影响较大，秋种时太早播种，则因前期气温过高全生育期缩短，产量降低；太迟播种，则在授粉期间易受低温霜冻影响。因此，播种时间应选择在 7 月下旬～8 月中旬。

② 准备苗床 苗床宽 1.2m（含沟宽 30cm），整平后用粪水淋湿厢面，确保苗床湿度，然后每 10m^2 均匀撒施 1kg "水稻 BB 肥" 作基肥。注意，苗床一定要平，使泥丸与苗床紧贴，以减少苗床水分散失，有利于幼苗扎根。

③ 精细播种 首先选用土质肥沃的沙壤土混少量草木灰（每 100kg 土混 0.5kg 草木灰）为原料制成泥丸（干湿合适）置于苗床。每亩大田用泥丸 4000 个左右，每个泥丸约半个橘子大，用食指按 1.2cm 左右深的种穴，稍干后每穴放 1 粒种子。泥丸离畦面边要留 5cm 左右的空位，以防止覆土后泥丸露出。其次是做好覆土工作，将细土均匀撒于泥丸上，盖住种穴并填满泥丸间隙，用花洒或喷雾器淋湿畦面，然后按 10m^2 表土施 3% 辛硫磷颗粒剂 50g 防治地下害虫及鼠害。

④ 薄膜覆盖 在覆土后用薄膜覆盖，以防雨水冲刷，待幼苗出土后将薄膜揭去，并用 1：20 淡尿水淋施幼苗，以促进幼苗生长。

（4）合理密植

① 喷施送嫁药 移植前 1 天用 90% 杀虫单可湿性粉剂 800 倍液喷施幼苗。

② 适时移植 播种后幼苗 2.5 片叶（播种后 8～10 天）时，选阴天或晴天下午移植，定植前要做好分类选苗即大苗种一片，小苗种一片。采用双行种植，行距 55cm，株距 30cm，每亩种植 3800 株左右。种植前挖好种植穴，并施入硫酸钾复合肥 15kg、腐熟农家肥

500kg 作基肥。种植前先淋湿种植穴，定植时不能种得太深，幼苗根部不能直接与基肥接触，幼苗叶片向沟，边种边淋足定根水，有条件的应灌"跑马水"。

（5）科学追肥

① 早施提苗肥　移栽后 5 天每亩施腐熟粪水 1000～1250kg，或尿素 4～5kg 兑水 1000kg 淋施，以促进根系的生长。

② 巧施壮秆肥　玉米 5～7 片叶时，亩施硫酸钾复合肥 15kg、尿素 5kg，肥料点施于离玉米茎秆 8～10cm 的畦面上并覆土，苗势较弱的则在大喇叭口期（11 片叶左右）增施复合肥 8～10kg。

③ 重施壮粒肥　玉米抽穗后 3～4 天，亩施复合肥 20～25kg，可显著增加玉米单苞重。同时也可用磷酸二氢钾、植宝素、核苷酸等进行根外追肥 1～2 次，提高结实率。

（6）科学用水　甜玉米既忌水又怕干旱，生长前期需水较少，特别是幼苗期受浸容易使根系受损，甚至造成植株死亡。在抽穗灌浆期间需水量较大，此时田间要保持湿润，干旱田块可灌水缓解旱情，但应做到速灌速排，以防渍水。

（7）适时培土　甜玉米 5～7 叶时结合施肥、松土、除草，进行第一次培土，即小培土，具体做法是将沟底泥土培到植株两旁，但不能过多，以不压伤茎叶为标准。进入大喇叭口期后，结合第三次施肥进行第二次培土，即大培土，确保根系不外露，提高植株抗倒伏能力，同时增加营养吸收面积。

（8）及时定苞　雌苞出现后，在吐丝以前，应及时定苞，一般只留最顶端的一苞，或留玉米苞小叶较多的顶端以下第二苞，杜绝一株多苞的现象，提高甜玉米的商品价值。

（9）防治病虫鼠害　甜玉米种子及鲜苞籽粒含糖量高，容易受田鼠为害，因此在播种前 10 天及采收前 10～15 天用敌鼠钠盐与稻谷制成毒谷施放于田间用来毒鼠，减少损失。主要害虫有地老虎、蝼蛄、玉米螟、蚜虫等，主要病害有纹枯病、大斑病、小斑病、锈病等，应及时防治。

14. 怎样进行糯玉米早熟栽培？

糯玉米，也称黏玉米、蜡质玉米。籽粒呈硬粒型或半马齿型。成熟籽粒干燥后胚乳呈角质不透明、无光泽的蜡质状，因此被命名为蜡质玉米。蜡质玉米的胚乳淀粉几乎全部为支链淀粉，遇碘呈紫色，黏质，所以又被称为糯玉米或黏玉米。糯玉米品种类型越来越多，不但有纯黄色、纯白色，而且有黄白色、纯紫色，还有黄、白、紫相间的彩色糯玉米（彩图 12、彩图 13）。

（1）精选良种　糯玉米品种选用，除注意品种的丰产性和品质性状外，还要注意满足不同消费者的需求，以及该品种对当地玉米已发生的主要流行病虫害应有较高的抗性。早熟栽培应选用早熟、高产、双穗率高、大穗的糯玉米品种。

（2）适时播种　种植糯玉米的季节安排，必须结合产品用途等因素综合考虑：以直接采摘鲜果穗上市或用于加工罐装食品为目的的，要首先预测市场的消费能力和工厂的加工能力，根据销售量和加工量，科学安排糯玉米的生产季节和种植面积。因为，糯玉米的采收期很短，一般为授粉后的 22～28 天，故必须控制在采收期内采收上市或加工成糯玉米产品。如果想延长上市时间或加工时间，生产上应采用分期播种，搭配种植早、中、晚熟品种的方法。此外，还应注意青秆的合理利用，进一步提高其综合经济效益。以收获成熟的籽粒为目的的，其生产季节的安排原则上与普通玉米相同。

糯玉米早熟栽培，无保护设施的最早播期，应当在土壤 5～6cm 深处的温度稳定通过 8℃、土壤含水量在 20% 以上时；若土壤含水量低于 18%，可在土壤 5cm 深处温度达 6～7℃时，抢冷尾暖头播种。平岗地可早播，但不能早过普通玉米的播种期，应在普通玉米开犁后的 5～7 天后播种。播种太早，对全苗、壮苗、齐苗不利，且易感染病害。糯玉米种子小、营养少，抗逆性相对不强。

（3）严格隔离　糯质玉米基因属于胚乳性状的隐性基因突变体，当糯玉米与其他类型的玉米杂交时，当代所结的籽粒就变成了普通玉米，失去了其菜用价值，所以，种植糯玉米时要与其他类型的玉米隔离。隔离有两种方法：一是距离隔离，即其周围 200m 以内的田块不能种其他类型的玉米；二是时差隔离，要求花期相差 30 天以上，避免串粉杂交。

（4）塑盘育苗　早熟栽培的，可采用塑盘育苗。塑盘育苗与营养钵育苗相比，能节约 4～5 个工时；乳苗因在 2 叶 1 心期移栽，在断乳前进行，基本上无缓苗期，能提早 7 天左右上市。与地膜直播相比，能一次性全苗，苗整齐无大小苗现象，能有效减少用种量。乳苗期如遇灾害性天气，便于管理，且能提前3～4天上市。如在大棚内播种期还可提前。具体方法是：

① 播种　床址应选择光照充分，排水通畅的地方。每亩大田留足宽1.5m、长2.5m的苗床。最好是联户育苗或工厂化育苗。苗床浇透水后，把床面5～6cm的表土打成糊状整平。每亩大田用468孔水稻抛秧盘（规格30cm×60cm）14片，2片一对，横排向前，并把秧盘拼整齐贴实。秧盘每孔播籽1粒。播种后，用无杂草种子的熟肥细土盖种，盖土厚度以不见秧盘面为宜，然后在盘面平覆一层地膜。然后搭棚盖棚膜，棚高40cm，棚架边离塑盘10cm。

② 苗期管理　如2月下旬播种，温度过低，应在拱棚上加盖草苫保温，早揭晚盖。展叶前如清晨盘土发白或幼芽有顶土团现象，应喷雾补水或喷雾冲散泥坨，以防干浆缩芽。补水的水温以25℃左右最佳（可用3份冷水兑1份开水进行）。下种后第5天开始检查出苗情况，如发现有70%的幼芽出土应立即揭去盘面上的一层地膜。展叶后如棚内湿度大，可在温差较小的清晨开窗通风散湿，并在下午4时封好薄膜，1叶1心逐步揭膜炼苗，炼苗3天即可移栽，移栽前1天用活力素兑水喷苗，以增强抗性。一般在2叶展开时移入大田。

（5）合理密植，双膜栽培　采用宽窄行栽培，宽行0.8～0.9m，窄行0.4～0.5m，株距20～25cm。密度以5000株/亩最佳。3月上旬及早施足基肥，每亩需施猪粪2000kg，复合肥30～40kg。开沟深施后整畦。用玉米专用除草剂化学除草后，覆盖地膜起棚，以加速养分分解，增加地温。移栽时用直径1.5cm，顶端削尖的小木棍或2cm宽的竹签定距戳洞，再摆苗。戳洞深度以不超过2cm为宜，以免乳苗悬根或深栽。栽后随即用活性促根剂兑水点苗喷雾，保证实土促根。然后盖好棚膜，棚高50cm左右。

（6）田间管理

① 及时去除顶膜　苗高40cm左右时，要及时去除顶膜，以防影响生长。去顶膜前，要注意通风炼苗。原则上通风由小到大，先一头后两头，直到最后全部去除。

② 重点追好拔节孕穗肥　追施时间要看长势而定，每亩施粪肥1000～1200kg，碳酸氢铵40～50kg。

③ 水分管理　糯玉米的需水特性与普通玉米相似。苗期注意防

渍，中后期注意防干旱。

④ 及时去蘖　糯玉米品种的分蘖较多，应在拔节期及时打杈拔除分蘖。糯玉米会出现分枝或分蘖现象，在田间管理中不能留分枝或分蘖，要及时去除，不留痕迹，而且要多次进行。在生产中，水肥条件好的地块还会出现 1 叶 1 穗或一部位多穗的现象，也要及时掰除，只能长 1～2 穗，以防出现小穗，造成减产减收。

（7）病虫害防治　与普通玉米相比，糯玉米的病虫害防治有特殊要求。糯玉米的虫害主要是苗期的地下害虫和穗期的玉米螟。针对这些情况，可以采取以下措施：播种时可采用辛硫磷拌种，防治蝼蛄、蛴螬、地老虎等地下害虫的危害。对以采摘鲜玉米为目的的糯玉米生产田块，防治玉米螟最好采用生物防治的方法，即在大喇叭口期接种赤眼蜂卵来控制玉米螟的发生和危害。如果必须用化学农药防治玉米螟，应选用低浓度农药，在小喇叭口期防治，用药量尽可能小，做到慎用、少用、早用农药，既科学有效地控制地下害虫，又不在乳熟期的果穗上留有农药残毒，以生产无公害的糯玉米产品。病害防治主要采用抗病品种解决。草害的防治主要通过结合追肥、中耕进行。

（8）适时采收　菜用玉米主要是食用嫩籽粒，采收期对菜用玉米青穗的产量、品质影响很大。采收过早，干物质和各种营养成分不足、产量低、效益低。收获过晚，虽能提高产量，但易皮层硬厚，口味欠佳，失去菜用价值。据试验，开花授粉后，25 天左右即是玉米的乳熟期，是商品性最佳时期，应及时采收上市，提高效益。对于收获籽粒的糯玉米，与普通玉米收获的要求相同，即当籽粒出现黑粉层时即可收获。

第三节　玉米机械化生产

15. 玉米膜下滴灌栽培技术要点有哪些？

玉米膜下滴灌（彩图 14）种植机械化技术，是把工程节水和覆膜种植两项技术集成组装起来的一项农业节水综合栽培技术，是在地膜下放置滴灌带进行灌溉的一种灌溉形式，是把播种、施肥、铺膜、铺水带、喷化学除草剂一次性完成的机械化种植技术。

（1）**确定施肥方案** 确定施播方案有以下 6 个方面的内容。

① 确定播种工艺 采取垄作。主推大小垄休耕轮作：大垄80cm，小垄 40cm。第一年种植在 40cm 的小垄上，隔年种植在 80cm的大垄上（增大行距，缩小株距，亩保苗数不变）。匀垄种植即一米一带传统种植法。

② 确定施播方法和亩播种量 施播方法有精播、少播两种。精播要求每穴 1 粒种子，空穴率不大于 1%，亩播量 1.1～1.5kg；少播每穴 2±1 粒种子，空穴率不大于 2%，亩播量 2～3kg。

③ 确定亩施肥量、深度 采用一次性深施肥法，施肥深度在 8～10cm，要施在种子的侧下方，与种子的隔离带保证 6cm 左右。亩施肥量根据土质和玉米品质而定，一般亩配方施肥 40kg 左右，可少施或不施种肥，不进行追肥。整地时可亩施农家肥 2000kg 左右。

④ 确定垄距、株距 采用大小垄休耕轮作时，播行垄距 40cm，株距 22～25cm；亩保苗 4400～4800 株；采用一米一带普通方式种植时，行距 40cm，株距 30cm，亩保苗 4400 株左右。播种深度一般为2.5～5cm。

⑤ 确定覆膜方式 覆膜方式有两种：全覆膜、半覆膜。具体选用哪种要视情况确定。全覆膜幅宽 120cm，半覆膜幅宽 90cm。

⑥ 确定播种方式 分为膜上播种、膜下播种两种。膜上播种是先铺膜，后播种。种子采用鸭子嘴式播种器在膜上打孔，播入土中。这种作业方式优点是可一次完成作业全过程，不用或很少用人工放膜，节省劳动力，需注意的是膜上播种孔需盖实，防止跑墒。

膜下播种是先播种后铺膜，种子播在膜下，出苗后再人工破孔放苗。这种方法能提高铺膜质量，增温保墒效果好，出苗较整齐，但放苗费工，遇高温或放苗不及时会发生烫苗，此种方法宜于适期早播，提温保墒。采用膜下播种不用购置专用播种机，在原有的播种机上加装铺膜、铺管、一次性施肥、化学除草装置即可。

（2）**播前准备** 播前准备包括整地、生产资料的准备、作业机具的准备。

① 整地 要适时整地、精细平整，疏松土壤，上虚下实，清除杂草根茬，无坷垃土块，能起到增温保墒防渍的作用。可结合整地施足底肥，为高质量铺膜创造一个良好的土壤环境。

② 生产资料的准备 准备好作业所需的种子、化肥、地膜、膜

下滴灌带等物料，并运至作业地点。

③ 作业机具的准备　作业前购置好机具，按使用说明书的要求进行组装、保养和调试。

a.总体构造　膜下滴灌播种机组大多由播种机、铺膜机、植保装置、一次性施肥装置、水带铺设装置组成。

b.地膜机的构造及调整　构造由机架、整形装置、开沟器、挂膜轮、压膜轮、覆土铧、挡土板组成。其调整内容有以下几个。

整形装置。整形板的作用是将待播地局部不平处铲高垫低，有利于雨水的充分利用，同时，可将遗留残茬和土块刮到种床两侧。调整内容有安装高度和安装角度，视工作情况而定。

开沟器。作用是开出压膜沟。有铧式和圆盘式两种。铧式开沟器调整内容有左右安装位置和安装高度两项。左右位置决定膜面的宽度，靠横向移动卡子在机架上的安装位置进行调整。安装高度靠上下移动铧柱进行调整。圆盘式开沟器调整内容包括左右安装位置、安装高度、前进角度，调整时视工作情况而定。

挂膜轮。用来安装地膜。地膜安装在挂膜轮上，相对于地膜机纵向中心线要左右对称，不能偏左或偏右，工作中地膜尽可能靠向地面。

压膜轮。作用是把地膜压入开沟器开出的膜沟内。其纵向安装位置是走在开沟器开出的膜沟内。

覆土铧。作用是把开沟铧开出的土翻入压膜沟，压住地膜。形式和调整内容同开沟器。膜下播种的两铧间距 85～90cm，以既不卷膜又压住膜为准，以保证足够的膜面宽度，便于吸光增温。膜上播种的有两个圆盘式覆土器，安装角度不同，便于压膜时同时盖住种子，覆土量的大小取决于安装高度和安装角度。

挡土板。与覆土器配合使用，挡住覆土器翻入的多余土量。

播种机的调整。播种机由机架、限深轮、播种装置、施肥装置、覆土镇压装置组成。其主要调整内容有限深轮高度的调整，播种株、行距及播种深度的调整，施肥量及施肥深度的调整，覆土镇压能力的调整等。

（3）播后的管理　做好播后的田间管理，膜上播种的要经常检查地膜是否严实，发现有破损或压土不实的，要及时用土压严。膜下播种的作物播种后及时检查出苗情况，发现缺苗及时补种或补栽。玉米出苗后应及时放苗，并及时定苗，留健苗、壮苗，防止捂苗、烧苗、烤苗。放苗后用湿土压严培好苗口，并及时压严地膜两侧。

16. 夏玉米条带深旋高产栽培技术要点有哪些？

玉米条带深旋精量播种技术是由中国农业科学院作物科学研究所赵明研究员带领的课题组研制出的一种新型精细播种机械化技术，其研发的"HHN-2BFYC 条旋粉茬精量播种机"已获国家实用新型专利。该机具为立式条带深旋耕装置，包括连接杆变速变向箱、连接杆、旋耕轴变向箱（左箱和右箱）、半立式旋耕轴及组合旋耕刀。该装置旋耕深度深，消耗动力小，运行稳定性好，可在麦茬地、机收玉米茬地或水稻茬地上，一次作业同时完成推茬清垄、深旋松土、深层施肥、精量播种等环节。有效解决耕层浅犁底层坚实、前茬秸秆堆积、播种质量差等难题，尤其适合于夏玉米播种。

目前，依托 HHN-2BFYC 条旋粉茬精量播种机的玉米条带深旋粉茬精播技术已被全国农业技术推广服务中心列为黄淮海区主推的夏玉米机械化轻简栽培技术。

夏玉米条带深旋高产栽培技术是以条带深旋粉茬精量播种技术为核心，集优良品种、精量播种、宽窄行种植、窄行深松改土、宽行免耕、合理施肥和适时晚收等于一体的高产栽培技术体系。

（1）品种选择　选用中早熟、高产、抗病、耐阴雨、抗旱、抗倒伏品种。种子籽粒饱满，大小一致，无虫蛀，无破损，并进行包衣处理。

（2）抢时早播　夏玉米直播应于 6 月 10 日前播种，最迟不能迟于 6 月 15 日。根据当地实际采用麦茬覆盖免耕直播或硬茬直播技术。

（3）合理密植　选用小穗型玉米品种，中肥力地块每亩留苗4500 株，高肥力地块每亩留苗 5000 株。中大穗型品种，中肥力地块每亩留苗 4000 株，高肥力地块每亩留苗 4500 株。为了改善田间通风和透光情况，一般采用宽窄行种植，宽行 80cm，窄行 40cm，也可实行等行距种植，行距 50～70cm，株距 18～20cm。

（4）高效施肥　每亩施纯氮 12～15kg、纯磷 5～8kg、纯钾 8～10kg，并根据目标产量进行适当调整。氮肥高产田按攻秆肥（苗期）45%～50%，攻穗肥（大喇叭口期）50%～60%施入。

（5）病虫草害综合防治　坚持"预防为主，综合防治"和经济、安全、有效的原则，做好预测预报，及时防治黏虫、玉米螟、杂草等虫草害。

（6）适时收获　当叶片变黄、籽粒变硬、乳线消失时，可适时收获。

17. 玉米机械化免耕直播技术要点有哪些？

（1）选择机具与配套动力　对于新购买的机具，首先要认真阅读产品使用说明书，全面了解机具的结构、性能、操作要领、注意事项；其次要按说明书的要求，进行认真调试和试播。对于老机具，要在作业前认真检查和保养，使机具处于良好的技术状态。

（2）做好前茬地块的处理

① 在麦收之前 3～7 天浇麦黄水，具体浇水时间依据土壤质地而定，一般黏土地要早些浇，壤土稍后浇，沙土宜晚浇，以收小麦时农机能进地操作或玉米播种时有良好的墒情为标准。浇水时一般喷灌 4～5 小时。

② 前茬收获和秸秆处理应便于均匀覆盖地表：收获小麦最好选择带有粉碎秸秆装置的联合收获机，麦茬高度应控制在 25cm 范围内，秸秆切碎长度为 15～25cm，并做到麦秸秆抛撒、覆盖均匀；秸秆量过大时，应把多余秸秆清出地块。

③ 规划好合理的种植模式，使玉米机械化播种与机械化收获有机地结合起来。

（3）注意种子选择与处理　夏玉米机械化覆盖施肥播种技术采取的是精量播种，对种子的要求很高。在播种前一定要选择生长期在 100 天左右的中早熟优质良种，种子纯度≥97％，发芽率≥95％，含水率<14％，并进行药物搅拌或包衣处理。

（4）注意选择最佳播期　华北地区夏玉米最佳播期一般在 6 月上旬，最迟不应晚于 6 月 15 日，应与收获作业配套进行，麦收后当天或第二天播种，形成即收即播的作业流程。

（5）注意种肥的选择　根据玉米机械免耕播种技术的特点，种肥应选择流线好、肥效高的颗粒型复合肥或氮肥，并保证亩施肥量≥25kg。千万不要选择粉状的氮肥，以免影响施肥效果，造成减产。

（6）注意播种质量　保证播量适宜、深度一致、覆土严实、镇压适度，无缺苗断垄现象。机具作业速度要适中，不可太快或太慢。播种作业时要确保播行平直、换接行距一致，及时疏通壅堵现象，保持输肥、输种管畅通。破茬开沟的深度应≥12cm，并保证同步深施的种肥与种子间有4～5cm的土壤隔层。严格遵守播种机操作规程。如播种时不可倒车，并注意观察，防止因秸秆堵塞影响播种质量等。

18. 玉米机械化收获的优势及注意事项有哪些?

玉米机械化收获技术是在玉米成熟时，根据其种植方式、农艺要求，用机械来完成对玉米的茎秆切割、摘穗、剥皮、秸秆处理等生产环节的作业技术。主要有联合收获后秸秆直接还田、人工摘穗后秸秆还田、茎穗兼收技术。

（1）玉米机械化收获的优势　除了提高生产效率以外，使用玉米收割机的另一个好处是玉米秸秆经过粉碎直接还田，提高了秸秆综合利用率，既避免了焚烧玉米秸秆的现象，又增加了土地的有机质含量，达到了省工省劳又环保的效果。

（2）技术要求　由于玉米收获时籽粒含水率高达22%～28%，甚至更高，收获时不能直接脱粒，所以一般采取分段收获的方法。第一段收获是指直接摘下带苞皮或剥皮的玉米果穗，并进行秸秆处理；第二段收获是将玉米果穗在地里或场上晾晒风干后脱粒。

（3）技术性能指标　玉米机械化收获机需达到如下技术性能指标：收净率≥82%，果穗损失率<3%，籽粒破碎率<1%，果穗含杂率<5%，还田茎秆切碎合格率>95%，留茬高度≤40cm，使用可靠性>90%。

（4）技术实施要点　实施秸秆黄贮的玉米要适时进行收获，尽量在秸秆发干变黄前进行收获作业。实施秸秆还田的玉米收获期尽量在籽粒成熟后间隔3～5天再进行收获作业。根据地块大小和种植行距及作业质量要求选择合适的机具，作业前制订好具体的收获作业路线。

（5）机具操作规程　拖拉机启动前，必须将变带手柄及动力输出手柄置于空挡位置。机组在运输过程中，必须将割台和秸秆还田装置提升至运输状态，并注意道路的宽度和路面状况。接合动力要平稳，油门由小到大逐步提高，确保运输和生产作业的安全。

（6）农机农艺应进一步融合　在农艺方面，应选用柱状果穗、结穗位在 70～130cm、穗位秸秆抗拉强度大的品种，且要求紧实度低、成熟期籽粒降水速度快、含水率＜30％。在栽培中应选择平作或垄作，行距统一，宽窄行或沟播种植带宽度为玉米收获机割幅的整数倍。

在机械方面，割台应选用指型/链式不分行摘穗单元；剥皮装置应注意剥皮辊布局和随运压制装置、籽粒回收和茎叶排除装置；脱粒装置应选用强揉搓性能、轴流脱粒分离装置；秸秆处理应采用预调质处理技术、打结器正时机械制造与总成精装配；青饲方面则应采用切碎刀具自磨砺装置、低功耗高频切碎与抛送自动操控。

（7）收获机机型　目前国内收获机主要有四大类型的产品。第一类是多行悬挂式和牵引式玉米收获机，是延续 20 世纪 80 年代后期的产品不断改进形成的，可一次完成多行玉米的摘穗、果穗集箱、秸秆粉碎处理作业。第二类是以小麦联合收割机底盘改进开发的玉米收获机，可一次完成多行玉米的摘穗、果穗集箱、秸秆粉碎处理作业。第三类是专用的玉米收获机，可一次完成多行玉米的摘穗、果穗集箱、秸秆粉碎处理作业。第四类是自走式玉米收获机，以 4YW-3 型和 4YZ-4 型居多，可一次完成玉米的摘穗、剥皮、果穗集箱、籽粒回收、秸秆粉碎作业。

（8）玉米机械化收获注意事项

① 收获前 10～15 天应对玉米的倒伏程度、种植密度和行距、果穗的下垂度、最低结穗高度等情况做好调查，并提前制订作业计划。

② 作业前应进行试收获。调整机具，达到农艺要求后方可投入正式作业。

③ 作业前适当调整摘穗辊间隙，以减少籽粒破碎。为使剥皮器工作正常，要保证弹簧导管与挡片之间的间隙 25～30mm，间隙过大会使剥皮质量下降，加快剥皮辊的磨损。应该经常检查间隔。一般情况下，每工作 120 小时后需检查一次，同时注意果穗升运过程中的流畅性，以免卡住堵塞。随时观察果穗箱的充满程度，以免出现果满后溢出或卸粮时卡堵等现象。

④ 正确调整秸秆还田机的作业高度，以保证留茬高度小于10cm，以免还田刀具打土损坏。

⑤ 安装除茬机时应确保除茬刀具的入土深度，保持除茬深浅一致，以提高作业质量。

第二章

玉米播种育苗技术

第一节 品种选择及种子处理

19. 玉米种子选大粒好，还是小粒好？

市场上当前的玉米种子（彩图15、彩图16），有的特大粒，有的中等粒，有的小粒。

（1）相关研究 国家玉米产业体系专家李少昆博士认为，种子发芽需要吸收种子重量40％～50％的水分。因此，"小粒种子"更容易出苗，更容易苗齐苗壮。

因为"小粒种子"只有"大粒种子"重量的2/3左右，所以在相同的土壤墒情条件下，"大粒种子"需要的土壤水分要高30％左右才行，而且还需要更高的温度（春播"大粒种子"，水分充足但温度偏低更容易"粉籽"）。"大粒种子"由于淀粉等干物质积累较多，相同水势下，吸胀、出苗速度较慢，萌发所需时间也较长，出苗所遇风险更大。

在土壤墒情相对不足的条件下，"小粒种子"由于籽粒小，粒型整齐，吸水膨胀时间短，萌发阻力小，萌动更早，出苗较快，活力较高，苗势远远好于"大粒种子"。

而且，"小粒种子"的地下根系发育也比"大粒种子"的要好很多。

（2）种子生产上的安全问题 "小粒种子"脱水更快，角质率更高，更利于种子安全生产（避免了因水分过大，烘干不及时等因素造成的霉变而影响发芽率和发芽势）。

（3）种子加工的成本问题 同样是种衣剂包衣处理，同样的一亩种子的成本，小粒的种子包衣效果会更好。即同样的每亩留苗，同样的种子包衣效果，"小粒种子"更胜一筹。

（4）种子运输等成本问题 "大粒种子"相比"小粒种子"要高出至少 1.6 倍的运费，这些都需要种植户"买单"。其他种子包装多用 30% 左右，装车多用 30% 左右，卸车多用 30% 左右，种子筛选多扣除 30% 左右，种子加工人工电费等多 30% 左右。

综上所述，应该尽量选择"小粒种子"或者"中粒种子"，避免浪费不必要的"冤枉钱"。

20. 如何确定玉米种子的播种量和播种深度？

播种量因种子大小、种子生活力、种植密度、种植方法和生产的目的而不同。凡是种子大、种子生活力低和种植密度大的，播种量应适当增大，反之应适当减少。一般条播每亩需种子 3～4kg，点播每亩需 2～3kg。

播种深度要适宜，深浅要一致。一般播种深度以 5～6cm 为宜。如果土壤黏重、墒情好时，应适当浅些，可 4～5cm；土壤质地疏松、易于干燥的沙质土壤，应播种深一些，可增加到 6～8cm，但是深不宜超过 10cm。

21. 购买玉米种子时的注意事项有哪些？

（1）购买审定的品种 不管是国家级审定还是省级审定，只要是审定过的，都是经过好几年的试验才上市的。玉米经过当地试种后的品种，在适应性、抗逆性、生育期、产量等多个方面都达到了要求，可以种植。

需要提醒的是，该品种在 A 地表现比较不错，但是在 B 地就不一定了，购买之前要看清楚适合种植的地区。

（2）看前茬品种 种植春玉米的地方，好多都是一年只种一季，比如东北和内蒙古，这时候，就可以看上年种植的玉米品种，比如上年种植的品种高产，则今年还可以继续选用该品种，如果上年的品种不抗病，容易感染病害，则今年在选择时，就要避开该品种，同理，虫害也是一样。不过这里也要提醒一点，同一个品种，不能在同一个地方连续种植 3 年以上。

（3）看、闻、摸 看，主要看种子是否有杂质，以及种子的外形是否饱满，尽量选择粒形差不多的种子。闻，主要闻是否有发霉的味道，有些商家卖的种子是陈种子，会影响出苗率，一旦有霉味，千万不可购买。摸，主要是摸种子的干燥度，最简单的办法，用手插进袋子里，或者拿一些在手中揉搓，发现潮湿的，也不要购买。

必须在正规的种子站购买，不要盲目购买所谓的新玉米品种。购买种子的发票或收据也一定要留好。

22. 春玉米播种越早长势越好吗？

全国各地玉米种植的时间不一样，许多农民朋友认为，玉米播种越早越好，早播种比晚播种要好，其实并不是这样。

（1）早播晚播各有优劣　播种过早，遇到低温时玉米正常出苗会受阻，而且容易遭遇冻害；晚播虽然出苗快，但在生长期较短的地区，晚播的玉米则容易遭受秋季低温与霜冻的危害，导致玉米籽粒长不饱满。

此外，盐碱地要适当迟播，以耕作层地温在 13～14℃ 时播种为宜。晚熟品种适合春播，在生长期短的地区要适当早播，不然会影响正常成熟。早、中熟品种适合夏播和秋播。

（2）播种期与玉米产量　每个玉米品种的生长期不一样，播种时，一定要结合玉米的品种选择播种期。根据玉米播种季节的不同，春季播种宜适当晚播，而夏播玉米则可适当早播。以黄淮海地区为例，玉米春播的时间以 4 月中下旬为宜，而套种玉米可在 5 月中下旬至 6 月初播种，夏直播玉米以在 6 月中下旬播种为宜，而且时间越早越好。适宜的播种期有利于保证玉米正常生长，从而使玉米容易获得高产。

23. 春玉米播种的最佳时间是什么时候，播种的注意事项有哪些？

由南向北，从 2 月中旬开始至 5 月上旬均有播种春玉米的地区，一般以 10cm 土层温度稳定在 10℃ 以上时播种为宜。收获期亦由南向北，从 7 月下旬到 9 月中旬，先后相差达 50 多天。它的生育特点是苗期生长缓慢，基部节间较短，穗位低，植株健壮，抗倒伏能力较强。

（1）各地春玉米播种最佳时间

① 山东春玉米播种时间　因为春玉米播种时间早，生育期长，

所以产量高。山东地区一般 4 月初种春玉米，8 月末收获。

② 东北春玉米播种时间　播种时间在谷雨（4 月 20 日左右）之后、5 月 10 日之前，收获大体在 10 月 1 日以后、10 月 20 日之前。

③ 南方春玉米播种时间　南方玉米能种两季，长江流域春播的玉米一般 3 月底 4 月初播，7 月上中旬可以采摘。

④ 河北春玉米播种时间　玉米分春玉米和秋玉米，春玉米 4 月下旬 5 月上旬播种，8 月下旬可收获；秋玉米最迟不能迟于 7 月中旬播种，10 月中下旬收获。

⑤ 安徽春玉米播种时间　一般春天的第一场雨来临之后，就是种春玉米的最好时间。但现在为了防止病虫害，提倡春玉米应适当提早播种，一般应当提前到 4 月中旬以前播种。

⑥ 湖南春玉米播种时间　一般春玉米 4 月上中旬播种，8 月上中旬收获。夏玉米 5 月下旬至 6 月上旬播种，9 月中下旬成熟。

（2）春玉米播种注意事项

① 土壤温度　春播一般要掌握 5～10cm 土壤表层的地温稳定在 10℃以上，气温稳定在 12℃以上，此时播种能正常发芽出苗。

② 土壤湿度　播种时耕层土壤湿度要求达到田间持水量的 60%～70%。一般来讲，如果手握耕层土壤可成团，自然落地松散，则土壤含水量一般在 60%～70%，适宜播种。如果手握土壤不能成团，则土壤含水量偏低，不适宜播种，需灌溉或等雨播种。如果手握土壤成团，但自然落地不能散开而是土块，则土壤含水量过高，影响出苗。

③ 播种深度　一般以 4～5cm 为宜。如果土壤黏重，墒情较好，可适当浅些。土壤质地疏松，易干燥的沙土地，可适当深些，但一般不超过 10cm。播种过深，出苗时间长，消耗养分多，出苗后瘦弱或幼苗不能出土圈在地表下；播种过浅，容易吹干表土，不能出全苗；播种深浅不一，有的出苗早，有的出苗晚或不能出苗，易导致大小苗。

24. 为什么夏玉米要抢时播种？

夏玉米的播种是需要讲究季节的，一般是当地多数年份获得最高产量的播期就可定为最佳播期。确定播种期要抓住影响玉米产量形成的重要气象因子。当然除考虑播种时的温度、水分条件外还要考虑玉米生育中后期的水分供应问题。

由于夏玉米区可供玉米生育的时期有限，为了争取足够的热量，使玉米充分成熟，及时收获，获得较高产量，又不误后茬小麦正常播种，所以夏播玉米的播种期要求越早越好。即冬小麦收获后立即旋耕灭茬，随后播种，或收获小麦后立即用硬茬播种机播种。早播是夏玉米提高产量的有效措施之一。

（1）延长生育期　适时早播能延长玉米的生育期，充分利用光能、地力，积累更多的物质，为玉米高产提供物质基础。适时早播对夏玉米尤为重要，群众有"夏播无早，越早越好"的说法。因为夏玉米生育期较短，早播可使其在后期低温、早霜来临之前成熟。据有关试验，6月20日播种比6月1日播种减产15%，说明夏玉米适期早播对夺取高产有重要的作用。

根据试验，每早播种1天，可使灌浆期延长1天，使粒重增加而增产1%~2.5%。为了早播种，在部分热量资源稍欠缺的地方，也可在麦收前10~15天在麦行中套种夏播玉米，然后浇灌麦黄水，促其早出苗。到麦收时玉米已出苗并长出2~3片叶。但是套种的做法不容易掌握留苗密度，出苗后再收割小麦，容易造成伤苗，特别在机械收割时伤害更重，难以达到全苗。

（2）减轻病虫为害　玉米苗期地下害虫多在春暖时发生，夏玉米如能适时早播，就能在地下害虫发生为害之前出苗，至虫害严重时，苗已长大，抵抗力增强，能相对地减轻为害。夏玉米适时早播能减轻大斑病、小斑病、褐斑病等病害的为害程度。

（3）避开不良气候的影响　夏玉米早播，可以使玉米拔节期出现在雨季到来之前，玉米苗期避开高温多雨气候，玉米苗生长健壮，基部节间短，根系发达，抗倒伏、抗旱能力增强；适时早播可以提早玉米抽雄开花期，避免"卡脖旱"，避免高温多雨对玉米抽雄、开花、授粉的威胁，使玉米开花授粉良好；适时早播还可以提早玉米灌浆期，减轻个别年份后期低温对玉米灌浆的影响，减轻玉米青枯病的为害程度等。

另外，夏玉米早种可以早熟早收，不仅玉米高产，而且早腾茬，早整地，为小麦适期播种创造了条件，做到夏秋双季高产。

25. 怎样对玉米种子进行播前晒种？

晒种可以有效杀灭种子表面的病菌，促进种子后熟，降低种子含水量，增加种子吸水力，提高种子出苗率 13%～20%。并能提早出苗 1～2 天。

方法是：选择晴天上午 10 时至下午 4 时，将种子摊晾在向阳干燥的地方，勤加翻动，下午 4 时后收贮室内，避免受潮，连续暴晒 2～3 天，使种子充分干燥。切忌种子摊在铁器、水泥地上晾晒，以防温度高烫坏种子。

26. 玉米种子浸种方法有哪些？

播前浸种可使玉米种子在播前吸足水分，提高发芽力，保证出苗快而整齐。能刺激种子增强新陈代谢作用，提高种子活力，播后出苗快且齐壮，有明显的增产效果。其方法有：

（1）清水浸种 冷水浸种 12～24 小时，或用 50℃ 温水浸种 6～12 小时，可使种子发芽、出苗快而整齐。

（2）温汤浸种 用两份开水兑 1 份冷水，温度在 55℃ 左右，浸泡玉米种子 6～12 小时，摊晾后播种。能加速种子吸水过程，还能杀死附着在种子表面的黑粉病菌孢子。

（3）人尿浸种 用 30% 的人尿浸泡种子 12 小时，或用 50% 的人尿浸种 6～8 小时，每 15～20kg 溶液浸泡 10kg，捞出稍晾片刻即可播种。能加速种子养分的转化，补充种子养分。据试验，用尿液浸种的玉米，其幼苗在 3 叶期表现为叶绿、苗壮，一般增产 5% 左右。

（4）磷酸二氢钾浸种 先将磷酸二氢钾用水溶化（300～500 倍液），然后将种子倒入溶液中（10kg 水溶液浸 6kg 种），浸 10 小时捞出阴干后播种，比不浸种的早出苗 1～2 天。

（5）高锰酸钾浸种 高锰酸钾 5g 兑水 5kg 浸玉米种 25 小时后滤干即可播种。

（6）尿素浸种 尿素 100g 兑水 10kg，可浸 6kg。浸 10～12 小时滤干后可播种。

（7）食醋浸种 食醋 100g 兑水 10kg 搅匀后倒入玉米种浸泡 24 小时，滤干播种。可防治玉米丝黑穗病。

（8）**喷施宝浸种**　喷施宝 5mL 兑水 50kg，浸种 10 小时后捞出晾干播种。

（9）**三十烷醇浸种**　溶液浓度为 0.05mg/kg，每 15～20kg 溶液浸种 10kg，浸泡 4～5 小时，捞出阴干。

（10）**锌肥浸种**　取 50g 硫酸锌加水 100kg 配成溶液。每 15～20kg 溶液浸玉米种子 10kg，浸泡 10 小时后，捞出阴干后播种。

（11）**沼液浸种**　沼液浸种不仅可以提高种子的发芽率、成秧率，促进种子生理代谢，提高秧苗素质，而且可以增强秧苗的抗逆性，具有较好的增产效果和经济效益。首先把待播种的玉米种子进行晾晒，根据种子的干湿情况，一般晒种 1～2 天，每天约晒 6 小时；然后将晾晒好的种子装入透水性较好的塑料袋内，装种量根据袋子大小而定，将装有种子的袋子用绳子吊入正常产气的沼气池出料间中部料液中，浸种时间 12～24 小时，然后取出用清水冲净，于背阴处晾干，就可以播种，切忌浸种时间过长，以免影响发芽率。一般以种子吸饱水为度。

另外，用增产素、铝酸铁等浸种的，也有较好的增产效果。注意用上述所有方法浸过的种子要放阴凉处摊晾，不要日晒。

27. 玉米种子药剂拌种方法有哪些？

浸种后再进行药剂拌种，对防治病虫害和保全苗有良好效果。

（1）**三唑酮拌种**　用 25% 三唑酮可湿性粉剂按干种子重量的 0.2% 拌种，可防治玉米黑穗病；用 15% 三唑酮可湿性粉剂按种子重量的 0.4% 拌种，可防治玉米黑粉病。

（2）**戊唑醇拌种**　用 2% 戊唑醇湿拌种剂 30g，拌玉米种 10kg，可防治玉米丝黑穗病。

（3）**多菌灵拌种**　用 50% 多菌灵可湿性粉剂按种子重量的 0.5%～0.7% 拌种，可防治玉米丝黑穗病。

（4）**萎锈灵闷种**　用 20% 萎锈灵乳油 500mL，加水 2.5kg，拌种 25kg，堆闷 4 小时，晾干播种，可防治玉米丝黑穗病。

（5）**辛硫磷拌种**　用 50% 辛硫磷乳油按药、水、种子用量 1∶100∶1000 的比例进行拌种，拌匀后堆闷 4～6 小时即可播种。可防治苗期地下害虫。

（6）**乐果拌种**　用 40% 乐果乳油拌种，用药量为种子重量的

0.5%，可减轻金针虫、蝼蛄等地下害虫的危害。

（7）桐油拌种　将500g桐油倒入6kg玉米种内拌匀后播种，此法有明显的抗旱作用。

（8）过磷酸钙拌种　先把玉米种放入清水里浸泡2小时捞出，每千克种拌过磷酸钙20g，随拌随播。

（9）硫酸锌拌种　硫酸锌50g兑水适量与10kg种子拌匀，晾干后播种。此法还可防治白苗病。

（10）稀土拌种　稀土拌种能促发芽和根系发育，增强抗逆能力。用稀土4g加水40mL和米醋20滴拌1kg种，边喷边拌匀，随拌随播。

（11）阿司匹林拌种　每4～5kg种子用4～6片阿司匹林。将药压成粉状溶于水中，洒在种子上拌匀。

28. 玉米种子包衣方法有哪些？

玉米种子包衣（彩图17）是新兴起的一项技术，种子包衣所用药剂即种衣剂，是将稍微湿润状态的种子，用含有黏结剂的杀虫剂、杀菌剂、复合肥料、微量元素、植物生长调节剂、缓释剂、成膜剂等配合制剂，按一定的比例充分混拌，在种子表面形成具有一定功效的固化保护膜即种衣，包在种子外层的配合制剂，称之为种衣剂或包衣剂。是目前防治玉米苗期地下害虫、苗期病害，确保一播全苗最为简捷、有效的办法。此外，包衣还能起到防治玉米丝黑穗病、为种子萌芽生长提供一定养分等作用。种衣剂是在拌种剂基础上的技术创新。

（1）种衣剂种类　按照产品有效成分，可以将种衣剂分为两大类，一类是农药型种衣剂，另一类是微肥型种衣剂。两类种衣剂均可促进玉米苗全、苗壮，但前者偏重于防治苗期地下害虫、苗期病害，提高成苗率，同时降低丝黑穗病发病率；后者偏重于为种子提供养分，增强种子的发芽势，培育壮苗。生产上应用的种衣剂有：

① 种衣剂13号配方　含三唑酮、辛硫磷、微肥等，主要防治玉米地下害虫、黏虫、丝黑穗病及缺素症。

② 60%吡虫啉悬浮种衣剂（高巧）　主要防治苗期地下害虫（蛴螬）的危害，减轻金针虫、地老虎的危害，促进苗齐、苗壮，防治玉米粗缩病（灰飞虱传播的病毒病），促进根系生长、根系发达、长势健壮，抗倒伏，使穗大粒饱，减少秃尖，增产。

此外，还有戊唑醇、烯唑醇等防治玉米丝黑穗病的专用杀菌种衣剂。农户在购买种衣剂时，先要弄清本地玉米病虫害发生情况，再根据种衣剂中所含有效成分确定购买哪种产品，确保选购的种衣剂质量合格、产品适宜、效果显著。

（2）玉米种子包衣剂制作方法

① 机械包衣　种子公司用包衣机生产制作，种子包衣后，出售给农民。

② 人工包衣　没有包衣机，可用人工简便的包衣方法，适于农户进行少量玉米种子作包衣处理。具体操作方法是：将两个大小相同的塑料袋套在一起，即成双层袋，取一定数量的玉米种子，与相应数量的种衣剂，均匀地倒入里层袋内，扎紧袋口，然后用双手快速揉搓，直到拌匀为止，倒出即可备用。

种子包衣时，种衣剂的用量应严格按照产品说明书规定比例混拌。如采用 60% 吡虫啉悬浮种衣剂 10mL，兑水 8～10mL，混成均匀溶液，将 1～2kg 玉米种子，摊在塑料薄膜（或塑料盆）上，将配好的包衣液倒在种子上，搅拌均匀后，倒出，晾 24 小时后播种（阴干播种，不可暴晒）。

（3）注意事项

① 选用合适的种衣剂，杀虫的、防黑穗病的、带微肥的较好。使用前必须做好种衣剂对玉米种子的安全性测定，尤其是甜、糯玉米更要严格掌握种衣剂的使用安全性。必须按规定量使用，过多会发生药害，过少又起不到作用。包衣时必须搅拌均匀，防止产生药害。

② 包衣种子必须是优良品种的发芽率高的优质种子，发芽势及发芽率都要达标。要求包衣种子含水量要比一般种子标准含水量低 1%。

③ 包衣种子要带有警戒色，只能用于指定的种子，绝不能食用或饲用。出苗后疏下的玉米苗严禁喂养畜禽，播种时要防止对人、畜的药害。

④ 机械包衣要在专门的车间内进行，搅拌时不能使用金属器具，不能在太阳光直射条件下操作。操作人员要穿工作服和佩戴防护用具。人工包衣不能在高温条件下操作，包衣种子包装不能用麻袋，包装后要密封。包衣种子要由专门仓库和专人保管，包衣种子在调运和使用过程中也要注意安全。用过的工具和衣服都应及时彻底清洗。

⑤ 播包衣种子时要戴橡胶手套，穿工作服，播种结束后，应将多余的包衣种子单藏，未播完的种子，切忌食用或作饲料。

🌱 29. 怎样对玉米进行温水浸种催芽？

玉米需要采用浸种催芽的情形一般是：抗旱播种时（坐水种）；在错期播种过程中，当与上期播种相差距离大于预期时间时（因大风大雨等因素阻碍）；在墒情较好，已经施足底肥的地块，在种子价格较高，供应紧缺的时候，可催芽刨穴种或扎眼种；在遭受到不可抗拒的自然灾害后需要重新播种的时候。

（1）催芽方法 事先给种子作简要处理，如晒种、分级等；取 50℃ 的温水浸种 8～12 小时（以掰断种子无白茬为准），水面要超容器面 10～30cm（视容器及种子多少而定）。火炕催芽，每 2 小时翻一次，使受热一致，出芽均匀。当芽长与芽粗相等时即可停止催芽。阴凉处降温风干即可用于播种。有条件的，可选芽播种。

（2）注意事项 浸种时水温不能高于 53℃。浸种时间要合适，时间短了出芽慢，时间长了容易失败。火炕温度不能超过 30℃，保持在 20～25℃ 为好。定期翻动，使之受热均匀。不能使催出的芽太长（先出来的为根）。当芽子出得不齐时，即应停止催芽。手工选芽，把发芽势强的留作种用，其他的淘汰；当种子紧缺时，可用温水给未出芽种子洗一遍澡后再次催芽，后出芽部分可单独播种，单独管理，仍允许作种用。

第二节　播种及苗期管理

🌱 30. 玉米的播种方式有哪些？

（1）等行距种植 当前夏玉米一般按上茬小麦畦内等行距种植，行距 60cm，4～6 行一带，带间距接近或等于行距，亩密度在 4000 株左右。

采用等行距方式种植玉米，因密度过大，不利于通风透光，茎秆细弱易倒伏，易形成有利于病虫害发生的田间小气候，加重病虫害的发生为害程度，也不利于田间管理作业，尤其不利于田间病虫害的防治。一旦某种病虫严重发生，不防治减产严重，要防治进地困难。

（2）**宽窄行播种** 高产田宜采用宽窄行播种，宽行 70～80cm，窄行 40～50cm。宽窄行播种可培肥土壤，提高有机质含量，改善土壤通透性及生态环境。大大减少土壤的风蚀、水蚀，促进玉米生长发育，根系数量增多，叶面积大，光合势强，保绿期长。

31. 春玉米播种管理及注意事项有哪些?

"春播一粒种，秋收万担粮"，某些因素导致大田缺苗断垄现象极为严重，正常情况下缺苗 6％比较普遍，有的甚至超过 10％，这样对最终的产量会造成极大的影响，因此要做好播种及后期的管理工作。

（1）**整地** 整地的标准为深、松、平、净、碎、墒。但生产中经常出现耕地深浅不一，耕层较浅的情形。有的土壤坷垃大小不一，整地不均匀、不平整。玉米播种后，土壤中水分少且被坷垃压住的种子出苗较慢甚至难以出苗，从而降低出苗率。

解决方案：精耕细作，平整土地，播种前深耕土地，深耕 25～30cm，深浅一致，耙平整细，无大团块，均匀一致，达到整地标准，从而保证一播全苗，为丰产打下基础。

（2）**低温** 春玉米播种期受地温、土壤含水量、种植密度及品种特性等因素的影响，不同地区播种期也不同。正常玉米种子发芽最低温度为 6～7℃，此时发芽需较长时间，容易霉烂；当耕作层地温在 10～12℃时，种子发芽较快而且整齐，一般需要 12 天才能出土，生产上把这一温度作为播种的最低温度指标。

解决方案：5～10cm 的地温稳定通过 10～12℃时为播种的最佳时期。地温与气温的关系为地温比气温低 2℃。盐碱地播种期延后，即地温稳定通过 13～14℃时为播种最佳时期。播种过早温度过低种子霉烂，播种过晚成熟度不好，影响产量及质量。

（3）**干旱** 春季大风少雨，土壤墒情差，玉米春播期间旱情严重，又不能及时进行浇水抗旱，严重影响了玉米种子的田间出苗率。

田间症状：土壤墒情不足，种子因不能正常吸水致发芽出苗受阻；墒情过大，或播后遇大雨积水，或播后大水漫灌，致种子无氧呼吸而烂种、烂芽，同样不能正常出苗。或者大水漫灌后造成土壤板结，苗顶不出来。

解决方案：适于玉米种子发芽出苗的土壤相对含水量为 65％～

70%，低于60%或高于75%都不利于出苗。最好在墒情均匀时播种，如果土壤墒情不均匀，播种后出苗就会造成出苗参差不齐。或者等到没有墒情时播种做到干播湿出。

（4）播种质量　"七分种、三分管"可见播种质量的好坏直接影响出苗率的高低，进而影响到秋天收获后的产量大小。常见问题为：播种深浅不一，并且覆土厚薄不一致。深播覆土厚的种子出苗慢，浅播覆土薄的出苗快，但播种浅的种子易被雨水冲刷和太阳直晒导致难以发芽，直接影响出苗率。

解决方案：播种时深浅一致，避免覆土过深或过浅，覆土应均匀一致。土壤质地黏重，墒情好的可适当浅些（土壤相对含水量65%～70%），3～4cm；土壤质地疏松，易于干燥的沙壤土地，可适当深些，4～6cm。如果土壤板结要及时破除，可以在出苗前用镇压器镇压，镇压强度根据发芽程度确定。

（5）地下害虫　目前常见的苗期害虫为：金针虫、蝼蛄、地老虎。

解决方案：对一些地下害虫严重发生的地方，可以对种子进行二次包衣，种衣剂的选择以吡虫啉为主。

如果前期没有做好预防工作，后期发生虫害后，解决方案为：①毒饵：用辛硫磷拌炒过的棉籽饼或麦麸、玉米面，加适当水拌成毒饵，于傍晚撒于作物行间地面。②灌根：辛硫磷（错开除草剂药效期）。③地表喷施杀虫剂：高效氯氟氰菊酯、氯氰菊酯，于傍晚喷施。

（6）肥料烧苗　最常见的是种肥隔离不够及底肥太浅，正常情况下种肥隔离距离为6～8cm，底肥与种子的距离为12～15cm。所以在整地施肥时应深施，即在灭茬前蹚一下然后施底肥，保证深度。

（7）除草剂使用不当　常见情况为：盲目增加用量、品种使用单一、各种农药混配、用药时间不合理及与有机磷的使用间隔期短等。

除草剂施用环境：土壤湿润，相对湿度80%；温度适当（≥15℃），高温（≥30℃）、大风天气及土壤干旱时禁止喷施除草剂。

玉米田苗前除草剂最佳施药时期：玉米播种后4～6天至出苗前5～7天。

玉米田苗后除草剂最佳施药时期：玉米出苗后3～5叶期。

32. 夏玉米麦垄套种要注意哪些问题？

小麦垄套种是夏玉米早播增产的一项主要措施，但套种时间和方法不当会造成减产。由于小麦机械化收割时的碾压而影响玉米出苗或损伤小苗，特别是玉米粗缩病的流行，常造成玉米减产，搞好夏玉米麦垄套种必须掌握以下4个关键技术。

（1）**选用优良品种**　要选用适应性广、抗逆性强、增产潜力大的中早熟竖叶型品种。生产条件较好的地区可选用耐密型品种，生产条件较差的地区宜选用大穗型品种。

（2）**适期套种**　为避免小麦机收损伤玉米苗，减轻粗缩病为害，套种时间一般应在麦收前3天进行。

（3）**浇水补墒**　播种时土壤含水量不应低于15％，若水分不足，应在麦收后及时补墒。

（4）**合理密植**　耐密型品种每亩定苗4500株左右，大穗型品种每亩定苗3500株左右，肥力较高的地块可适当增加密度；套种时按照预定株行距点种，以确保密度；播种深度5cm，深度一致，覆土均匀。

33. 夏玉米"种肥同播"的技术要点有哪些？

夏玉米"种肥同播"可以提高施肥精准度和肥料利用率，省工省时省力，能大大提升耕作效率，促进苗齐苗壮，进而增加产量。

（1）**适合作种肥的肥料**　夏玉米是高氮、高钾、中磷作物，复合肥料中的氮含量应在26％以上。种肥要选用含氮、磷、钾三元素的复合肥，最好是缓控释肥，玉米生长需要多少养分释放多少，还可以减少烧种和烧苗。

以下都不适宜作种肥：

① 有挥发性和腐蚀性，易熏伤种子和幼苗，如碳酸氢铵；

② 含有游离态的硫酸和磷酸，对种子发芽和幼苗生长会造成伤害，如过磷酸钙；

③ 尿素能生成少量的缩二脲，含量若超过2％对种子和幼苗就会产生毒害；

④ 氯化钾含的氯离子，硝酸铵、硝酸钾含的硝酸根离子，对种子发芽有毒害作用；

⑤ 未腐熟的农家肥，在发酵过程中释放大量热能，易烧根，释放氨气灼伤幼苗。

（2）种、肥间隔　化肥集中施于根部，会使根区土壤溶液盐浓度过大，土壤溶液渗透压增高，阻碍土壤水分向根内渗透，使作物缺水而受到伤害。

直接施于根部的化肥，尤其是氮肥，即使浓度达不到"烧死"作物的程度，也会引起根系对养分的过度吸收，茎叶旺长，容易导致病害、倒伏等，造成作物减产。

种、肥间距左右 8～10cm，上下 5cm，播种深度 4～5cm，最深不超过 6cm。超过 6cm 会造成不出苗或出弱苗的现象。

（3）肥料用量要适宜　如果玉米播种后不能及时浇水，种肥播量每亩一般不超过 25kg，如果能及时浇水，而且保证种、肥间隔 7cm 以上时，播量可以达到 30～40kg。

（4）浇"蒙头水"　注意土壤墒情，天气干旱时，播后 1～3 天浇"蒙头水"，减少烧种、烧苗。同时保证使播期尽量提前以满足玉米对生育期和积温的要求。

（5）增施氮肥　如果前茬是小麦，而且是秸秆还田地块，一般每亩还田 200～300kg 干秸秆，要额外增施 5kg 尿素或者 12.5kg 碳酸氢铵，并保持土壤水分 20％左右。有利于秸秆腐烂和幼苗生长，防止秸秆腐烂时，微生物和幼苗争水争肥，还可以减轻玉米苗黄。

34. 夏玉米机械直播技术要点有哪些？

（1）品种选择　选用适合机械化作业、耐密植、抗倒伏、适应性强、熟期适宜、稳产高效的品种。

（2）种子处理　使用药剂包衣或拌种预防多种病虫害，主要是粗缩病、丝黑穗病、苗枯病和地下害虫等。用 70％吡虫啉悬浮种衣剂按种子重量的 0.6％拌种或包衣，可预防玉米粗缩病。用 2％戊唑醇悬浮种衣剂或 50％多菌灵按种子重量的 0.2％拌种，可预防丝黑穗病、苗枯病等真菌病害。用 40％甲基异柳磷按种子重量的 0.2％拌种，可防治地下害虫，兼治灰飞虱、玉米蚜等害虫。

（3）机械选择　选用多功能、高精度玉米播种机械。生产规模不大的农户可采用转勺式或指夹式玉米精播机械；生产规模较大的农户或合作社，可选择气吸式或指夹式玉米精量播种机；在小麦秸秆粉碎质量差的地区，可选择清茬（或灭茬）玉米精量播种机；在土层板结或带田量大的地区，可选择深松多层施肥玉米精量播种机；在土层深厚、秸秆抛洒均匀的地区，可选用"三位"施肥玉米精播机。

（4）**抢茬直播**　适播期为 6 月上中旬，小麦收获后根据条件尽快播种玉米。小麦收获时采用带秸秆切碎和抛撒功能的联合收割机，收获同时秸秆切碎还田，小麦秸秆切碎长度≤10cm，切断长度合格率≥95%，抛洒不均匀率≤20%，漏切率≤1.5%。小麦收获时低留茬，根茬高出地面不超过 20cm。小麦秸秆还田后，立即播种玉米，实现小麦机收秸秆切碎还田、玉米机械精播化肥深施"一条龙"作业，有条件的可采用破茬深松免耕播种机。粗缩病连年发生的地区夏玉米播期可推迟到 6 月 10 日以后，重病地块在 15 日后播种。

（5）**播种方式及密度**　采用玉米精播机械免耕贴茬精量播种，行距 60cm，播种深度 3～5cm。做到播种深度一致、行距一致、覆土一致、镇压一致，防止漏播、重播或镇压轮打滑。播种密度比预定收获密度应增加 10% 左右。耐密型玉米一般大田每亩播种 5000 粒左右，示范田每亩播种 5500 粒左右，攻关田每亩播种 5800～6000 粒。大穗型品种一般大田每亩播种 4600 粒左右，高产田 5300 粒左右。

（6）**墒情及肥料**　播种时适宜的土壤相对含水量是 70%～75%。若墒情不足，应先播种后灌溉，避免灌溉后影响播种机械下地，耽误播种时间。适当浅播结合浇"蒙头水"有利于培育壮苗。底肥或种肥采用带有施肥装置的播种机带施。优先选用深松多层施肥和"三位"施肥玉米精播机械带施底肥。带施底肥要在一侧深施，与种子分开适当距离。

（7）**化学除草及虫害**　采用带有喷药装置的播种机喷洒封闭型除草剂，播种、喷药一次完成，或出苗前土壤墒情适宜时封闭除草，可以复配制剂为主，单剂为辅，主要品种有：乙·莠、甲·乙·莠、异丙草·莠、异丙甲·莠、莠去津、乙草胺、二甲戊灵等。出苗前药剂防治虫害，亩用 10% 吡虫啉可湿性粉剂 10g 喷雾防治。

35. 什么是夏玉米"一增四改"高产栽培技术？

夏玉米"一增四改"高产栽培技术的核心内容是：合理增加种植密度、改种耐密型品种、改套种为直播、改粗放用肥为配方施肥、改人工种植为机械化作业。配套技术包括适当晚收技术、种子包衣技术、秸秆还田技术、病虫草无公害综合防治技术、灾情及时应对等。

（1）一增：合理增加种植密度

增加密度是高产需求。保证足够的密度是实现高产的基本前提。合理增加种植密度就是要使玉米种植密度与品种要求相适应，一般大田耐密紧凑型玉米品种每亩留苗 4000～4700 株，高产田 5000～5500 株；大穗型品种留苗 3200～3700 株，高产田 3800 株左右。地力水平和产量指标不高的不要采用高密度。

增加密度的主要手段：①改种耐密型品种。②改革种植方式，缩小行距至 60cm 左右，采用大小行种植，改善通风透光条件。③提高播种质量，防旱涝、防病虫，避免缺苗断垄，提高均匀性、整齐度。

（2）四改

① 改种耐密型品种　耐密型品种特征：株型紧凑，叶片上冲，小雄穗，坚茎秆，叶距开，低穗位，根系发达。生产表现为：密度适应范围大，施肥适应能力强，抗倒伏，空秆少，果穗匀，耐阴性好，不秃顶，灌浆饱满。

耐密紧凑型玉米品种每亩留苗 4000～4700 株。紧凑大穗型品种每亩留苗 3200～3700 株。

② 改套种为直播　直播利于苗全、匀、壮，利于机械化作业，整齐度高，病虫害减轻。缺点是低温年份生长期长的品种积温不足。

直播技术要点：及时播种，最佳播种时间在 6 月 1 日～15 日。足墒播种，播种墒情指标要求土壤相对含水量在 75%，可视降水情况借墒或造墒播种，或播种玉米后及时浇水，确保出苗整齐。适量播种，播种量一般每亩为 2.5～3kg，根据品种特性酌情增减。一般大田等行距为 50～65cm；大小行时，大行距为 70～80cm，小行距为 30～40cm；高产攻关宜采用大小行种植，耐密品种平均行距还可缩小。播种深度为 3～5cm。

③ 改粗放施肥为配方施肥　以土壤养分测定为基础，根据玉米吸肥规律、产量水平、土壤供肥能力、肥料养分含量和利用率等多种因素确定施肥方案即测土配方施肥。根据产量指标和地力基础确定施肥量，一般高产田按每生产 100kg 籽粒施用氮 3kg、磷 1～1.5kg、钾 2kg 计算需肥量。可参考土壤化验结果和产量指标计算出施肥量。针对当前玉米施肥现状，注意增施磷、钾肥和微肥，缺锌地块每亩增

施硫酸锌 1kg。在肥料运筹上，轻施苗肥、重施穗肥、补追花粒肥。苗肥应在玉米拔节前将氮肥总量的 30％左右加全部磷、钾、硫、锌肥，沿幼苗一侧开沟深施（15～20cm），以促根壮苗。穗肥在玉米大喇叭口期追施总氮量的 50％左右，以促穗大粒多。花粒肥在籽粒灌浆期追施总氮量的 15％～20％，以提高叶片光合能力，增粒重。

④ 改人工种植为机械化作业　玉米播种机械一般开沟施肥在前，开沟深度一致，肥、种隔离，玉米播种深浅一致，播后镇压，速度快，质量好。小麦收获时要降低小麦留茬高度，为玉米机播提供方便。每亩带施复合肥 10～15kg。播后浇水。

玉米机械收获，秸秆粉碎还田，能培肥地力，避免焚烧秸秆污染环境。玉米联合收获机能一次完成割秆、摘穗和切碎茎叶等工序，速度快，效率高。

36. 如何对玉米进行精细播种？

随着产量提高，播种技术对产量的作用逐渐增强。播种技术包括种子处理、土壤备墒、确定合理密度、播种方法、播种量以及播种深度等。

（1）晒种　经阳光晒过的玉米种子，播种后吸水快，发芽早，出苗整齐，出苗率高，幼苗粗壮。

（2）浸种和拌种　清水浸种主要是供给水分，促进发芽。肥料浸种主要用磷酸二氢钾和微量元素，但浸种的浓度太高或浸种时间太长，种子容易中毒受害，降低发芽率。用农药拌种可防治病虫危害。种子包衣就是给种子裹上一层药剂。包衣的种子播种后具有抗病、抗虫以及促进生根发芽的能力，要针对当地病虫害对症用药。

（3）精心备墒　土壤墒情是影响种子出苗质量的关键。墒情好，土地平整，播种深浅容易一致，出苗整齐均匀。播前备墒的一个重要环节就是土壤水分的调整。

（4）合理密植，确定播量　合理密植首先要考虑品种特性。其次，如土壤肥力、施肥量大而合理，适宜的密度就大。在易旱而无灌溉条件的地区，种植密度宜稀。玉米播种量的计算方法为：用种量（kg）＝播种密度×每穴粒数×粒重×面积。应重点发展玉米精播技术，提高播种质量。

（5）确定播种深度　播种深度一般以 5～6cm 为宜。在墒情较好的黏土地，应适当浅播，以 4～5cm 为宜。疏松的沙质壤土，应适当深播，以 6～8cm 为宜。如土壤水分较大，不宜深播，土干则应适当深播。

（6）播后镇压 播后覆土以后，要适当镇压，干旱时要重镇压，而土壤水分过多时，不要镇压。

（7）适量施种肥 适量施种肥可以供给幼苗充足的养分，促进苗期的生长和增强对干旱、低温、病害等不良因素的抵抗能力。种肥包括少量的氮肥、磷肥、钾肥以及微量元素肥料。种肥使用要控制用量和将种、肥隔离，以免烧苗。一般亩施 5～8kg 磷酸二铵。

如果播后出现缺株少苗，但没有明显的缺行断垄现象，可以在缺株的临近株穴，在定苗的时候，留双株来补足密度；也可在缺行断垄严重的区域种植耐荫性较强的作物如大豆、马铃薯等。如出苗只有一半，可播种间作作物。出苗不足一半时，建议毁种重播。

37. 玉米无土育苗技术要点有哪些？

把玉米种子催芽后，在庭院朝阳处挖 20cm 深的土槽（长、宽根据需要自定），用搅拌好的锯末和细沙（锯末 3 份、细沙 1 份）铺在槽内（厚 10cm），顶层平整后用温水 1 次浇透，1 个挨 1 个地摆上催芽后的玉米籽（最好不要重叠），然后在上面铺上按比例拌好的锯末、细沙，槽上用竹皮或木条架成弓形，覆盖塑料膜。

前期床温要保持在 25～30℃，若温度过高可随时通风降温；后期注意散温，若苗床缺水可及时浇 16℃ 的温水，也可施 1%～2% 的尿素水，促进幼苗发育。待玉米苗长到 1～2 心叶时，即可在整好的土地上施足基肥，适时移栽。墒情好的地块含水量在 25% 以上的，移栽时可不用浇水，含水量在 20% 以下的地块则需浇水。

玉米无土移栽的好处是省种、保苗、效益高。亩用种量为 1～3kg，比直播省种 50% 以上，移栽后保苗率在 99.7%。而且由于幼苗在床内生长增加了 200～250℃ 积温，提前成熟 10 天以上，增产显著。

38. 玉米的营养块（坨）育苗技术要点有哪些？

选择壤土，在田头地边建立苗床，将土整碎，按比例施入有机肥、磷肥和硫酸锌肥，混拌均匀后浇足水分，达到手捏成团的标准，再将泥土摊放于苗床内，厚度 4～5cm，用木板拍平，然后用粗铁丝钩划成大小为 5cm×5cm 的小块，或用制钵器制成营养坨（彩图18），每块中央播 1 粒玉米种子，用过筛的细湿土或锯木屑盖种，上面覆盖作物秸秆保墒、防雀害，待玉米幼苗 1 叶 1 心期揭掉覆盖物，遇晴天干旱时用喷壶浇水，幼苗 3 叶 1 心期移栽，起苗后平放在篮子内运苗，大田开沟或挖穴移栽。

39. 玉米软盘简化育苗技术要点有哪些？

（1）适宜地区 适宜于降水丰富、阴天较多的玉米生产区。在多元多熟制地区应用效果好，有利于解决传统种植方式的季节紧张和传统育苗移栽费工费力的难题，解决春玉米早熟与高产的矛盾，既减轻了劳动强度，降低了生产成本，又实现了早熟和高产。玉米软盘简化育苗（彩图19）技术在鲜食甜、糯玉米生产中应用，春播时可提早播种 15～20 天，有利于分批播种，实现鲜食玉米均衡上市。土壤有机质含量高的冲积土、移栽期墒情好的土壤宜选择软盘育苗移栽。

（2）备盘备种 每亩选用 33cm×60cm、254 孔（或 100 孔）的塑料软盘 15～18 个（30～40 个），或水稻秧盘（规格为 30cm×60cm，486 孔或 561 孔）12～14 盘（561 孔计算）。

（3）建床 选择土壤肥沃、背风向阳、便于管理的旱地壤土作苗床，床宽 130cm，床底平整，床长依据玉米种植面积和密度而定。其中套种玉米、平展型品种床长 250～300cm，净种玉米、紧凑型品种床长 300～350cm。苗床四边留 5cm 宽，培土至与厢面平齐，以利于保温。

（4）营养土配制 用 60%～70% 的腐熟有机渣料，30%～40% 的肥沃细土作基质，每 100kg 料土加入过磷酸钙 0.5kg、尿素 0.1kg，混合均匀后，加清粪水至"手捏成团，触地即散"时为宜。

（5）种子处理 播种前选晴好天气晒种 2～3 天。选择籽粒饱满、均匀一致的种子，有条件的可将种子进行包衣处理。

（6）播种期 在西南及南方多熟制条件下，播种育苗期的安排除应当考虑气候、安全抽雄和灌浆脱水等因素，特别应重视茬口的衔接，否则，影响适龄移栽和抢墒移栽。一般早春播玉米盖膜育苗的播种期，以日平均气温稳定在 9℃ 以上、苗龄 20 天左右为宜。晚春播或夏播苗龄为 5～7 天，并根据茬口情况做相应调整。采用大棚加小拱棚育苗或地膜加拱棚移栽的鲜食甜、糯玉米，播种期可提前 5～10 天。

（7）精细播种

① 摆盘　先用稀粪水把苗床浇透底墒，平放摆盘，盘间不留空隙，然后用木板将软盘压实，使盘与床土紧贴。

② 播种　选择适宜播期，按种子大小分级播种，每孔播 1～2 粒（水稻秧盘每孔只播 1 粒）。每盘各孔的种子要整齐一致。

③ 盖土　用细肥土盖籽，厚度不低于 1cm。填满孔穴，用木板将土压平，扫净盘面浮土，使孔穴之间营养土不相联结，再用喷壶或喷雾器把软盘孔穴中的土浇透，切忌用瓢泼浇水（如不铺地膜，则先盖一层稻草，再喷水）。

（8）苗床覆膜　用已准备好的 2m 长的竹片在苗床上搭拱，再盖上 2m 宽的农膜，四周用土压严实。

（9）苗床管理　通过调节苗床的温度和湿度，培育健壮、整齐的玉米苗。

① 温度　出针前膜内温度控制在 35℃以下；出针后，膜内温度控制在 25℃以下，防止烧苗，移栽前 3～5 天，白天揭膜炼苗，培育矮壮苗，夜晚低温要盖膜护苗，一般在 1 叶 1 心时晴好天气上午 9 时左右膜内外温差尚小时，揭开膜两头通风，下午 3 时左右继续保持密闭，切忌中午温度增高时骤然揭膜。若因故（干旱或暴雨等）不能适时移栽，要及时移动软盘，阻止幼根穿出，以免移栽时损伤新根。

② 湿度　一般出苗前不通风，保持密闭，防止漏风，确保增温，只要膜上每天有水珠，就不要浇水，出苗时应保持盘土湿润，防止盘孔土块被出苗抬起；齐苗后，抽去地膜或稻草，如果盘面营养土缺水发白或有秧苗翻根现象，可均匀喷足水分，喷水宜在上午 10 时前或下午 4 时以后进行，并补土。

40. 玉米软盘简化育苗的地膜移栽技术要点有哪些？

（1）整地施肥　移栽大田冬季深耕炕土，开春精细耕整，清除前茬作物残根（茎）、废膜和石块。开沟施肥，每亩基施腐熟农家肥 2500～3000kg（或商品有机肥 250～300kg），25%复合肥 50kg，硫酸锌肥 1.5kg。提前作垄，垄高 10cm，垄宽 40cm。

（2）早盖地膜　铺盖地膜可在开始育苗后的 10 天左右进行，覆膜前，应施好肥料、除草剂及进行地下害虫防治，可选用5~6丝厚、45~50cm宽的地膜盖2行，在晴天及土壤墒情适宜时盖膜。如果栽前墒情一直较差，必须浇水造墒，再施肥、覆膜。

（3）**适时移栽** 玉米苗1叶1心时开始移栽，不宜超过3叶1心。此时秧苗胚乳养分还未耗尽，玉米第一层次生根尚未长出，栽入大田后，玉米苗仍可吸收胚乳养分，接着长出第一层次生根，直接吸收土壤水分和养分，这种乳苗移栽后没有缓苗现象。要掌握在气温稳定通过10℃时，抓住冷尾暖头移栽。

（4）**栽前炼苗** 移栽前1~3天，通风、炼苗，使乳苗1/2假茎变为红色。如果乳苗已达移栽叶龄，但因连续阴雨等特殊天气，无法移栽到大田，则可使苗床连续通风，抑制乳苗生长，延缓叶龄增加。

（5）**移栽技术** 栽前应将乳苗按长势分类，使长势一致的苗能栽在同一区或同一块田内，栽时可用直径2cm左右的竹竿或定距移栽打孔器打洞，洞深3~4cm，保证乳苗根部能深入到洞穴中，然后用两指捏紧两边泥土压实即可，并用喷雾器补适量水，栽后要覆土盖窝不低于1cm，防止干旱暴晒。移栽密度应视品种和用途而定，一般每亩栽5000~5500株，鲜食甜、糯玉米，以每亩栽4500株为宜。要求每膜栽2行，行距20~25cm，离膜边10~15cm，总体田间行距平均60cm左右，做到匀栽及深浅一致。

41. 如何加强玉米软盘简化育苗地膜移栽后的大田管理？

（1）**健全沟系** 移栽后，及时清沟理墒，做到遇涝能排，遇旱能灌。

（2）**查苗补苗** 移栽后2~3天要查苗，发现缺苗及时补栽。

（3）**合理施肥** 在玉米拔节期后3~5天重施穗肥，可在膜中央玉米行间每40~50cm处打穴，每亩深施尿素25~30kg或碳酸氢铵50~60kg，在吐丝期结合田间去空秆，视田间长势，补施粒肥尿素5kg，防早衰，提高整齐度。

（4）**防治病虫** 大喇叭口期防治玉米螟，每株施杀虫双颗粒剂3~4粒，丢入心叶内；抽雄穗后注意防治纹枯病，发病植株及时去掉基部患病老叶，喷施井冈霉素或石灰水控制病害蔓延；对丝黑穗病要拔除病株，带到田外销毁。

（5）**生化调控** 一般在大喇叭口末期（抽雄前7天左右），每亩用农用生化调节剂维他灵 2 号 1 支 25mL，兑水 30kg 喷洒叶面，起到强秆促根、提高结实率、增加粒重和进一步促进早熟的作用。

第三节　苗期易出现的问题及解决办法

42. 甜玉米不甜的原因是什么，如何搞好隔离种植？

据测定，超甜玉米鲜苞味道甜，含糖量达 18％～20％。有些地区种出的超甜玉米的含糖量降至 10％以下，吃起来感觉不出甜味。这主要是由于甜玉米和糯玉米胚乳均属于不同类型的隐性基因突变体，一旦与带有显性基因的普通玉米或其他类型的玉米串粉杂交，会因为花粉的直感现象而使所结玉米籽粒变成了普通玉米的籽粒，不再是甜玉米或糯玉米，从而就失去了甜、糯玉米原有的甜质、糯质的品种特性。

玉米是雌、雄同株异位（即雄穗长在同一植株顶端、雌穗长在同一植株的中间部位）异花授粉作物，且雄穗花粉量很大，花粉粒小而轻，可以随风飘几百米远，因此，对甜、糯玉米隔离区与其他玉米品种生产田的距离宽度和间隔方法，应有严格要求。不同类型的甜、糯玉米品种也要隔离种植。其隔离方法有：

（1）**空间隔离**　要求种植甜、糯玉米的地块与普通玉米种植区必须相距 400m 以上。由于甜玉米的基因类型较多，所以如果种植甜玉米，400m 范围内也尽量不要种植同期开花的其他甜玉米品种（相同基因型品种除外）。

（2）**时间隔离**　同一块地播种不同品种的甜、糯玉米时，利用授粉的时间差进行，一般生育期相同的品种播期上间隔 10～20 天，使甜、糯玉米雌花吐丝时间与普通玉米抽雄花的时间错开。也可先播早熟品种，后播晚熟品种，避开花期。

（3）**屏障隔离**　屏障隔离是指利用山岭、成片树林、房屋等屏障进行隔离。对屏障隔离的要求，应根据屏障物的高低和宽度而定，务必严格控制在甜、糯玉米开花期间能阻挡外来花粉的传入。

（4）**高秆作物隔离**　利用种植高粱、甘蔗、向日葵、麻类等高秆作物作屏障进行隔离。用作隔离的高秆作物要提前播种，加强管理，确保高秆作物的植株高度能有效地阻挡外来花粉；还要求高秆作物种植宽度至少要在 50m 以上，在花期多风地区，甚至要保持 100m 的宽度。

如果在甜、糯玉米地附近零星种植普通玉米，而且花期相同，则应该在甜、糯玉米雌花吐丝时，将普通玉米的雄花穗拔掉。

🌱 43. 怎样提高玉米出苗率？

（1）**严把种子质量关**　选用达到国家标准的优质种子，注意查看种子的四项指标：纯度、发芽率、净度、水分是否符合国家标准。如无法确认时，进行发芽率测定，达标后才能播种。如出现发芽率较低，在播种时应加大播种量，以保证田间出苗率。

（2）**播前种子处理**　播前采用晒种和种子包衣等方法对种子进行处理。一般晒种 2～3 天，并且进行人工粒选，剔除瘦弱籽粒、破碎粒、瘪小粒等有明显缺陷的种子，正确进行种子包衣或拌种处理。

（3）**提高整地质量**　播种的土壤严格做到"墒、平、齐、松、碎、净"。各地自然条件和生产条件差异较大，应根据情况灵活掌握。干旱地区整地以抗旱保墒为前提，墒情不好的地块尽可能做到少动土或不动土；有灌溉条件的地区可通过浇水满足播种出苗所需水分。

（4）**适期播种**　确定适合的播期，当 5～10cm 耕层地温稳定在 8℃时，土壤含水量在 18%～20% 时播种。在适宜播种期内如果遇到有效降雨，可趁墒抢播。播种时，应深浅一致，保证一播全苗。如果播种过早，易造成烂种，不能正常出苗；播种过晚，将推迟成熟期，影响产量。

（5）**施足基肥**　每亩施腐熟有机肥 3000kg，磷酸二铵 7.5kg，硫酸钾 5kg，微量元素（锌、铁、硼、锰、铜、钼）适量。

（6）**一播全苗**　机械播种能够实现种、肥分施，节省良种，作业效率高，作业质量好，行距一致性好，便于田间管理作业和机械化收获。机械播种时注意观察播种箱，避免造成断垄。要让种子处在温湿度都比较有利的土层，一般以 5～6cm 为宜。墒情较好的黏土，应适当浅播，以 4～5cm 为宜；疏松的沙质壤土，应适当深播，以 6～8cm 为宜；如土壤水分较大，不宜深播。播后根据墒情状况及时镇压。

（7）**加强地下害虫的防治**　如发现虫口基数高于正常年份，要对土壤进行药剂处理，以保证一播全苗。

（8）**种、肥分离** 防止化肥与种子接触烧苗。

44. 如何防止玉米粉种？

粉种（粉籽、种子霉烂）是由于种子在萌发过程中受到外界不良环境和条件的影响，不能正常萌发，造成种子在土壤中发霉腐烂的现象。低洼、阴冷地块发生较多，造成缺苗断垄，甚至毁种。应加强以下管理，提前做好预防。

（1）**选用综合抗性强的品种** 健康的种子出苗快而整齐，瘦弱种子营养物质少，发芽时可利用的能量不足，经不起恶劣条件侵袭，同样引起烂根、死苗。种子以发芽率 95% 以上为宜。播前要晒种，使水分降到 13% 以下，增强种子活力。

（2）**种子包衣，提高适应性** 经过包衣的种子一方面可以杀菌、防治地下害虫，另一方面种衣剂在种子表面形成的保护膜能起到使土壤中水分向种子内部渗透的缓冲作用，防止种子突然吸水，造成吸胀损伤，可有效避免粉种或地下害虫的发生。

（3）**适时播种，合理控制播种深度** 玉米种子萌发最适宜时期应当是地温稳定通过 8℃ 以上时，可防止低温冷害。同时应精细整地，疏松土壤，把播种深度控制在 3～5cm，防止过深，影响种子对氧的吸收。根据情况可以适当浅播浅覆土或者种子催芽后播种。

（4）**出苗前检查，查田补苗** 出苗前察看种子在土壤中是否发芽，如果粉籽数量达到 40% 以上，应及时毁种或改种；如不需毁种，结合第一次中耕，利用预备苗或田间多余苗及时补栽，以降低损失。

45. 如何防止玉米死苗、弱苗和断垄现象发生？

在玉米播种后，常出现发芽受阻，幼苗不能正常发育，植株矮小，叶片衰弱黄瘦，生长停止，形成弱苗甚至死苗。要提前进行预防。

（1）**选择优质良种** 选择综合抗性好的品种。优质种子粒型整齐、粒色新鲜光亮，籽粒大小均匀，各项指标均达到或超过用种标准，要求种子纯度 ≥96%，净度 ≥99%，发芽率 ≥85%，含水量 ≤13%，无发霉、无虫伤，发现问题及时退换。

（2）**种子处理** 播种前将种子摊于土地上（不能用水泥地）晒

种 1～2 天，精选种子，去除受损、瘦、秕、霉、过小的种子。玉米种子包衣种植对地下害虫防治效果较好，没有包衣的，要根据当地主要发生的病虫害情况，选择合适的种衣剂。

（3）精耕细作 小麦收获后，用旋耕机或深犁整地，整地后一定要选用经培训合格，有操作经验的机手，提高播种质量，做到精选种子，下籽均匀，接行准确，覆土严密，深浅适宜，播种空穴率不超过 2%。

（4）适时播种 精细整地，疏松土壤，春季应抢在冷尾暖头，5cm 地温稳定在 10～12℃时播种，切不可播种过早，否则发芽出苗时间过长，会给病菌侵染带来可乘之机。早春播种玉米，最好覆盖地膜增温保温。采取催芽播种、育苗移栽，这是确保早春播种玉米苗齐苗壮最有效的措施。播种深度要一致，应根据当地的土壤条件和播种方式灵活掌握，一般情况下，把播种深度控制在 3～5cm，干旱时可适当加深，深浅一致，保证一播全苗。及时间苗，保证苗全苗壮。

（5）科学施肥用药 选择质量有保证的复混肥作基肥，严格实施种、肥隔离。尿素不宜作种肥，目前市场上复混肥多由颗粒尿素混合，为了避免烧种，应慎作种肥使用。施用玉米除草剂，要严格按照说明书，严格用量标准，防止发生药害。齐苗后看苗追肥，对弱小苗增施"偏心肥"，促其由弱转壮，跟上生长步伐。

（6）查苗补苗 出苗后要及时查苗补苗，为了能补栽上同期壮苗，可在播种时于地块中央行间多播一行留作补苗，移栽时注意带坨移栽，减少根系损伤。或者于定苗前做好补苗工作，在多苗处选择壮苗带土移栽补缺，并连日浇水至成活。

（7）及时防治病虫害 在玉米播后应及时检查，若发现有蛴螬、蝼蛄、地老虎等地下害虫或苗枯病，应及时防治。

46. 如何识别与防止玉米幼苗黄叶苗？

玉米在起初秧苗叶色淡绿，逐渐变黄，严重时全叶枯死。其危害是造成空秆或秃尖。黄苗的原因较多，多数影响玉米生长的障碍因素均会造成幼苗生长不良，如种子不饱满，秧苗不壮；播种过深，出苗弱；密度过大，影响生育；水渍苗，特别是低洼地块，排水不良；土壤缺肥；除草剂使用不合理；受到病虫危害以及污水灌溉等。

（1）**缺素症** 玉米为锌敏感作物，缺锌会出现白化苗，看似玉米苗黄。一般锌肥以基施为好；若生长期发现缺锌，会出现长不高，叶片小的症状。可喷施玉米叶面肥或糖醇螯合锌，高效、安全快速补锌。

（2）**播种太深** 播种过浅不易出苗，过深会出现苗弱、苗黄的现象。播种深度应控制在 3～5cm，播种的同时，施入一定量种肥，可促苗期生长，如播种时每亩施入磷酸二铵 3kg，可有效防治玉米苗期发黄。

（3）**间苗、定苗不及时** 玉米出苗后，应在玉米 3～4 片叶时进行间苗、6～7 片叶时定苗，避免幼苗拥挤，互相争肥、争水、争光，形成弱苗、病苗、黄苗；亩留苗数要根据品种的不同而灵活掌握，按照栽培品种所要求的密度定苗。

（4）**浇水不足** 玉米播种前或播种后浇水不足，种子得不到充足的水分，进而影响正常发芽出苗，出土时间过长造成弱苗、苗期发黄。要做到足墒播种。

（5）**病害** 如果苗期遇到长期低温阴雨天气，会造成玉米苗枯病的发生和流行。苗枯病多在二三叶期开始发病，病苗叶片发黄干枯，边缘焦枯，叶片由下向上逐渐发黄干枯；根毛较少，根系变褐发育不良，造成黄苗弱苗。搞好种子包衣，及时用药防治。

（6）**水渍苗** 玉米苗期往往正逢雨季，低洼地块排水不良或小麦收割时碾压处积水，造成苗黄。应搞好三沟配套，做到雨住田干。

（7）**除草剂危害** 除草剂使用不当，随意加大除草剂用量，盲目与其他农药混用，用药浓度过高，喷雾器互用，以及假冒伪劣除草剂对后作的影响等，都会造成玉米黄苗。应严格掌握除草剂的使用技术，做到不过量使用，除草用喷雾器单存单放单使用。

（8）**虫害** 玉米苗期虫害主要有棉铃虫、金针虫、蚜虫、黏虫、蓟马、瑞典秆蝇、地老虎、耕葵粉蚧等，耕葵粉蚧以若虫和雌成虫集中在玉米幼苗近地表茎基部、根部和叶鞘内，吸收汁液，致使受害玉米叶鞘先发黄干枯。有条件的搞好种子包衣，及时防治地下害虫等。

47. 如何识别与防止玉米幼苗白化苗？

（1）**发生症状（彩图 20）** 一般从 4 叶期开始发生，心叶基部叶色变淡，5～6 叶期叶片出现淡黄色和淡绿色相间的条纹，但叶脉仍为绿色，基部出现紫色条纹，经 10～15 天，紫色逐渐变成黄白色，叶肉变瘦，呈"白苗"。严重时全田一片白色。缺锌的玉米植株矮小，节间短，叶枕重叠，心叶生长迟缓，看上去平顶，严重者白色叶片逐渐干枯，甚至整株死亡。

（2）发生原因 土壤中缺锌，或除草剂药害，或遗传因素。

（3）防止方法

① 针对土壤缺锌，可采用如下办法：

a.增施基肥 以有机肥为主，化肥为辅，合理施肥，有机肥必须腐熟，进行无害化处理。每亩施入优质有机肥 2500kg 左右，硫酸锌 1.5kg 左右，与有机肥混合在一起，结合整地，施入土壤中，作基肥。

b.用锌肥作种肥 每亩用硫酸锌 1.5～2.0kg，和 15～20kg 细土混合均匀，在玉米播种时撒在种子旁边。或与尿素、磷酸二铵等混合作种肥。

c.锌肥拌种 用 2～3kg 温水，溶解 1kg 锌肥，拌 25kg 玉米种子，阴干后播种。

d.科学追肥 主要是根外追肥，发现玉米"白苗"后，补施锌肥是一种好办法。浓度和用量是每亩喷施浓度为 0.1%～0.2% 的硫酸锌溶液 40～50kg，自玉米拔节时开始，每隔 10～15 天喷 1 次，连喷 2～3 次，效果比较明显。

② 玉米因除草剂的危害也会形成白化苗，一般应针对不同的除草剂药害，采用相应的解决措施，可叶面喷洒 1%～2% 的尿素，或 0.3% 的磷酸二氢钾溶液，促进生长发育，使其尽快恢复生长。

③ 遗传因素引起的白化苗，对玉米经济价值影响不大，但在选育玉米新品种时，必须注意选择，生产上要避免种植该类品种。

48. 如何识别与防止玉米幼苗紫叶苗？

（1）发生症状（彩图 21） 秧苗叶片、叶鞘由绿变红，最后变紫（叶鞘呈现紫色的品种幼苗除外），一般在玉米 3 叶期出现，在 4～5 叶时表现最明显，植株根系不发达，茎秆细弱，生长缓慢，叶片由绿变紫，严重时叶片枯死。紫叶苗的危害可导致玉米空秆、秃尖，影响产量，降低品质。

（2）发生原因 这是由于玉米幼苗吸收磷素的能力有限，加之土壤中有效磷含量缺乏，玉米体内代谢失调，叶片中的糖转换成了花青素，叶片呈现紫色。3 叶期后低温也易发生紫苗。

（3）防止方法

① 增施磷肥作基肥　在营养土没拌磷肥移栽后，每亩用 $40\sim$ 50kg 过磷酸钙和腐熟发酵的有机肥作基肥，进行根施或深沟施。

② 叶面喷施磷酸二氢钾　幼苗若出现紫苗，可以用 0.2% 的磷酸二氢钾叶面喷施 $2\sim3$ 次，时间间隔 8 天左右。

49. 如何识别与防止玉米幼苗僵叶苗（僵尸苗）？

（1）发生症状　主要发生在幼苗 3 叶期之前，秧苗株形细小、叶片淡绿，不壮、不新鲜，黑根多，软绵萎缩。移栽后，除新叶呈绿色外，外叶发黄发僵，抗逆性差，易出现死叶、死苗。

（2）发生原因　土壤过硬、过量使用化肥、过量使用尿素作种肥，种和肥隔离不好烧根伤芽；或播种后水分不足，土壤干旱，使幼苗在高温干旱下缓慢生长，发育不良等。

（3）防止方法

① 苗期要合理调节肥、水、气条件，肥料以腐熟的有机肥为主，不用或少用尿素作基肥。磷肥要经过沤制后施用，土壤要保持适宜的湿度，要求壮苗移栽后去除弱苗。

② 已出现僵叶苗的要加强肥料管理，叶面喷施营养液，促其快速恢复，严重的则应及时补苗。合理灌水、除草、防病灭虫。

50. 如何识别与防止玉米幼苗黄绿苗？

（1）发生症状　玉米苗叶片细窄，株形矮小，叶片出现黄绿相间的条纹和灼伤状，严重时叶片呈深褐色，最后焦枯死亡，植物生长缓慢，根系发育差。症状从下部叶片开始，逐渐向上部叶片转移。此类苗的危害是易导致玉米倒伏。

（2）发生原因　主要是缺钾或缺氮，也有可能是缺硫或缺铁及遗传原因等。

（3）防止方法

① 针对缺钾造成的黄绿苗，应增施钾肥。通常要根据土壤钾素的盈亏情况，确定钾肥施用量，如果没有钾肥可补施草木灰。对严重缺钾地块，应在幼苗 3 叶期用磷酸二氢钾、氯化钾、钾宝、草木灰浸出液等进行喷雾。

② 针对缺氮造成的黄绿苗，应及时补充氮肥，后期缺氮，可进行叶面喷施，用2%的尿素溶液连喷两次。

③ 针对缺硫造成的黄绿苗，合理施用含硫化肥，可施用含硫的复合肥或硫酸铵、硫酸钾、硫酸锌等含硫肥料，适当施用硫黄及石膏等硫肥。玉米生长期出现缺硫症状，可叶面喷施0.5%的硫酸盐水溶液。

④ 针对缺铁造成的黄绿苗，以施有机肥为宜。玉米生长期出现缺铁症状时喷0.3%～0.5%的硫酸亚铁溶液，或用0.02%的硫酸亚铁溶液浸种。

51. 如何识别与防止玉米幼苗红叶苗？

（1）发生症状（彩图22）　玉米出苗后，秧苗生长缓慢，叶片小，根系生长发育不良，叶片逐渐褪绿变红，株穗小、粒小。

（2）发生原因　出苗后，温度低，根系吸收能力减弱，幼苗代谢缓慢，叶片叶绿素减少而发红。此外，玉米成株期遇低温、由蚜虫传播的矮缩病毒病、遗传性病害也会造成红叶。对产量的影响主要是造成小穗或少穗。

（3）防止方法

① 适时播种，避开低温冷害期。低洼冷凉的地区或地块，采用地膜覆盖栽培，可有效地防止低温冷害。

② 玉米移栽宜在晴天进行，以利于幼苗早发根成活。

③ 加强玉米苗期水分管理，及时满足玉米苗对水分的需求。

④ 防治蚜虫和矮缩病毒病。

52. 如何识别与预防玉米幼苗出现老化苗、老头苗？

（1）发生症状　老化苗也称小老苗、僵化苗，其特征是苗龄长而苗体小，地上部颜色较深，暗淡无光，硬脆无韧性，根系老化，发棵慢，产量低，早衰。

（2）发生原因　多发生于含盐量中度的盐渍化土壤，盐分抑制了玉米根系生长所致。土壤板结，化肥用量过大，种肥过量，种、肥隔离不足，播后土壤干旱，生育不良，床温低，苗龄过长，蹲苗时间太长等原因也会造成老化苗。

（3）预防措施

① 防治盐碱，播前浇一次大水，以水压盐，玉米播种后苗期尽量不浇水。

② 基肥应以有机肥为主，不施氯化钾等含氯肥料，做到农肥、化肥、微肥结合，氮、磷、钾结合。

③ 及时中耕，提高地温，合理灌水、除草、防病灭虫。

53. 防止出现玉米大小苗的措施有哪些？

每年的春玉米出苗后，总会出现苗长得大小不一的情况。有时同一块地，同一个品种，同时播种，也会出现玉米苗长得大小不一的现象。玉米出现大小苗，会影响后期产量，所以，要尽量避免这种情况发生。出现玉米大小苗的原因主要有土壤墒情不匀，播种深浅不一，种子没有分级、破损，间、定苗时间推迟等。应针对不同原因采取相应措施。

① 选用纯度高，发芽率高的良种，对种子进行分级，用籽粒饱满、整齐一致的大粒种播种，并进行药剂拌种。

② 严把整地播种质量关，实现高标准作业，保证一播全苗、齐苗。

③ 适期播种。若播种时来不及浇底墒水，播后浇"蒙头水"，要求浅灌、灌匀，这是干旱地区保苗的重要措施。

④ 播种后镇压。播后如土壤空隙大，种子不易吸水，影响玉米全苗齐苗，播种后镇压，可增加种子与土壤的接触，加强种子对土壤水分的吸收；利于下层土壤水分上升，提高播种层的水分含量，以利于种子出苗。

⑤ 防治虫、鸟、兽的危害。出苗后要及时防治地下害虫以及鸟、兽的危害，以免造成缺苗。

⑥ 若发现缺苗断垄等，要及时查苗补种或移栽。

⑦ 施种肥时，应做到种、肥分开，严防烧种烧苗。

⑧ 播种后出苗前如降水量较大，形成地面板结时，要及时进行浅中耕，划破地表硬壳，可助苗出土。但松土时不要损伤幼芽。

54. 如何识别与防止玉米分蘖？

（1）发生症状　出苗至拔节阶段，玉米植株基部节上的腋芽长出多个侧枝，称为分蘖（彩图 23），俗称滋叉。

（2）发生原因 分蘖是禾本科植物的普遍特性。现在粒用栽培玉米多为不分蘖或分蘖较少的品种，这主要是在其长期进化进程中人工不断驯化和选育的结果。玉米每个节位的叶腋处都有一个腋芽，从理论上讲，这些腋芽都可形成分蘖，由于玉米植株的顶端优势作用比较强，一般情况下使基部腋芽形成分蘖的过程受到抑制，普通玉米仅存在蘖芽，不形成可见分蘖。当外界条件的影响削弱了玉米植株顶端优势作用或栽培条件适宜时，会导致玉米形成分蘖。

① 品种特性　不同品种在相同栽培条件下，表现出不同的分蘖特性。

② 苗期高温、干旱影响　玉米生长期严重干旱，造成主茎上部生长发育障碍，往往就会出现分蘖现象。

③ 密度的影响　种植密度过小，个体发育过于充分，容易发生分蘖，合理的群体密度有利于控制分蘖的发生。

④ 土壤肥力　土壤肥力越高，分蘖越多。土壤缺硼易导致玉米生长点死亡而形成分蘖。

⑤ 病害的影响　玉米遭受某些病害，如感染粗缩病、霜霉病，会发生分蘖现象。苗后除草剂产生的药害也易形成过多分蘖。

⑥ 化学调控剂药害　化学调控剂喷施浓度过大，造成对植株顶端生长点的抑制，顶端生长优势减弱，促使分蘖多发。

（3）防止方法 玉米的大部分分蘖最终不会形成果穗，即使能够结实也多是在顶部形成一个小果穗，而且很容易受到病虫侵害，基本没有收获价值。一般大田粒用玉米生产，田间出现分蘖后应该尽早掰除，掰除分蘖的时间以出现两个分蘖时为好，过早容易损伤植株，过晚影响玉米生长。掰除分蘖的时间以晴天上午 9 时至下午 5 时为宜，以便掰除分蘖后形成的伤口能够尽快愈合，减少病害侵染和害虫为害的机会。

青饲玉米生产田不必拔除分蘖。作为青贮玉米或青饲玉米生产，田间出现分蘖后可以不拔除，有些青贮玉米品种本身就是分枝（蘖）类型的。但有报道认为会影响籽粒产量而导致饲料品质整体降低。

第三章

玉米田间管理技术

第一节　玉米生长前期管理

55. 玉米合理密植的要点有哪些?

（1）**改宽行为窄行种植**　研究表明，适当缩小行距，增加种植密度，是提高玉米产量的主要措施。据试验，行距由 100cm 缩小到 76cm 时，增产 5%～10%，在一定范围内，密度越大，缩小行距的增产效果越显著。当选用紧凑型品种每亩密度在 4500～5500 株时，60～70cm 的行距对产量影响不大。由 60cm 减少到 30cm 或增加到 80cm 时，则分别减产 11% 和 9%。所以紧凑型玉米品种的种植行距以 60cm 左右为好，而平展型玉米品种以 60～70cm 为好。还有一般矮秆品种比高秆品种的适宜行距要小一些。有时为了便于管理，可采用大小行种植，大行距 60～70cm，小行距 45～50cm。

（2）**选用高质量的优良杂交种**　高质量的玉米品种是保证密度的主要条件，如果种子发芽率低、纯度不好、籽粒大小不匀，播种后会造成缺苗断垄，而且出苗速度、生长势、发育进程等都会受影响。当高密度种植时，矮株弱株会产生空秆，造成减产。

（3）**增加播种量**　任何一个玉米品种都难保证 100% 的发芽出苗，一般发芽出苗率为 85%～90%。若按 90% 计，单粒点播缺苗率 10%；双粒点播缺苗率将是 1%；3 粒点播，缺苗率将降至万分之一。因此，播种粒数应为计划密度的 2～3 倍。

（4）**严格定苗**　挖窝刨穴种的，每穴留 1 苗，耧播或开沟条播的要带株距绳下地，按株距要求定苗，且定苗时间以 4 叶 1 心期为宜，不宜太早。如遇缺苗断垄，可在相邻株留双苗，注意双苗长势要一致。

（5）**多留5%左右的预备苗**　玉米在田间生长过程中，由于种子大小的差异或下种深浅不一样，或病虫害等原因，常使一些植株生长落后或变成弱小植株，最后甚至变成空秆，但这些植株都争夺光照和水分，消耗地力，当表现出有明显差异时要及时去掉。另外，田间管理，特别是机械作用，常会损伤一些植株，因而造成收获穗数少于留苗株数，难以实现高产。为了保证实收株数，可多留一定的预备苗。在拔节后，抽雄前将弱小植株拔去，这样，既保证了实收株数，又提高了群体整齐度，增产效果明显。

56. 如何加强玉米苗期管理？

苗期管理的主攻目标是：苗全、苗齐、苗匀、苗壮。其主要管理措施如下：

（1）**查苗、补苗**　由于玉米种子质量和土壤墒情等方面的原因，已播种的玉米会出现不同程度的缺苗、断条，所以玉米播种后应及时查苗、补苗。

① 补种　如缺苗较多，可用浸种催芽的种子坐水补种，即在玉米刚出苗时，将种子浸泡8～12小时，捞出晾干后，抢时间补种，如果补种的玉米赶不上原先播种长出的幼苗，可采用移苗补栽的方法。

② 移栽　如缺苗较少，则可移栽，结合玉米有3～4片可见叶间苗时带土挖苗移栽，移栽苗以比原地苗多1～2片可见叶为好，移栽时间应在下午或阴天，最好是带土移栽。

不论补种或移栽，均要求水分充足，施少量氮肥和追偏肥，以减少小株率。在缺苗不太严重的地块，可在缺苗四周留双株或多株补栽。

（2）**间苗、定苗**

① 间苗宜早　应选择在幼苗3～4片叶时进行。间苗原则是去弱苗，去病苗，留壮苗；去杂苗，留齐苗和颜色一致的苗。

② 适时定苗　当幼苗长到5～6片叶时，按品种、地力不同适当定苗。定苗时间也是宜早不宜迟。在地下害虫发生严重的地方和地块，要适当增加间苗次数，延迟定苗时间，但最迟不宜超过6片叶。夏玉米苗期处在高温多雨季节，幼苗生长快，可在有3～4片可见叶时一次定苗，以减少幼苗争光、争肥矛盾。

间苗、定苗的时间应在晴天下午，病苗、虫咬苗及发育不良的幼苗易在下午萎蔫，便于识别淘汰。对那些苗矮叶密、下粗上细、弯曲、叶色黑绿的丝黑穗侵染苗，应该彻底剔除。间苗、定苗时一定要注意连根拔掉，避免长出二茬苗。间苗、定苗可结合铲地进行。

（3）蹲苗促壮 蹲苗时间应从苗期开始到拔节前结束。当玉米长出 4～5 片叶时，结合定苗把周围的土扒开 3cm 左右，使地下茎外露，晒根 7～15 天，晒后结合追肥封土，这样可提高地温 1℃左右。扒土晒根时，严禁伤根。春玉米蹲苗时间一般为一个月左右，夏玉米一般为 20 天左右，时间过短起不到蹲苗作用，时间过长则会影响幼穗分化，因此必须因地、因天、因苗情灵活掌握，以"蹲黑不蹲黄，蹲肥不蹲瘦，蹲干不蹲湿"为原则。套种玉米播种生长条件较差，一般不宜蹲苗。应抓好水肥管理工作，促弱转壮。

（4）适时中耕 中耕可以疏松土壤，不仅促进根系发育，控制地上部分生长，而且有利于土壤微生物的活动；同时，还可消灭杂草，减少地力消耗，改善玉米的营养条件。春玉米中耕还可提高地温 1～3℃。玉米苗期中耕一般可进行 2～3 次。

① 定苗以前，幼苗 4～5 片叶时，幼苗矮小，可进行第一次中耕，中耕时要避免压苗，中耕深度以 3～5cm 为宜，苗旁宜浅，行间宜深。此次中耕虽会切断部分细根，但可促发新根，控制地上部分旺长。

② 第二次中耕在定苗后，幼苗 30cm 高时进行，深度为 7～8cm。

③ 第三次中耕在拔节前进行，深度为 5～6cm。

耥地要注意深度和培土量，头遍要拿住犁底，达到最深。为了耥深，又不压苗、伤苗，可用小犁，应遵循"头遍地不培土，二遍地少培土，三遍地起大垄"的原则。套种玉米、小麦田在苗期一般比较板结，在麦收后应及时中耕，深度 10～15cm，去掉麦茬，破除板结。夏直播玉米的苗期正处于雨季，深中耕易蓄水过多，造成"芽涝"，定苗后只宜浅中耕，深度 5cm 为宜。

（5）及时除草 应用化学除草技术。一般玉米田除草常选用乙草胺乳油（土壤处理剂）、乙·莠悬乳剂等。每亩用 50%乙草胺乳油 150～200mL，兑水 30～40L，在播后苗前土壤处理，或在玉米苗 3 叶期以前，每亩用 40%乙·莠悬乳剂 150～200mL，兑水 15～25L 茎叶处理。在使用除草剂时应适当增加兑水量，并避开高温天气，做到不重喷、不漏喷。夏玉米苗展开 5 叶后，在株行间均匀撒施麦秸麦糠，亩用 200～300kg，以盖严地表为好，可以有效保墒抑草，改善土壤结构。

（6）适时追肥

① 基肥　玉米播前要注意基肥与种肥的合理施用。基肥以腐熟的有机肥为主，一般每亩施腐熟农家肥 2500～3000kg（或商品有机肥 250～300kg）。此外，缺磷土壤每亩施过磷酸钙 30～40kg，缺钾土壤每亩施氯化钾或硫酸钾 5～10kg。基肥中一般迟效性肥料占基肥总用量的 80% 左右，速效肥料占 20% 左右。基肥可全层深施，如果肥料用量少时，可采用沟施或穴施的方法。

② 种肥　在玉米播种时，施在种子附近或者随种子同时施入的肥料。化肥作种肥时，用量不宜太大，一般每亩施尿素 2～3kg，促进玉米早出苗，出壮苗。农家肥和化肥可以混合作种肥，以化肥为主。种肥无论条施或穴施，都应与种子间隔 4～5cm，以防止烧种伤苗。

③ 苗肥　春玉米由于基肥充足，一般不施苗肥。麦垄套种的玉米则因免耕播种，多数不施基肥，主要靠追肥。麦收后施足基肥，整地播种的夏玉米，视苗情少施或不施苗肥。据研究，磷肥在 5 叶前施入效果最好，因此，磷、钾肥和有机肥应在苗前后结合中耕尽早施入。对基肥不足的应及时追肥以满足玉米苗期生长的需要，做到以肥调水，为后期高产打下基础。如苗期出现"花白苗"，可用 0.2% 的硫酸锌叶面喷洒，也可在根部追施硫酸锌，每株 0.5g，每亩施 1～1.5kg。如苗期叶片发黄，生长缓慢，矮瘦，呈淡黄绿色，则是缺氮的症状，可用 0.2%～0.3% 的尿素叶面喷施。

（7）防治虫害　玉米苗期容易遭受病毒侵染，是粗缩病的易发期。及时清除田间和四周杂草，消灭带毒昆虫灰飞虱、叶蝉、蚜虫等，能有效减轻病害的发生。玉米苗期地下害虫较多，主要害虫有地老虎、蝼蛄、蛴螬、金针虫等，可每亩用 50% 辛硫磷乳油 500g，兑水 750kg 顺垄浇灌。

（8）防止芽涝　玉米苗期显著特点是耐旱怕涝，只要不严重干旱，一般不需浇水，但遇涝应及时排水。夏玉米苗期暴雨、急雨较多，雨后应及时排水。特别是洼地及整地质量差的地块，更应及时排水，并做到及时中耕，散墒通气，防止芽涝。

57. 怎样进行玉米蹲苗？

（1）玉米蹲苗的好处

① 控制植株生长势　可使玉米苗的地上部分生长缓慢，促其生长健壮，缩短节间，抗倒伏。

② 促进根系发达　可使玉米地下部分的根系发达，深扎于地下；提高植株抗倒伏能力；增强根系活力和吸收养分、水分的能力，抑制营养生长，促进生殖生长。

③ 提高玉米产量　试验表明，玉米进行蹲苗后，一般可增产7%～12%。

（2）蹲苗措施

① 蹲苗时间　一般以在玉米出苗后至拔节期进行为佳。

② 蹲苗方法　通过深中耕，勤中耕，提高土壤的通透性，消除土壤的板结结构，改善土壤的物理性状；散去表墒，保住底墒，促使根系下扎，健壮秧苗，固土牢株。对于土壤肥沃、水肥充足的玉米田，要适当控制浇水，防止苗旺而不壮；对于麦垄点播的玉米，如果土壤干旱，可适当浇水。

③ 注意事项　玉米蹲苗应做到"三蹲三不蹲"：蹲湿不蹲干，蹲肥不蹲瘦，蹲黑不蹲黄。即土壤墒情好、肥力充足、苗色黑绿的地块宜进行蹲苗，反之则不宜进行蹲苗。

58. 玉米苗心叶扭曲成"牛尾巴"状的可能原因有哪些，如何防止？

玉米苗心叶扭曲畸形不能展开，严重者呈大鞭子状，这种现象俗称"牛尾巴"（彩图24）。

（1）除草剂药害　一是苗前除草剂伤害。一般出现在使用酰胺类除草剂，如乙草胺、异丙甲草胺的地块。发生在幼苗刚出土到2叶前，玉米心叶不能抽出，幼叶皱缩扭曲不能完全展开，形成D型苗，植株矮化，发育畸形，出苗率低。该类药剂为选择性芽前除草剂，一般对玉米安全，使用不当时会抑制玉米的根和幼芽的生长。当施药时遇到低温高湿条件、田间有积水，或施药后遇强降雨，盲目增加药量，同一药剂多年使用时，易发生药害。

防治措施：轻度可自然恢复，畸形苗较少时可间苗拔除，当田间大量植株受害时，建议重播；及时中耕，提高土壤透气性，减轻药害；玉米幼苗 2 叶后及时喷叶面肥或磷酸二氢钾、尿素等缓解药害。

二是苗后除草剂伤害。一般出现在使用磺酰脲类除草剂，如烟嘧磺隆的田地。主要发生在 5～8 叶期，喷施苗后除草剂后 3～7 天出现，心叶卷曲，叶片皱缩，叶片上有不规则黄白色药害斑，玉米分叉。严重时心叶也会腐烂，似顶腐病。田间同时伴随植株矮化和生长点坏死后形成丛生苗。

发生原因是玉米品种对苗后除草剂敏感，或使用时超过 5 叶期，或在高温条件下喷施除草剂，或使用剂量过大，或种衣剂、拌种剂中含有有机磷农药，或玉米出苗后喷施过有机磷类农药，或除草剂质量存在问题等。

防治措施：追肥并浇水可缓解，轻微的叶片扭曲可以自行恢复，稍重的可人工剖开心叶，并施肥浇水，可喷些加入了锌、硼肥的叶面肥。

（2）虫害

① 症状表现　剥开外叶发现心叶基部已经皱缩，有破孔。主要表现是玉米的心叶扭曲，叶破损、皱缩，叶上出现排孔。叶正面有透明的薄膜状物，一些心叶内有黏液，心叶不能正常伸展而扭曲呈"细捻状"或"牛尾巴状"，还有个别的心叶已经断掉。

② 发生原因　其主要原因是夏玉米在 5～6 叶期受到蓟马或瑞典秆蝇为害。

③ 预防措施　害虫应在早期防治，玉米心叶卷曲后再用药防治效果不好。一是用含内吸性杀虫剂成分的种衣剂包衣。二是在玉米出苗后 3～5 天，选用 20％氰戊·马拉松乳油 600 倍液、1.8％阿维菌素乳油 1000 倍液等喷雾，或每亩用 10％吡虫啉可湿性粉剂 20g、5％啶虫脒可湿性粉剂 20～30g 等兑水 30kg 喷雾，以后可结合防治苗期玉米螟、黏虫用药 1～2 次。三是结合间苗、定苗，将展不开的歪头状、环形状玉米苗心叶人工破开或间除。四是出现症状的地块，可结合苗期防治害虫用药时，喷施微量元素缓解症状。五是对较旱和未施种肥的地块，应及时浇水、追肥，以加快幼苗生长。

（3）生理病害

① 发生原因　主要是施氮肥过多、过猛，营养生长过旺，与品种特性也有关系。

② 预防措施　发现后，应人工剥开，辅助抽雄。

（4）天气原因

① 症状表现　上部叶片裹在一起且弯曲下垂，使玉米不能正常抽穗。

② 发生原因　连续的暴雨、低温对玉米生长造成了不利影响，玉米会出现生理失调现象。一些对气候、环境较为敏感的品种表现尤其突出，这样的天气会使玉米长出"牛尾巴"。高温干旱也可导致该症状产生，不同品种对气候的适应性不同，心叶卷曲的比例有较大差异。

③ 预防措施　立即用剪刀将上部 1/4 的叶片剪掉，或人工用刀子上下划开破除小叶扭曲，并补施锌肥，叶面喷施赤霉酸（1g 兑水 15～30kg）或芸苔素内酯（天丰素）（1000 倍液）等植物生长调节剂，5～7 天喷 1 次，连喷 2 次。

田间干旱造成的玉米心叶卷曲，一般能随土壤墒情好转逐渐恢复，下过雨或灌水后恢复快。喷施一些优质叶面肥，可以促使玉米快速恢复。

（5）顶腐病

① 症状表现　顶腐病在玉米任何生长时期均可发生，心叶最外层叶片紧紧包裹内部心叶，使其不能展开而呈鞭状，叶片畸形、皱缩或扭曲，在心叶基部常可见腐烂，干腐或湿腐，有或无臭味。

② 预防措施　防治玉米顶腐病，可在发生初期用 58％ 甲霜·锰锌可湿性粉剂 300 倍液，或 50％ 多菌灵可湿性粉剂 500 倍液、75％ 百菌清可湿性粉剂 500 倍液等喷雾，药液中最好加入适量锌肥。针对病株，最好将喷头拧下对准玉米心叶从上至下喷灌，每株喷药液 50～100mL。

第二节　玉米穗期管理

🌱 59. 如何搞好玉米穗期管理？

玉米穗期是指从拔节（彩图 25）至抽雄（彩图 26）这段时间。拔节就是茎基部节间开始明显伸长，而抽雄是指雄穗（天花）开始露出剑叶（最后一片）。穗期田间管理的主要目标是使玉米植株敦实粗壮，叶片生长挺拔有劲，营养生长和生殖生长协调，达到壮秆、大穗、粒多的效果。搞好穗期的田间管理，是夺取玉米高产的关键。具体措施如下：

（1）深中耕、小培土、结合施秆肥　玉米生长到 6～8 叶时正是拔节时期，是需肥高峰期，开花以后，速度减慢，数量减少。

① 深中耕　在施足基肥，管好苗期的基础上，拔节前后要深中耕（10cm 左右）一次，玉米这次中耕特别重要，可以把土块打碎，使耕作层土壤落实，有利于根系生长发育。

② 小培土　就是将行间的土略向植株集中，形成一个小垄，同时把施下的秆肥埋入土中。

③ 施秆肥　最好以腐熟的厩肥、堆肥或人畜粪为主，也可每亩施复合肥 10kg 左右，或硝酸铵 10kg，或尿素 8kg，同时根外追施硫酸锌 1kg，可减少秃尖。要注意小苗多施，促进全田均衡生长。

（2）重施穗肥、高培土　穗肥应在玉米大喇叭口期（彩图 27）施用，这时玉米顶部的几片叶组成的形状像一个喇叭。抽雄前 7～10 天，是决定雌穗（玉米棒子）大小和粒数多少的关键时期，这时生长的好坏对玉米产量影响最大，也是玉米需要养分最多的时候。一般应重施穗肥，占总追肥量的 60% 左右，并施用速效肥。通常每亩用尿素 15～20kg，结合高培土［把行间（特别是宽行）的土集中到植株两边］，把肥料埋入土中。但也应根据具体情况合理安排秆肥和穗肥的比重，若土壤肥力较高、基肥足、苗势好，可以少施秆肥，重施穗肥；如果土壤肥力低、基肥施用量少、幼苗长势一般，则可以重施秆肥，少施穗肥。

此外，可根据长势适时补充适量的微肥，一般用 0.3% 的硫酸锌、硫酸亚铁或 0.2% 硼砂溶液进行全株喷施，每隔 5～7 天喷 1 次，连喷 2 次，有显著的增产效果。抽穗后，每亩还可用磷酸二氢钾 150g，兑水 50kg，均匀喷到玉米植株中、上部的绿色叶片上，一般喷 1～2 次即可。

（3）去蘖除弱　玉米的分蘖一般不形成果穗，所以应将分蘖及早除去以减少养分的无益损耗。去蘖要及时、认真，以防损伤主茎和根系。大喇叭口期前后应拔除不能结果穗的小弱株。但是，在杂交制种田的父本行或作青饲料的玉米田，分蘖可保留。

（4）抗旱排渍　玉米生长中期，久旱久雨都不利。拔节前后结合施肥适量浇水，使土壤水分含量保持在田间持水量的 65%～70%，此时叶面蒸腾大、需水量多。孕穗期玉米植株生长的需水量占全生育期总需水量的 27%～38%，故土壤水分应保持在田间持水量的 70%～75%，此时对水分的反应最敏感，需水量最多，是玉米需水的临界期。若拔节孕穗期土壤缺水，不但会影响玉米雌穗性器官的分化，而且会使果穗发育不良、穗小、粒少、秃尖严重，最终导致减产。如遇天旱，应坚持早、晚浇水抗旱，中耕松土，保证玉米有充足的水分；若是多雨天气，则要疏通排水沟，及时排除渍水，以利于生长发育。

（5）化学调控　化学调控是指用植物生长调节剂乙烯利或玉米健壮素喷洒玉米，使玉米植株矮化、敦实抗倒伏，通过密植获取高产的一项新技术。可使玉米植株矮化、气生根增加，适于密植，且抗病能力增强。此外，化控处理的玉米，生育后期绿叶数多，结穗率和百粒重增加，产量提高。喷药处理后，由于加速了玉米的灌浆，从而使玉米秃顶减少，果穗上部饱满，且喷玉米健壮素的增产幅度优于喷乙烯利的。比常规大田亩增 1500 株左右，可增加到每亩 5500 株。最适喷药时期为雌穗小花分化后期，叶龄指数 65%～75%，可掌握在第 14～16 片叶全展或田间可见 0.1%～1%植株抽雄时喷药。若喷得过早，在化控矮化植株的同时，也对雌穗发育有一定抑制。过晚用药，对群体冠层结构的控制效果差。

（6）及时防病治虫　玉米进入心叶末期即大喇叭口期，正是防治玉米螟的最佳时期，可用菊酯类农药 1000 倍液，摘掉喷雾器的喷头，将药液喷入心叶丛中；或用 50%辛硫磷乳油 500 倍液，喷雾于心叶丛中。对患有黑粉病的植株，要趁黑粉还未散发之前，及时拔除、深埋或烧毁，以免次年重茬而染上此病。选用百菌清、新植霉素等药剂喷雾防治顶腐病和细菌性茎腐病。防治大斑病、小斑病可用百菌清可湿性粉剂兑水喷雾，每隔 7 天喷 1 次，连续喷 2～3 次。

🌱 60. 怎样进行玉米中耕？

玉米是中耕作物，需要勤中耕。中耕松土是促使幼苗早发、培育壮苗的重要措施。

中耕松土应掌握好时间、次数和深度，一般中耕 2～3 次。定苗以前可进行第一次中耕，这次要浅，一般 3～5cm。在用机械中耕时，要特别注意防止压苗和轧苗。第二次中耕可在拔节期前后进行，注意掌握苗旁宜浅，行间宜深。盐碱地土壤容易板结，玉米出苗或降雨以后要及时中耕松土，防止返碱，危害幼苗。拔节至小喇叭口期可结合施肥进行第三次中耕，将肥料埋入土内，随即浇水，以发挥肥效。中耕深度以 7cm 左右为宜。适当深中耕会切断部分根系，但可促使玉米发生大量新根，扩大吸收面积。

中耕时要适当向根旁壅土，以利于植株茎部发生次生根和气生根，增强植株的抗倒伏能力。但不要壅土太多，防止压苗、伤叶。

61. 玉米为什么要培土，怎样进行？

培土是将行间的土培在根部并形成土垄的田间管理措施，培土可增加表土受光面积，有利于形成气生根，可除草肥田，有利于浇水和排水。

（1）培土时期 最好在小喇叭口至大喇叭口前进行。培土过早，特别是春玉米会因根部土壤温度较低、空气不足，抑制玉米节根的产生与生长，不利于形成健壮的根系，影响玉米的抗倒伏能力。据研究，玉米有 12～14 片可见叶时培土比 8～9 片叶（拔节期）时培土的节根平均增加 6.41 条/株，穗粒数增加 11.1 粒，粒重增加 1.1g，倒伏株数降低 20.5％，每亩籽粒产量增加 10.6kg。

（2）培土方法 一般有人工培土和机械培土两种。当地块较小，不利于机械作用时，可用锄头、铁锹人工培土，也可用两边翻上的培土犁由牲畜牵引进行。大块地可用拖拉机牵引多个耘锄培土。作业时速度不宜太快，以免压苗、伤苗，影响作业质量。另外，如用拖拉机，由于受拖拉机底盘高度的限制，培土时间不宜过晚，以防伤苗。

（3）不宜培土的情形 培土能够增产，但旱地或无灌溉条件的丘陵地区不宜强制培土，因为在这些地区，培土会增加土壤受光面积，提高地温，增加土壤水分蒸发，对玉米生长反而不利。还有黏壤土雨后不宜培土，黏壤土雨后培土会造成空气不足，玉米感染茎腐病，宜待表土干后再行培土。

62. 玉米大喇叭口期如何促秆壮穗保高产？

玉米棒三叶大部分伸出，但未全部展开时，心叶丛生，侧面形似高音喇叭，此期是玉米的大喇叭口期。该时期一般在播后 45 天出现，是玉米营养生长和生殖生长的并进阶段，是田间管理的关键时期。此时的管理目的是促秆壮穗，既要保证玉米植株的根、茎、叶生长旺盛，又要保证果穗发育良好。为确保玉米高产稳产，在管理时应把握以下要点。

（1）追肥　大喇叭口期是玉米一生中需肥量最多、需肥强度最大的时期，此期必须加强追肥，防止出现脱肥现象。应根据土壤肥力和苗情普遍施肥，每亩用尿素 15～20kg，追肥要深施入土 10cm，施肥后盖土，不要撒施于地表，以提高肥料的利用率。

（2）中耕培土　玉米大喇叭口期对养分、水分的需求强烈，中耕可以疏松土壤，改善通气和水肥供应状况，增厚植株基部土层，促根生长，防止植株倒伏。同时清除杂草，可以做到蓄水保墒，因此，中耕是玉米大喇叭口期管理的一项重要措施。

（3）浇水　玉米大喇叭口期正值高温季节，是玉米需水的关键期。施肥后浇水可以改变田间小气候，有利于玉米扬花授粉，提高果穗结实率，要保证大喇叭口期至灌浆后 25 天内土壤不干旱。

（4）病虫害防治　此期以防治玉米螟、棉铃虫、红蜘蛛、蚜虫为主。应随时到田间调查病虫害发生情况。玉米螟用 50％辛硫磷乳油、90％敌百虫原药加适量水，拌 25kg 细沙或细干土，制成毒土灌心，防治效果较好。红蜘蛛用 1％哒螨灵乳油 45mL，兑水 50kg 喷雾防治；棉铃虫，可根据虫情用菊酯类农药 400 倍液滴雌穗花丝进行防治。

第三节　玉米花粒期管理

63. 玉米花粒期管理技术要点有哪些？

玉米在花粒期间（彩图 28，抽雄至成熟期）茎叶停止生长，进入以籽粒发育为中心的生殖生长期，管理的首要任务，就是提高光合效率，延长根和叶的生理活性，防止早衰及倒伏，达到粒重饱满高产的目的。主要措施有以下几点。

（1）追施粒肥　玉米由于基肥不足，玉米吐丝后，土壤肥力不足，下部叶片黄化，后期有脱肥现象时，应追施粒肥，促使玉米增加粒重获得高产。要掌握早施、适量的原则，一般每亩追施碳酸氢铵

$8\sim10kg$，或在抽雄开花以后每隔 10 天用 $0.4\%\sim0.5\%$ 的磷酸二氢钾溶液进行喷施，连续 $2\sim3$ 次。可使根系活力旺盛，养根保叶，植株健壮不倒，防止叶片早衰。此期间不必追施尿素，因尿素肥效发挥慢，增产效果不显著。

（2）拔掉空秆和小株　在玉米田内，部分植株因不能授粉等因素，形成不结穗的空秆，有些低矮的小玉米株不但白白地吸收水分和消耗养分，而且还与正常植株争光照，影响光合作用。因此，要把不结穗的植株和小株拔掉，从而把有效的养分和水分集中供给正常的植株。病株既不能构成产量，又空耗养分，而且还可传播病害，必须除去。

（3）除掉无效果穗　一株玉米可以长出几个果穗，但成熟的只有 1 个，最多不超过 2 个。对确定不能成穗和不能正常成穗的小穗，应因地、因苗进行疏穗，去掉无效果穗、小穗和瞎果穗，减少水分和养分消耗，这部分养分和水分可集中供应大果穗和发育健壮的果穗，促进果穗早熟、穗大、不秃尖，提高百粒重。

（4）隔行去雄和全田去雄　在玉米雄花刚露出心叶时，每隔一行，拔出一行的雄穗，全田去雄量不超过 60%，让其他植株的花粉落到拔掉雄穗的玉米植株的花丝上，使其授粉。在玉米授粉完毕、雄穗枯萎时，及时将全田所有的雄穗拔除。去雄可降低株高，防止倒伏，增加田间光照强度，减少水分、养分损耗，增加粒重，增产 $10\%\sim12\%$，还可防治玉米螟，增产 $8\%\sim10\%$。去雄时，地头、地边的植株不能去，而且不能带叶，否则会造成减产。

（5）人工辅助授粉　两人拉绳于盛花期晴天上午 $10\sim12$ 时花粉量最多时辅助授粉，一般进行 $2\sim3$ 次可提高结实率，增产 $8\%\sim10\%$。人工授粉，能使玉米不秃尖，不缺粒，穗大，粒饱满，早熟增产。

（6）打掉底叶　玉米生育后期，底部叶片老化、枯死，已失去功能作用，要及时打掉，增加田间通风透光。减少养分消耗，减轻病害侵染。

（7）及时浇水　玉米花粒期植株需水量大，缺水则受精不良，果穗秃尖、粒少，影响籽粒的形成与灌浆，造成减产，叶片早衰，光合作用和养分运输能力下降，败育粒增加，粒重下降，尤以开花后 20 天内影响最大。玉米花粒期遇旱应及时浇大水，保持田间持水量在 80％左右；乳熟至蜡熟期田间持水量保持在 70％～75％。玉米生长后期，根系生长力逐渐减弱，不耐涝，若遇雨水过多或低洼地，要注意排水，养护根，延长根系的活动期。

（8）培土防倒伏　后期进行中耕培土，可以破除板结，增加通气性，有利于养分分解，促进根系呼吸，防早衰，促早熟。中耕与培土相结合，起到防止倒伏作用。后期若遇暴风雨袭击，引起倒伏，植株互相压盖，难以自然恢复，应在倒伏后及时扶起并培土。

（9）防治病虫害　加强玉米后期对玉米螟、黏虫等害虫的防治。可用 50％辛硫磷乳油 1000 倍液喷雾防治，或用 80％敌敌畏乳油 200 倍液在玉米授粉后每株 3mL 滴于顶部花丝内。防治蚜虫，可用 40％乐果乳油 1000 倍液喷雾，或用 40％乐果乳油 150 倍液在果穗以上节间涂茎。

（10）站秆扒皮晾晒　站秆扒皮晾晒可促进玉米提早成熟 5～7 天，降低玉米水分 14％～17％，增加产量 5％～7％，同时，还能提高质量，改善品质。扒皮晾晒的时间很关键。一般在蜡熟中后期进行，即籽粒有一层硬盖时进行，过早过晚都不利，过早影响灌浆，降低产量；过晚失去意义。方法比较简单，就是扒开玉米苞叶，使籽粒全部露在外面，但注意不要折断穗柄，否则影响产量。

（11）适当晚收　玉米适当晚收可提高粒重，是挖掘玉米增产潜力的有效方法，一般玉米植株不冻死不收获，这样可充分发挥玉米的后熟作用，使其充分成熟，脱水好，增加产量，改善品质。果穗苞叶变黄时收获与苞叶干枯收获相比，后者比前者百粒重增加 15％～20％，每亩可增产 50～100kg。因此，应尽量晚收获，要求至玉米黑胚层出现，籽粒乳线消失（即蜡熟末期）时收获。对于因干旱种植较晚的玉米，提倡活秆收获，即在玉米收获时，应带秆收获，以使玉米继续从玉米秆中吸收养分，从而最大限度地增加玉米的百粒重，直至玉米苞叶干枯时再收获果穗。在玉米完熟期进行收获，此时产量最高。完熟期的特征是：苞叶干枯松散，籽粒变硬发亮呈金黄色。

64. 怎样使玉米定向结穗？

如果能够使地里的玉米按照人们的要求成行定向生长、挂果，那么不仅可以节省锄地、施肥、掰棒的时间，同时也可以减少一些劳动强度，而且能增加玉米通风、透光和授粉的机会，从而提高产量。

方法是：待所培育的玉米苗长出 3 片叶子时，找出其中最大最长的那一片，它所指向的就是日后挂果的方向。

根据这个规律，移栽时将幼苗方向叶按同一方向排列成行，就能实现定向生长和挂果的目的。实践证明，用此法移栽，产量比一般移栽的提高 12％。

65. 如何对玉米进行人工辅助授粉？

人工辅助授粉是指将人工采集的花粉授给未授粉的花丝，是增加穗粒数的增产措施，尤其是在群体内弱小植株多，或种植密度过大，或散粉期间天气不好时，人工辅助授粉更重要。弱小植株的雌穗和正常雌穗顶部的花丝抽出时，多数雄穗已散完粉，靠自然授粉很困难；密度过大时叶片密集，妨碍授粉；散粉期间无风或连续阴雨，不利于传粉和授粉；持续的高温天气会在一定程度上影响玉米花粉的活力，使其不能正常授粉，最后导致缺粒现象的发生，因此，应及时采取人工辅助授粉措施。一般在早晨 8～11 时、气温 23～30℃时进行人工辅助授粉，方式上可使用长木棍轻推玉米植株，以促进玉米雄穗集中散粉，达到提高授粉率的效果。如果玉米种植面积较小，可实施采花授粉措施，效果更佳，其具体做法如下：

（1）授粉前物品的准备　一是用直径 20cm 左右的盆状花粉采集器，竹制的或塑料制的均可，在采粉器上铺一层不易受潮的白纸，切忌用金属器皿，以免降低花粉生活力。二是用直径 10cm 的装花粉的搪瓷杯或碗，在杯或碗口蒙上一层尼龙纱，用橡皮筋扎紧，来筛除混入花粉中的花药颖壳及其他杂物，保持花粉纯净干燥不受潮。三是准备一团如鸡蛋大小的棉花球，供蘸取花粉用。

（2）修剪花丝　花丝过长不便授粉，用剪刀将花丝修剪至 1.5cm 长即可。

（3）适时采粉　要在玉米雄穗开花盛期进行，此时花粉量大，且雌穗花丝也接近盛期。在正常条件下，玉米雄穗开花散粉的时间都在上午 8～11 时。时间过早，花粉量少，且易被露水沾湿，因吸水膨胀而失去生活力。过晚超过中午 12 时后，一般玉米雄穗开花停止，无花粉可取。因此，人工授粉时间，一要观察全田玉米开花的状态，二要把握开花时机，以利于提高授粉工作效率。

（4）授粉方法　采集花粉时，一只手轻轻地捏住雄穗茎部，另一只手拿住采粉器具，将雄穗对准采粉器抖动数下。连续选择 30～40 株雄穗，在开花量大的植株上采集花粉。玉米的花粉生活力一般只能维持 5～6 小时，在高温高湿条件下，采粉器内过量花粉堆积，易粘连成团块状，降低花粉寿命，要边采粉边授粉。将分批采集的花粉倒入搪瓷杯口上的纱布内，用备好的棉花球蘸取杯中筛净的花粉，逐行逐块有序地将花粉轻轻地抹在已修剪的花丝上。靠地边 1～3 行植株不要采粉，以免影响自然授粉。照此法辅助授粉 2 天后，即可避免或减少玉米缺粒现象的发生，如授粉工作质量高，一般只进行 1 次人工授粉即可。为了延长人工授粉时期，还可在玉米种植地段晚播少量同类种子，通过错期播种延长采粉期。

（5）**注意事项**　采集花粉要在露水干后进行，不要与水接触；采集的花粉不能晒太阳，不能久放，要随采随授；阴雨天时，拔下刚开始散粉的雄穗，捆成小把，下端插入水中，第 2～3 天，趁天晴收集花粉，授给雌穗；无风天气，于上午开花最多时，摇动植株或拉绳帮助传粉；干旱时，对玉米种植田块适当灌水 1～2 次，可以降低田间环境温度，改善授粉条件，同时，可提高玉米植株的抗高温能力和授粉率。

授粉后，如玉米雌穗花丝均已由白或红色转变成黑色，则说明该玉米植株已授粉成功。

66. 如何防止玉米早衰？

玉米早衰，指玉米在灌浆乳熟阶段，植株叶片枯萎黄化、果穗苞叶松散下垂、茎秆基部变软易折、千粒重降低造成减产的现象。农民称之为"返秆"，一般多发生在壤土、沙壤土、种植密度较大、后期脱肥或病虫害发生严重的田块。要提前搞好预防。

（1）**实行轮作，避免连作。**

（2）**秋翻地以减少初侵染源。**

（3）**使用抗早衰品种**　由于遗传因素的影响，不同品种间叶片的数量以及抗性有一定差异。选用综合抗性好的品种可减少早衰的发生。

（4）**合理密植**　确定适宜密度，保证单株足够的营养面积，改善光照、水分及营养条件，有利于减轻早衰危害。

（5）**科学施肥**　通过培肥地力和科学合理施肥，苗期多施草木灰或硫酸钾肥，可以防早衰。尤其是保证生育后期用肥，保证植株有充足的营养，促使植株生长发育健壮，可以防止早衰，增强光合作用。

（6）**叶面施肥**　若出现早衰趋势或叶片落黄，可以进行叶面喷肥快速补给，在开花初期叶面喷施尿素溶液、磷酸二氢钾溶液等，根外追肥可以延长功能叶片的功能时间，防脱肥、早衰，加速灌浆，增加粒重。

（7）**防旱排涝**　干旱时应及时灌溉，雨后及时排水，防止田间积水，使根系处于良好生长环境，有利于植株茎叶生长发育和保证旺盛的光合作用，有利于防止早衰。乳熟期保持适宜水分，增产效果显著。

（8）**隔行去雄**　去雄可以减少雄穗对养分的消耗，满足植株生长发育对养分的需求，还可以改善生育后期田间通风透光条件，有利于籽粒的形成。为防止不必要的养分消耗，使主穗正常生长发育，可人工及时侧向掰除无效穗。

（9）**防治病虫**　发现病虫要及时防治，减少损失。

67. 玉米苞叶伸长是怎么回事，如何防止？

（1）**玉米苞叶伸长现象**　玉米果穗有 1～2 张苞叶伸长，严重的果穗上发生 5～6 张叶长 30～40cm 的伸长叶，导致穗柄拉长、吐丝不畅、授粉不良、秃顶长度增加、不孕粒增多，明显减产。

（2）**发生原因**

① 苞叶伸长部分长约 5～10cm，一般不会影响花丝吐出。玉米发生果穗苞叶伸长现象，可能与大肥大水、天气异常等因素有关。肥水供应充足，特别是玉米生长中期大肥大水，植株营养过剩，基部节间和雄穗叶定型的情况下，会导致中部果穗叶活跃，诱发果穗苞叶、穗柄伸长。

② 玉米苗期和抽雄期遇高温干旱或连阴雨天气，也易发生苞叶伸长现象。

③ 不同玉米品种间苞叶生长活性也存在差异。

（3）**防止措施**

① 玉米果穗苞叶伸长叶发生，应根据种植密度和苗情合理施肥，施足基肥，及时施苗肥，早施、重施穗肥。施肥数量和时间依茬口、

土质、苗情、种植密度等而定。一般基肥足、密度小、苗情好的田块，穗肥少施、迟施；反之，早施、多施，以协调生长。

② 玉米抽雄结果期，如果果穗上产生苞叶伸长叶，影响花丝吐出，应在吐丝前剪去 3~5cm 伸长叶，使花丝及时抽出授粉受精，以免造成减产。

68. 玉米苞叶短是什么原因，如何预防？

玉米苞叶短（彩图 29）是指玉米果穗顶端不结实、籽粒不饱荚的现象，严重影响玉米产量。玉米出现苞叶短，有的地块苞叶长度只有果穗长度的 1/3 或一半。由于苞叶短，籽粒裸露在外面，影响灌浆，肯定造成减产；苞叶短还易招虫害，势必也会造成减产。

（1）玉米苞叶短的原因

① 营养缺乏　土壤中缺磷影响细胞分裂，特别是在花丝伸长期，缺磷花丝伸长缓慢而影响授粉。如果穗顶端籽粒瘦小，呈不正常的白色，很大程度上是缺磷的表现。

② 小穗退化　果穗顶端小穗退化畸形，有时出现雌雄同花或雄花发育而雌花不发育的情形，影响玉米的正常授粉。

③ 花丝发育晚　果穗顶端花丝发育晚，吐丝延迟，往往与雄花抽出时不配对授粉，使之不能结实。

④ 干旱缺水　玉米在开花授粉期间遇到干旱，雄花和雌花开花间隔时间拖长，导致花丝伸出时错过雄穗散粉盛期，造成授粉不良影响结实。

⑤ 过度密植　种植密度过大造成玉米生长后期通风、透光条件不良，影响玉米的正常生长。

⑥ 土壤缺微肥　土壤缺硼，对玉米雄花花粉的形成和授粉时的活性均有不利的影响；土壤缺锌，老苗叶片出现白色斑点，并迅速扩大，形成局部的白色区域和坏死斑，节间缩短，也易使果穗生长发育畸形。

（2）预防玉米苞叶短的措施

① 加强肥水管理　一是早施穗肥，在抽雄前后施好穗肥。二是防旱，在雌穗出穗时保证充分的水分供应，保证苞叶正常生长。

② 注意品种选择　红轴的玉米品种耐高温较差（美系最敏感，亚欧系相对要好很多），遇高温往往出现果穗苞叶包不住，甚至严重的缺粒和秃尖现象，减产严重。

据悉，当前不少地区的玉米采用"白"加"红"（白轴品种加红轴品种）混播配套技术获得了良好的效果。该技术增强杂交基因，在杂交基础上再杂交，"双倍杂交"品种具有更强的抗逆能力。而且实践证明，白轴加红轴2：2混播有利于增加千粒重，增产明显。

69. 如何防止玉米空秆？

玉米空秆（彩图30），又叫"空身"，俗称"公玉米"，是指有秆无穗或有穗无粒的植株，是玉米生产中常见的现象，空秆病害经常被农民朋友误认为是种子质量问题，其实这是玉米生产中的一种生理病害，采取适当措施可减轻或杜绝这种病害的发生。

（1）**因地制宜选用玉米杂交良种**　如果玉米种子内在因素有问题，在播种以后，就无法防治空秆，势必造成损失。所以，一定要把好选种关。选用的良种要适合当地自然条件、种植制度和栽培技术的要求。土壤瘠薄，栽培管理粗放的地方，宜选用适应性强的品种；土壤肥沃，栽培技术水平较高的地区，宜选用丰产性能好的品种。选择叶片收敛、株型紧凑的品种，有利于通风透光、雄穗散粉、雌穗授粉。选用多穗或双穗品种，由于它对不良环境有较强的适应性，可使空秆减少。有些品种在不适宜的环境条件下容易出现花粉败育、雌雄不协调等问题导致空秆。此外，提高种子纯度有助于降低空秆。目前，适合各地种植的玉米杂交良种很多，应良中选优，到信誉好的种子部门购买，不能贪图便宜，购买劣质种甚至假种。

（2）**适时间苗，选留壮苗匀苗**　结合间苗剔除弱小苗，玉米田间管理要突出一个"早"字。在3叶期前开始间苗，间苗3～4次，拔节前定苗，适当晚定苗，定苗时不仅去病弱残苗和自交苗，也要拔除长势过旺的个体。对田间缺苗处，不宜采用补栽、移栽的方法求苗全，可采用一窝留双株的方法。

（3）**合理密植**　种植密度，应因地、因肥、因种而定，以品种类型和地力及水肥管理水平确定留苗密度，不可过稀，也不可过密。要保证玉米植株有良好的通风透光条件，满足玉米棒三叶对光照的要求。一般晚熟品种生育期长，植株高大，茎叶繁茂，可适当稀植，每亩控制在3000株以内。中熟品种可适当密植，每亩控制在4000株以内。早熟品种可比中熟品种的密度再大一些。地力较差的地块，水肥跟不上的可稀植，土壤肥力较高的，密度可适当大些。

种植方式最好采用宽窄行（宽行 80cm，窄行 40cm），这种模式田间通风透光性较好，光能利用率较高，有利于光合产物的形成，增加果穗营养，促进果穗分化，从而达到穗多、棒大、丰产的效果。

（4）增施肥料　玉米孕穗阶段是生长发育最旺盛的时期，此期养分供应充足，能减少空秆率，其施肥原则是：当叶龄指数达 30% 前即 5 叶展开时，普施有机肥，追施磷、钾肥；叶龄指数达 30%～35% 即 5～6 叶展开时，追肥数量占氮肥总量的 60%；叶龄指数达 60%～70%，即 12～13 片叶展开时，追施余下 40% 的氮肥。尤其是土壤肥力低的田块，实行测土配方施肥，重施基肥，追肥应前重后轻，有机肥和化肥相结合，氮、磷、钾配合，还应适当施微肥，每亩施硫酸锌 0.5～1kg。在天气干旱或出现缺肥症状时，应及时浇水，追施尿素、磷酸二铵等。

（5）合理灌水　苗期控制浇水，拔节后适时适量灌水等。玉米抽雄前 15 天左右对水敏感，此时若土壤含水量低于田间最大持水量的 80%，遇高温干旱天气应立即浇水，满足雌、雄穗对水分的需要，以促进果穗发育，缩短雄、雌花的间隔，利于正常授粉受精，降低空秆率。遇阴雨连绵天气要及时排涝，并进行人工授粉。

（6）加强玉米生育期内的管理　玉米苗期，加强管理，控大苗，促小苗，消灭三类苗，使玉米群体生长健壮、整齐。玉米生长前期（玉米苗 6～10 叶期）注意蹲苗，做好玉米生长前期化控处理，降低株高，提高玉米植株抗倒伏性。搞好中耕除草。

（7）及时防治病虫害　在玉米中后期要及时搞好大斑病、小斑病、纹枯病、玉米螟、蚜虫等病虫害的综合防治。

（8）人工去雄　生产上采用去雄技术能有效削弱其顶端优势，以减少雄穗对雌穗的抑制。去雄方法是：当雄穗露尖时，隔行或隔株将雄穗拔出，切忌损坏功能叶。授粉结束后，再将剩余的雄穗去掉。苞叶过长的可剪去顶端 3～7cm，使花丝早出，增加授粉机会。

（9）人工辅助授粉　在玉米吐丝期间，待晴天露水干后，用竹竿或拉绳震动雄花，每日 1 次，进行 2～3 次。

70. 空秆病害和劣质种子危害的区别有哪些？

空秆病害发生时病株一般较健壮，叶片、株型、株高和其他正常植株差异不大，只是没有雌穗或者雌穗很小，穗粒数也往往较少，在生育后期才表现出来。

玉米种子质量问题，如纯度不够，其中的自交苗因为没有杂交优势，从苗期开始发育迟缓，植株长势弱，株高低，植株瘦小，叶子较窄，结实后只是果穗、籽粒较小，但穗形、穗粒数一般没明显异常。

71. 如何防止玉米果穗秃尖？

玉米果穗顶部不结实称为秃尖或秃顶（彩图31），致使玉米穗粒数减少，造成减产。一旦发生，即已无法挽回，故应提前做好预防。

（1）选用优良品种　在购种时选择经审定的，适宜本地区的抗病、抗虫、适应性强、结实性好的品种。

（2）改良土壤，增强土壤保水保肥能力　提倡使用酵素菌沤制的堆肥和深耕、中耕技术，以改善土壤结构，促进玉米生长发育，增强玉米对不良环境的抵抗能力。

（3）合理密植　根据品种的生理特性，采取合理的种植密度。对于中等地力田，每亩应留苗在4000株左右，肥力较差田应适当减少株数，肥力较好田应适当增加株数。采用宽窄垄种植技术，以改善田间的通风透光条件。

（4）合理施肥用水　增施有机肥，平衡施用氮、磷、钾肥，防止田间缺磷与硼；防止旱、涝灾害，玉米拔节后水分供应要适时、适量，以促进雌、雄穗发育。

（5）重施攻穗肥　玉米追肥应本着前轻、中重、后补的原则。玉米长到15片叶左右时，可随浇水亩施尿素10kg或硝酸铵10～15kg。在玉米抽穗至灌浆期，每亩用磷酸二氢钾0.25kg和尿素0.5kg兑水40～50kg，于下午喷洒于叶面，结合进行根外施肥，可显著减少秃尖。

（6）隔行去雄　玉米雄穗出齐后，隔行或隔株拔去雄穗。注意去雄时不要伤到顶部叶片。

（7）人工辅助授粉　当遇到不良的气候条件而影响正常授粉时，要采用人工辅助授粉技术。人工授粉应在雄穗散粉末期进行，一般进行2～3次即可。时间应在上午9时露水干时至11时进行。

（8）剪短花丝　玉米雌花丝露出苞叶后，花粉自落丝上授粉，雌花授粉后，花丝即萎缩。但往往因花丝不齐，上部抽出较晚，有些花丝得不到花粉就继续生长，直到10～15cm长。由于花丝太长，互相遮盖，影响下面花丝授粉。因此，应将花丝剪短，只留 1.5～2cm，使花丝呈馒头状或马蹄状，前短后长。

（9）加强病虫害防治　抽雄前后要注意防治蚜虫。

（10）化学调控　在玉米大喇叭口期全株喷施 0.01mg/kg 芸苔素内酯，或者喷施磷酸二氢钾，均可显著降低玉米的秃尖度。

72. 如何防止玉米多穗现象的发生？

玉米从上数第 5 节至第 9 节，结穗现象多样，有的一株长出 2～3 个穗，有的达 5～6 个穗，严重的一个叶腋就长出两个穗或香蕉穗，还有的穗上长穗、多穗齐出。多穗现象（彩图 32），是指一株着生两个以上穗。玉米的多穗现象表现有：香蕉穗（彩图 33）、穗顶穗、次生穗等。多穗现象给玉米生产造成不同程度的损失。应采取以下预防措施。

（1）因地制宜地选择优良品种　首先选用国家审定并推荐种植的品种；其次，根据农业部门推荐的品种布局选种；最后，从正规种子经营店购买质量可靠的种子。

（2）加强水肥科学管理　玉米抽雄前后需水量最大，是对水分最敏感的时期，要求土壤含水量达田间最大持水量的 70%～80%，如果水分欠缺，应及时灌水、保墒。根据不同品种需肥特性、种植区域、方式、时期等，确定施肥种类及配比。

（3）适时播种，合理密植　地温稳定通过 12℃时作为适宜播种期；抢墒或坐水播种，做到一播全苗，抽雄散粉应错过高温多雨季节、合理密植有利于通风透光，提高光能利用率，促进个体充分发育，降低多穗的发生。

（4）加强田间管理　及时中耕除草，保持土壤疏松，发现多穗及时掰掉，保留一个果穗，避免消耗养分，保证目标果穗养分的供应及积累。对抽丝偏晚的品种或植株进行人工辅助授粉。

73. 如何防止玉米缺粒？

空秆缺粒（彩图 34）是玉米生产中常见的现象，空秆率的高低直接影响玉米产量的高低。还有就是玉米秃尖缺粒。夏玉米抽穗开花期是管理的关键时期，管理好将为玉米的授粉结实创造良好的环境条件，可大大增加产量，一般可采取以下管理措施，有事半功倍的效果。

（1）种植优良品种　不同品种对外界环境的适应能力及对不良环境的抵抗能力不同，当不良的外界环境条件超过了品种的适应范围时，就易发生秃尖缺粒。根据当地的气候特点及栽培条件，选择和种植抗病、抗虫性和适应性强的品种。

（2）合理密植　种植密度要适当，过密影响正常授粉。要根据品种特性、生理特性、地力水平和栽培方式，因地制宜地确定密度，以创造良好的通风透光条件，满足中上部叶片对光的要求，促进雌、雄穗的发育，减少秃尖的发生。

（3）合理施肥用水　要抓好水肥管理，保证玉米有充足的水分和养分，特别是开花灌浆期不能缺水、缺肥。增施有机肥，合理配合施用氮、磷、钾，尤其应防止田间缺少磷肥与硼肥；在水分供应上，要防止旱害和涝害，玉米拔节后生殖器官发育旺盛，水分供应要适时、适量，以促进雌、雄穗的发育；平衡施肥，后期可喷施 0.5% 的磷酸二氢钾，1% 的尿素溶液进行根外追肥。

（4）人工去雄，拔掉弱株　田间通风透光不良，光照不足，植株光合作用减弱，有机质合成减少，影响玉米雌、雄穗的发育，而人工去雄及拔除弱株则能够改善田间的通风透光条件，减少籽粒败育。

玉米隔行去雄是一项简便易行的措施，隔行去雄就是在玉米雄穗刚露出顶叶还未散粉的时候，隔一行或隔一株拔去一行或一株雄穗，使养分集中给果穗，避免雄穗空耗养分，可增加粒重，一般可增产 6%～10%。

（5）人工辅助授粉　玉米散粉时若阴雨连绵，影响正常开花授粉；授粉时若天气无风则授粉不良。对发育晚的果穗或当遇到不良气候条件影响正常授粉时，要采用人工辅助授粉。

（6）摘除无效果穗　杂交玉米品种多数是单果穗品种，除植株上部果穗外，第二、第三果穗发育迟，吐丝较晚，不能受精结实，是无效果穗，需消耗大量的养分，可以除去。

（7）剪短花丝　玉米雌花露出苞叶后，花粉落到花丝上而授粉，雌花受精后，花丝即萎缩。但往往由于花丝抽出时间不同，上部抽出较晚，有些花丝得不到花粉就继续生长，一直长到 10～15cm 长。由于花丝太长，互相遮盖，不利于下面花丝授粉。因此，剪去雌穗顶端高出玉米轴 1cm 的部位，用剪刀将苞叶边同花丝一起剪掉，隔 2～3

天后再剪第二次。剪后胚轴受精的花丝不再伸长，而中间没有受精的花丝继续生长，从而得到受精的机会，实现多结实而减少秃尖的目的。

（8）运用生长调节剂　在玉米 6～11 片叶时，使用 30％胺鲜·乙烯利水剂（玉黄金）、乙烯利·矮壮素（金得乐）、玉米矮丰等植物生长调节剂，壮根保叶，促进玉米的生殖生长，促进抽穗，增强授粉，避免秃尖。

（9）加强栽培管理　对弱苗要加强管理，促使果穗发育整齐，抽丝一致。加强中耕、除草、培土，尤其是拔节后培土，可增强土壤的透气性，促进玉米根系发育。及时防治病虫害。

74. 怎样对玉米去雄促进增产？

玉米隔行去雄能增产，但必须要掌握好以下几项关键技术。

（1）去雄时期　当玉米雄穗刚露头尚未开花散粉时去雄最合适，其效果亦最佳。此时植株尚矮，雄穗脆嫩，极易拔出。若去雄过晚，容易拔掉叶片和折断茎秆。去雄选择晴天为宜，一般以上午 10 时至下午 4 时较好。因为这段时间温度较高，伤口易愈合。

（2）去雄方法　玉米可采取隔行或隔株去雄的方法，直播玉米可隔 1 行去 1 行，亦可隔 1 行去 2 行，要在 1～2 天内把露出的雄穗全部拔掉。去雄时，用左手握住植株上部，将植株稍稍弯下，右手握住天花，用力向上一提即可拔出，注意不要伤顶叶。另外，去雄时要注意拔除劣株、弱株和虫株上的雄穗，以集中养分供给雌穗，减少空秆，提高粒重。

（3）去雄数量　去雄时对植株生育良好，田间整齐度高，虫害较少的麦套夏玉米，去雄数量可占全田的 35％～40％；而夏直播玉米，去雄数量一般占全田的 45％～50％较为适宜。

（4）去雄勿带叶片　去雄时千万不要把最上部的叶片弄伤，更不能去掉。因为玉米植株顶部叶片对籽粒灌浆和经济产量的形成，作用甚大。试验表明，去雄一般可使玉米增产 6.83％～10.35％，而去雄带去 1 片叶则会减产 2.37％～2.79％；带去 2 片叶减产 4.49％～6.14％，带去 3 片叶减产 10.28％～12.45％。因此，去雄时一定要掌握好不带掉顶部叶片，才能达到增产的目的。

（5）注意事项

① 去雄要及时、应分次进行　玉米去雄一定要抓住雄穗刚抽出

1/3时开始，即用手能握住或用手剥开两片苞叶露出雄穗时将其拔掉。过早过晚都不好。过早拔不出雄穗，还会带叶，过晚如已散粉则失去作用。同时，由于玉米雄穗抽出时间不整齐不集中，一般抽第一次雄穗后，相隔2～3天再抽一次，以连抽3～4次为宜，如个别弱小株可扒开旗叶将其抽出。另外要注意选晴天，一般以上午10时～下午4时为宜，以利于伤口快速愈合。

②去雄量要视地块、品种灵活掌握　山丘地、低洼地、稀植地块、品种雄穗小的可少去或不去。同时还应将病虫弱株去掉，多留健壮株，地头地边不去，中间多去，零星地块少去或不去。耐密品种、高产地块多去。玉米、大豆间套，以大豆为主的田块、迎风口玉米地、独块玉米地的边缘3～4行的玉米植株不要去雄或少去雄，以保证正常授粉。

③去雄比例要适当　玉米雄穗花粉量大，每个雄穗可至少满足3～5株雌穗授粉需求。一个雌穗有1000多粒有效花粉就足够了。所以不必担心去雄后授粉有困难。因为玉米雌穗花丝抽出苞叶后任何部位都可授粉。授粉能力可保持10～15天，即花丝在没有授粉前一直保持鲜艳状态，一旦授粉就停止伸长开始萎蔫。因此，去雄比例一般不超过一半。连阴天和长期干旱或高温静风天可掌握少去，最多去1/3，如遇正常天气和高产耐密品种可去掉2/3。

🌱 75. 玉米生长后期可以削叶打顶吗？

目前，个别地区农民有在玉米生长后期削叶打顶的习惯，他们片面地认为玉米果穗已经长成，削去果穗顶部叶片或者打去老叶，不但不影响果穗大小，而且还可以促进玉米早熟，减少养分竞争。殊不知，尽管生长后期玉米果穗已经形成，但是籽粒仍在灌浆，籽粒的大小、轻重还未确定，削叶打顶减少了叶面积，易引起玉米大幅度减产。据研究，乳熟期去掉雌穗以上五六个叶片，减产幅度可达30％～35％，蜡熟期打顶也会减产15％以上。因为叶片是玉米进行光合作用的主要器官，玉米生长后期根系老化，上部叶片生活力旺盛，灌浆过程主要依靠茎叶制造和输送养分，去掉上部叶片，会严重影响千粒重和产量。

第四节 玉米收获期管理

76. 玉米穗发芽是什么原因引起的，怎样防止？

玉米穗发芽（彩图35）是指玉米在成熟期遇阴雨或在潮湿条件下，种子在母体果穗或花序上发芽的现象，玉米制种田较常见，收获后晾晒不及时也常出现穗发芽。

（1）发生原因 休眠期短的玉米品种，遇到秋雨多的年份，雨水渗入苞叶，持续时间较长，易出现穗发芽。收获后遇连阴雨不能及时晾晒、堆入过厚又不及时翻动，放在通风条件差的地方均可发生穗发芽。甜玉米种子脱水慢，如果收获时含水量高，易产生穗发芽。最近的研究表明，脱落酸在植物穗发芽中起重要作用，种子中的赤霉素/脱落酸比例变化是造成穗发芽的重要原因。

（2）防止措施 选用休眠期长和生育期适宜的品种；建造合理群体、控制氮肥施用量、进行科学灌水、防止倒伏、降低穗部水分；对休眠期短的玉米品种适时收获、及时晾晒，降低温度，减轻危害，也可进行人工干燥种子；采用药剂防治，多效唑具有抑制内源赤霉素合成而延缓作物生长的功用；采取晚收、站秆扒皮等降低收获期籽粒水分的措施。

77. 影响玉米高产的常见误区有哪些，如何避免？

许多人将玉米不高产归结为天气、品种、肥料等客观因素，其实也有主观的原因。

（1）单粒播种的误区

① 把购买的普通种子当作单粒播种使用，用簸箕簸一下，挑出小粒就作单粒播种的种子；②随意设置株行距，对密度没有概念，总认为密比稀好；③有很多机手改造播种机，随意调整行距的结构，本应按 50cm 行距播种，株距定到了 17～18cm；④种、肥不错行；⑤浇"蒙头水"进行大水漫灌；⑥认为播种越深越好。

单粒播种技术的成功不是单一环节的简单改进，而是一个系统的新技术：种子纯度要高，不能低于 98％；发芽率、发芽势要高，不能低于 95％。单粒播种最大的成功就是实现了科学的种植密度，一个品种只有在合理密度下才能高产，密度大了小了都不能高产。密度大了会造成倒伏、空秆、感病等问题，造成不同程度的减产。过稀了也会减产，但不会出现倒伏、空秆的问题。播种保苗是关键，不恰当的播种方法会造成缺苗断垄进而影响密度、影响产量。种子和化肥不错行施入易造成化肥烧种、闷种、烂种，是造成缺苗的主要因素，化肥使用量大的更严重。没有灌溉条件的地块必须进行深播，以降低干旱对出苗的影响；能随时浇水的地块应浅播，播种深度不能超过5cm，3cm最佳。

（2）除草剂使用的误区

① 不区分玉米除草剂的类别和使用时期，乱喷乱用；②除草剂与有机磷农药和微肥混；③不按说明用量，随意增加药量；④贪图便宜买淘汰类型的除草剂；⑤机动喷雾器喷施不均匀；⑥药没用完再喷一下。

每年都会有因农户除草剂使用不当造成玉米减产的现象。玉米除草可分为三个时期，每个时期使用的除草剂种类不同，不得乱用。

苗前除草剂，俗称封地除草剂，种类有甲草胺、乙草胺、丁草胺、乙·莠水、莠去津。苗前除草的地块应注意以下方面：一是土壤湿度要较大。在玉米播种以后，雨后或浇地后喷施，如土壤干旱或长出小草以后，基本上是不能用的。二是当麦茬较高、田间麦草覆盖地面时，这一类除草剂最好不用，因为喷不到地面形不成药土层，就不能杀死顶土发芽的杂草。三是封地除草剂用药时间最早，药效期一过，杂草很快就会长起来，需要补喷其他的除草剂，浪费人力物力。四是封地除草剂易使玉米叶片发黄，尤其是高温时用药，容易伤根。鉴于以上问题，现在苗前除草逐渐被苗后除草代替。

苗后茎叶除草，是在出苗后2～5叶前使用，主要消灭小草。此时使用的除草剂一般以砜嘧磺隆、烟嘧磺隆成分为主，复合制剂主要是添加了莠去津（阿特拉津）。一般在施药后7天左右杂草变黄，20天左右杂草枯萎死亡。在玉米苗后2～5叶期可全田喷雾，除草效果好，安全性高。也有个别品种对该类除草剂敏感，植株叶片会发黄，但1个月左右可恢复，不影响产量。甜玉米、制种田、糯玉米、登海部分品种易产生药害，应慎用。特别提醒：全田喷雾的玉米应在5片叶以内进行，且施药的前后7天不要使用有机磷农药，否则应定向喷雾。玉米到了6～9叶期是对除草剂最敏感时期，此期施用会带来药害。过了9叶可以考虑行间低剂量定向喷雾防治草害。

玉米生长的中后期。千万不要使用草甘膦类，这是一种灭生型内吸性除草剂，主要是针对多年生杂草，多用于果园、沟渠、道边防除杂草，也可在农作物播种后、出苗前使用。

（3）化肥使用的误区 尿素施用需注意：不要与碳酸氢铵混用，会造成尿素转化慢进而挥发和流失；不要地表撒施，大部分氮素在尿素转化为氨的过程中被挥发掉，利用率只有30%；不要作种肥，尿素含有的少量缩二脲会对种子和幼苗产生毒害，影响种子发芽和幼苗生长；使用尿素后不要马上浇水，尿素的转化需2～10天才能完成，马上浇水会因尿素溶于水而随水流失。另外，要重视玉米攻粒肥的使用。玉米抽雄后很多时候土壤的养分已经满足不了后期生长发育的需要，要想获得优质丰产，必须酌施一些速效氮肥，防治玉米早衰，促进玉米灌浆和籽粒饱满，提高千粒重。

不能过度施肥。施肥过多会造成化肥残留而土壤板结。如果有条件，可以增施有机肥、农家肥，适当喷施锌肥等叶面肥对玉米增产效果明显。现在，市场上有很多种类的控释肥（缓控释肥），控释肥具有控制肥料中氮肥释放时间的成分，所含氮素会根据不同玉米生长阶段缓慢释放，具有一次施肥、一季有效的特点。

（4）片面相信叶面肥效果 叶面肥种类很多，分为四类：一是营养型叶面肥，如尿素、磷酸二氢钾等；二是调节型叶面肥，为激素或生长素如芸苔素内酯、赤霉酸、多效唑等；三是生物型叶面肥，成分为氨基酸、固氮菌、腐植酸等；四是复合型叶面肥，是以上类型的各种组合。叶面肥在玉米根部提供营养不足的情况下可以有效缓解缺素症状，能够改善玉米生长状况，提高产量。但应在保证土壤科学施肥的基础上合理使用，避免本末倒置。

叶面施肥应注意以下问题：掌握玉米叶面肥的适宜种类；掌握适宜的浓度，不得过浓；掌握所选择施肥部位的喷施方法和时期，一般应在大喇叭口期叶面喷施，避免高温的午前午后喷施，以达到理想的效果。

（5）浇水的误区 不要不管什么时期，遇旱有水就浇、有肥就上。一般拔节期前不宜浇水，过度干旱时例外。如果孕穗期和灌浆期遇旱，就要尽快浇水，因为孕穗期和灌浆期是玉米需水的关键时期，此期干旱对玉米生长的影响最大。

（6）收获时间的误区　玉米从授粉到完熟需要 52 天左右，果穗白皮时刚刚完成乳熟阶段，蜡熟阶段需要 10 天左右，此阶段是玉米千粒重形成的关键时期，对玉米的品质也有重要影响。完熟的特征是籽粒底部形成黑胚层，此期玉米淀粉转化已经完成，籽粒饱满，千粒重最重，产量最高。对比试验显示，晚收 10 天能增产 10%以上。

78. 如何防止玉米贪青晚熟？

　　玉米贪青晚熟，是指由于播种过晚、苗期发育延迟、营养失调、碳/氮比值过小等原因影响了玉米的生长发育周期，营养生长过旺，生殖生长延迟，造成植株茎叶徒长，穗分化延长，抽穗推迟，生殖生长延后的现象。贪青晚熟的玉米一般叶色浓绿、成熟延迟，植株病虫害和倒伏严重发生，产量降低。另外，跨区引种、盲目引种，使用晚熟品种，也会造成正常年份玉米不能正常成熟，在非正常年份玉米减产甚至绝产，品质下降。防止玉米贪青晚熟主要在于加强管理。

　　（1）选生育期适宜的品种　严格按照当地积温情况，适区选种。在选好品种后，选择与品种相适应的种植技术。

　　（2）促进早期发育　使用少量氮素和磷肥作种肥，播后深松，及时间苗、定苗，并在拔节前定苗后进行追肥，促进幼苗发育。玉米的苗期深松一般在幼苗长到 2～3 叶时进行。苗期深松可明显提高地温，有利于土壤微生物的活动，促进土壤养分的分解和转化，促进根系的生长和吸收，为玉米的生长发育和优质高产打下良好的基础。

　　（3）除去空秆和小株　在玉米田内总有一定数量的空秆和小株，它们不仅白白消耗养分和水分，而且还影响通风透光性，对这样的空秆和小株，一旦发现应该立即割掉。

　　（4）人工去雄，剪苞叶，辅助授粉，除掉无效果穗　在保证充足授粉的前提下，采用去雄技术能有效削弱顶端优势，调整养分的合理分配。去雄最适宜的时期是雄穗刚抽出，手能握住时，授粉结束后余下的雄穗全部去掉。在雌穗形成后抽丝前，剪掉顶端苞叶，可促雌穗早抽丝 2～3 天，使雌穗授粉结实提早 2 天。盛花期用绳拉法、摇株法人工授粉，每隔 2～3 天进行一次，连续进行 2～3 次，可增加授粉率。一般玉米品种第一果穗下面的果穗发育晚，抽丝时雄穗花粉已经大部分散粉完毕，不能完全授粉，成为无效果穗。生产上要掌握这个特性把它及时除掉，可以减少养分消耗，促进第一个果穗籽粒饱满，早熟高产。

（5）放垄锄草，巧施"攻粒肥"　在玉米灌浆后期，放垄锄草，可疏松表土，中耕断根，促进土壤通气增温，割断玉米部分根系，在不影响供应玉米生长所需的营养条件下，促进早熟。非特殊干旱一般不浇水，避免玉米贪青晚熟。施肥掌握早施、少施的原则，一般不晚于吐丝期，粒肥施肥量不超过总追肥量的 10%。如果土壤肥沃，穗期追肥较多，玉米长势好，无脱肥现象，则不必再施攻粒肥，以防贪青晚熟。

（6）打掉底叶，站秆扒皮晾晒　玉米发育后期底部叶片老化枯萎，已失去功能叶作用，要及时打掉，增加田间通风透光性，减轻病虫害发生，减少水分和养分的消耗。玉米蜡熟后，站秆扒皮晾晒 15～20 天，玉米可降水 14%～18%，早熟 3～5 天。但是扒皮晾晒必须在蜡熟末期进行，太早了要减产，太晚了温度太低降水效果不明显。蜡熟末期的标志是籽粒变硬，手指划之有痕但不破，俗称黄盖。

（7）及时防治病虫害　发现病虫要及时防治，减少损失。

（8）码垛"上楼"降水，适时脱粒　在北方春玉米区，晚熟玉米收获后籽粒水分含量经常偏高，尤其是遇上早霜年份。这样的玉米如果在院子里露天大堆存放是不可能降水分的。应当将果穗码成长条形垛或存放在离开地面的"苞米楼"里，自然通风降水。此外，不要"赶冻"将水分高的玉米直接脱粒，这样会形成较多的破碎粒和杂质，降低粮食的等级。必须待水分降至 25% 以下时才能脱粒，脱完后应进行清选，提高净度和容重。

79. 如何进行玉米促熟?

玉米由于未能适时播种或在生育前期遭受旱、涝等自然灾害，影响植株生长发育，使成熟期推迟，为了适时收获，可采取促熟法，缩短其生长期，达到提早或适时收获的目的。促熟方法多种，可根据具体情况选用。

（1）玉米抽穗时喷乙烯利　每亩用 40% 乙烯利水剂 125g 兑水

10kg 进行喷施，可使株高降低，秃顶减少，对促早熟有一定作用。

（2）去无效穗　适合单穗品种，上部第一果穗发育快，吐丝早，易受精结实，而下部发育迟，吐丝晚，不易受精结实，应除去。

（3）合理追肥　在玉米吐丝期，每亩用硝酸铵 10kg 开沟追施，或者用 0.2%～0.3% 的磷酸二氢钾溶液（或 3% 过磷酸钙浸出液）叶面喷施。如果吐丝期已经推迟，可通过隔行去雄，减少养分消耗，提高叶温，加快生育进程，一般可使吐丝期提早 2～3 天。

（4）剥皮晒棒　在玉米灌浆后期，籽粒达到正常大小时，将苞叶剥开，使籽粒外露，促其脱水干燥。这样，一般可比正常熟期提前 4～5 天，比在同一时间直接收获增产 6%～15%。

（5）整株晾晒　如小麦播期已到，但玉米仍未充分成熟，可将玉米连秆砍下，码在田边或其他空闲处（注意不要堆大堆），待叶片枯干后再掰下果穗干燥脱粒，一般可使千粒重提高 20% 左右。

另外，在玉米灌浆期，用锄（或犁）在垄的两侧锄（或犁）一遍；或者在玉米乳熟期，用石油助长剂 500 倍液进行叶面喷施，也有促熟效果。

🌱 80. 为什么玉米要适期晚收？

玉米晚收增产技术是在不影响小麦适时播种的前提下，充分延长玉米灌浆时间，增加粒重，提高玉米产量，改善玉米品质。该项技术的核心是改变苞叶变黄就开始收获的习惯，严格把握玉米完全成熟的标志：籽粒变硬，籽粒灌浆线下移到籽粒的基部并完全消失，籽粒基部黑色层形成，籽粒呈现品种固有的颜色和特征，果穗苞叶变干、蓬松，呈白色。

（1）延长籽粒灌浆时间　玉米收获过早会导致生育期不足而减产。而生育期不足减产的首要原因是缩短了玉米的灌浆时间，降低了粒重。晚播或早收对玉米开花期以前的生长时间影响很小，主要是减少了籽粒灌浆的时间，而玉米绝大部分的籽粒产量又是在灌浆期间形成。如果将玉米的一生分为开花前和开花后两大阶段，开花前叶片的光合产物只是为后期的籽粒生产奠定基础，很少能够直接用于籽粒生产。从开花到成熟的时间虽短，但对产量形成却十分重要，因为到开花期营养器官的生长已经停止，玉米完全转入生殖生长阶段。此期叶片光合产物大部分输送到籽粒中去形成产量，灌浆期间不但干物质生产的数量大，而且主要用于籽粒建成。玉米 80％～90％ 的籽粒产量来自灌浆期间的光合产物，只有 10％～20％ 是开花前贮藏在茎、叶鞘等器官内，到灌浆期再转运到籽粒中来的。因此，灌浆期越长，灌浆强度越大，玉米产量就越高。

（2）粒重最大，产量最高　收获偏早，成熟度差，粒重小，产量低。有些地方有早收的习惯，常有果穗苞叶刚变白时就收获，此时正处于蜡熟期，千粒重仅为完熟期的 90％ 左右，一般减产 10％ 左右。当前生产上应用的玉米品种有些有"假熟"现象，即玉米苞叶提早变白而籽粒尚未停止灌浆。这些品种往往被提前收获，如有的品种在授粉后 40～45 天，即乳线下移到 1/2 至 3/4 时已经收获，比完全生理成熟要早 8～10 天，这样一般要减产 10％ 以上。推迟玉米收获期，采用玉米晚收技术，自蜡熟开始至完熟期，每晚收 1 天，千粒重增加 1～3g，每亩增加产量 5～7.5kg。推迟玉米收获期简便易行，不增加农业成本，只通过延长玉米生长期，相应推迟玉米收获期，就可以大幅度提高产量，是玉米增产增效的一项行之有效的技术措施。

（3）增加蛋白质、氨基酸含量，提高玉米商品质量　玉米适当晚收不仅能增加籽粒中淀粉含量，其他营养物质也随之增加。玉米籽粒营养品质主要取决于蛋白质及氨基酸的含量。籽粒营养物质的积累是一个连续过程，随着籽粒的充实增重，蛋白质及氨基酸等营养物质也逐渐积累，至完熟期达最大值。

（4）籽粒饱满充实　籽粒比较均匀，小粒、秕粒明显减少，籽粒含水量比较低，便于脱粒和贮放，玉米商品价值高。目前，不少地方为了早腾茬播种小麦，有的在乳熟期就采收，乳熟期到完熟期一般还有 10～15 天的时间，乳熟期过早收获，这时植株中的大量营养物质正向籽粒中输送积累，籽粒中尚含有 45％～70％ 的水分，此时收获的玉米晾晒会费工费时，晒干后千粒重大大降低，据试验，乳熟期收获一般可减产 20％～30％，而且品质明显下降。

玉米是否进入完全成熟期，可从其外观特征上看：植株的中、下部叶片变黄，基部叶片干枯，果穗包叶成黄白色而松散，籽粒变硬，并呈现出品种固有的色泽。完熟期后若不收获，玉米茎秆的支撑力降低，植株易倒伏，倒伏后果穗接触地面引起霉变，而且也易遭受鸟虫危害，使产量和质量遭受不应有的损失。

81. 为什么把籽粒乳线消失作为玉米适期收获的标准？

研究表明，籽粒成熟的标准与籽粒灌浆线有关，即籽粒乳线。这条乳线是在籽粒灌浆过程中形成的，它的出现、下移、消失有一个渐进过程。当籽粒灌浆形成淀粉后，首先集中在籽粒顶部，顶部淀粉积累到一定程度变黄色，与其下部未变色淀粉的白色乳浆形成一条界面线，即黄白交界线，亦即乳线。

玉米花丝授粉后 12～13 天为籽粒形成阶段，有少量的有机物质进入籽粒中，千粒重为 0.6～1.0g；当授粉 28～30 天后，籽粒灌浆达到高峰，这时籽粒乳线明显出现在籽粒中上部，称为乳线形成期，其籽粒含水量下降到 50%～55%，粒重为最大值的 65% 左右；当玉米授粉 40 天后，乳线下移至籽粒中部，此期为乳线中期，籽粒含水量下降到 40%，粒重为最大值的 90%，进入了蜡熟期，此期是农民习惯收获期；授粉 50～55 天后，籽粒乳线消失，籽粒含水量为26%～32%，粒重达到最大值，称为完熟期，即适宜收获期。研究表明，玉米籽粒乳线消失期收获比农民习惯收获期收获（授粉后40 天左右）亩增 67.9kg，增产 12.8%，籽粒蛋白质和脂肪等均有所增加。

82. 玉米收获后遇到连阴雨天怎么办？

每年秋收很多地区开始阴雨连连，玉米来不及晒就可能会发霉，这会给销售带来难度。所以防止玉米发霉是重中之重。

（1）未脱粒：均匀摊开

① 散户　可以选择把玉米棒摊在房间内，不管是哪个房间，能摊的地方都摊上，注意不要堆积，均匀平摊，同时注意房间内的通风。可以垒成一排排放好，这样做可以节省面积，不过，不能垒在角落里或者风吹不到的地方，类似过道（四面通风）的位置比较好。可以使用编玉米的老办法，以前大家都会把收回家的玉米，编起来，挂在屋梁下或者是专门做的木桩上，如果家里有这些条件的，还可以继续用。

② 大户　大户一般都会有仓库，可以在仓库内存放，做法和散户差不多，均匀摊开，保证仓库内通风良好。电风扇不停地吹，可以

使用工业用的大风扇，然后勤翻动，吹另一面。以上是玉米未脱粒的情况。

（2）脱粒后：勤翻动多通风

① 散户　主要就是在屋内摊开晾干，不要直接摊在地上，可以垫上塑料布或者是其他用具，同时也可以用电风扇进行吹风，并且勤翻动，如果屋里面积小，收获的玉米粒放不下的话，分开摊开吹风，比如隔 2 小时更换一批。

② 大户　大户也和上面的操作方法一样，均匀摊开，勤翻动，注意通风，若有条件，可用烘干机烘干，烘干后的玉米粒，可以直接装袋储存。

（3）储存注意事项

① 除杂　除杂工作要做好，特别是已脱粒的情况，如果玉米含有的杂质比较多，发生虫害和霉变的概率要增大，本来就处于雨天，所以更应该保证玉米的清洁。

② 虫害　出现虫害是很正常的情况，特别是一些黏虫、玉米螟等，在脱粒时进入到玉米堆里面，不及时防治，繁殖很快，影响品质。

③ 发霉　如果有些玉米已出现发霉症状，建议单独取出来存放，不要和好的玉米继续放到一起，及时通风吹干。

④ 千万不要用塑料布密闭封盖　有些农民遇到下雨天，喜欢把玉米堆一块，然后用塑料布密闭，这种做法是很危险的，因为里面不通风，短时间内温度聚积，很快就发霉，如果非要用到塑料布的话，首先要勤掀开通风，可以趁着雨停的间隙进行，其次，注意翻动，不要堆一块儿不管它，保证塑料袋上不要有积水，一旦雨停后，及时掀开通风。

从以上内容，可以看出，应遵循两点，干燥和通风。如果把这两点做好了，玉米基本就不会出现发霉的情况。

83. 普通玉米收获后应怎样进行籽粒的管理？

（1）脱粒　北方玉米收获时气温已比较低，致使刚收获的玉米籽粒含水量较大，一般在 20%～35% 之间。加之同一果穗顶部和基部授粉时间不同，导致玉米籽粒的成熟度不同，脱粒时很容易产生破碎籽粒，故脱粒前要先将玉米果穗晾晒或风干，使籽粒含水量降低到

20%以下。当前一些农户采用通风穗藏的方法，经过冬天的自然风干，来年春天玉米含水量降至14%以下时再脱粒，这样能够提高脱粒和贮藏的质量。

目前农村脱粒机械仍以小型脱粒机为主，手工脱粒的也不少。大型农场或规模经营单位多以大型脱粒机为主。小型玉米脱粒机有手摇、脚踏等多种机具，其结构简单、成本低、使用方便，但效率较低，每小时脱粒20～30kg。大型脱粒机功率大、效率高，每小时脱粒2500～3500kg，脱下的籽粒经过风选，可清除杂质、纯净籽粒。

用谷物脱粒机时，脱粒机必须内外清洁，保证籽粒脱净，未脱净籽粒率应在1%以下。籽粒破损要少，尤其作为种子的籽粒不得有破碎和压扁等损伤，破碎率不得超过2%，脱出的籽粒穗轴应干净，脱出的籽粒按等级分别堆积和装袋。

（2）籽粒晾晒（彩图36） 收获后要迅速降低籽粒含水量，防止发热、霉烂。当前生产上主要利用太阳能晾晒籽粒。晾晒场地应坚硬平坦、阳光充足、通风良好，如水泥场地、平房房顶等。籽粒摊放厚度以3～5cm为宜。要注意翻动粮层加速干燥，籽粒含水量达到安全水分限度时，用扬场机或以人工扬法清除籽粒中的杂质，操作过程中严防籽粒机械混杂。

（3）贮藏 贮藏的要求是保持应有的颜色、气味和其他性质，不得有虫蛀、鼠咬、发霉、腐烂等情况发生。贮藏的条件是，贮藏库应经常保持干净、干燥，并应有通风设备，种子入库前用药剂消毒；要经过筛选，去掉夹杂物质，含水量低于14%；种子入库时按品种等级分别贮藏，不得混堆混放；贮藏过程中经常进行检查，定期测定种子含水量和温度变化，并根据天气情况，调节库内温、湿度，一发现过热或发霉现象应立即晾晒或倒垛；要有防火、防腐、防鼠设施。

第五节　玉米用肥技术疑难解析

84. 高产玉米如何确定施肥量？

（1）确定目标产量 目标产量就是当年种植玉米要定多少产量，它是由耕地的土壤肥力来确定的。另外，也可以根据地块前三年玉米的平均产量，再提高 10%～15% 作为玉米的目标产量。例如：某地块为较高肥力土壤，当年计划玉米产量达到 600kg，玉米整个生育期所需要的氮、磷、钾养分量分别为 15kg、7.2kg 和 12kg。

（2）计算土壤养分供应量 测定土壤中含有多少速效养分，然后计算出 1 亩地中含有多少养分。1 亩地表土按 20cm 计算，共有 15 万千克土，如果土壤碱解氮的测定值为 120mg/kg，有效磷含量测定值为 40mg/kg，速效钾含量测定值为 90mg/kg，则 1 亩地土壤有效碱解氮的总量为：$150000kg \times 120mg/kg \times 10^{-6} = 18kg$，有效磷总量为 6kg，速效钾总量为 13.5kg。由于土壤多种因素影响土壤养分的有效性，土壤中所有的有效养分并不能全部被玉米吸收利用，需要乘以一个土壤养分校正系数。一般碱解氮的校正系数在 0.3～0.7 之间，有效磷校正系数在 0.4～0.5 之间，速效钾的校正系数在 0.5～0.85 之间。氮、磷、钾化肥利用率为：氮 30%～35%、磷 10%～20%、钾 40%～50%。

（3）确定玉米施肥量 根据玉米全生育期所需要的养分量和土壤养分供应量及肥料利用率就可以直接计算玉米的施肥量。再把纯养分量转换成肥料的实物量，就可以用来指导施肥。根据上述计算，亩产 600kg 玉米，所需纯氮量为 $(15-18 \times 0.6)/0.3 = 14kg$。磷肥量为 $(7.2-6 \times 0.5)/0.2 = 21kg$，考虑到磷肥后效，可以减半施用，即施 10kg。钾肥用量为 $(12-13.5 \times 0.6)/0.5 = 7.8kg$。若施用磷酸二铵、尿素和氯化钾，则每亩应施磷酸二铵 20～22kg，尿素 22～25kg，氯化钾 14kg。

（4）微肥的利用 玉米对锌非常敏感，如果土壤中有效锌少于 0.5～1.0mg/kg，就需要施用锌肥。土壤中锌的有效性在酸性条件下比碱性条件要高，所以现在碱性和石灰性土壤中容易缺锌。长期施磷肥的地区，由于磷与锌的拮抗作用，易诱发缺锌，应给予补充。常用锌肥有硫酸锌和氯化锌，亩施用量 0.5～2.5kg，拌种 4～5g/kg，浸种浓度 0.02%～0.05%。如果复混肥中含有一定量的锌就不必单独施锌肥了。

85. 怎样施好玉米基肥？

播种前结合整地施入的肥料叫基肥，也叫底肥。基肥的施用方法，有撒施、条施和穴施。一般条施、穴施效果较好。基肥主要以农家肥和化肥为主。

（1）撒施 在基肥数量较多，深耕的情况下，将基肥撒施在土壤表层，然后结合深翻将基肥埋入耕层中。施肥深度应根据土壤、肥料、气候和农业技术等因素而定。如有条件采用全层施肥或分层施肥，能更好地适应不同时期根系的吸收，使基肥的增产效果更为明显。

（2）条施或穴施 在基肥数量较少的情况下，特别是配合使用化肥作基肥的，应采用集中条施或穴施，把粪肥施在垄沟内。这种施肥方法能使肥料靠近玉米根系，利于玉米的吸收。农谚有"施肥一大片，不如一条线"。

一般情况下，有机肥 2000～3000kg、全部磷肥、氮肥的 1/3、全部的钾肥作基肥或种肥，可结合犁地起垄一次施入播种沟内，使肥料施到 10～15cm 的耕层中。所有的化肥都可作基肥。

（3）注意事项 春玉米施基肥最好在头一年结合秋耕施用，在春季播种前松土时可再施一部分。施用基肥时，应使其与土壤均匀混合，用量较少时也可作为种肥集中沟施或穴施。

夏玉米基肥可在前茬作物收获后结合耕翻施入。秸秆还田和有机肥料作基肥能够提高土壤生产能力，确保玉米持续高产，充分发挥肥料增产效益。

对于冬小麦-夏玉米两熟区，小麦收获后，麦秸秆耕翻还田或高留茬，都可以作为基肥。对土壤肥力较低的土壤，秸秆还田时应配施少量氮肥，以调节碳氮比，加速秸秆腐解。

有机肥料作基肥，一般翻埋深度应在 10cm 以下，以有利于保肥和作物吸收。

当鲜食基地连年连作，而且每年的秸秆都用于青贮饲料的情况下，每亩钾肥的施用量要比同地区其他秸秆利用形式的钾肥施用量要加大。一般要多施硫酸钾 2～4kg。理由是植株内的钾在后期（完熟期）有从植株体流回大地的习惯，青贮用秸秆正处于生殖期，体内蓄钾是高峰期，秸秆被割倒运走后，体内钾也随植株离开了"出生地"，使得土壤中的含钾量有所下降。

🌱 86. 怎样施好玉米种肥？

在播种时施在种子附近或随种子同时施下去的肥料叫种肥，也叫口肥。玉米施用种肥一般可增产 10% 左右，特别是在基肥施用不足的情况下，种肥的增产作用更大。

（1）适宜作玉米种肥的肥料类型　玉米对种肥要求比较严格，首先要求酸碱度适中，对种子无烧伤、腐蚀作用，不影响种子发芽出苗；其次是肥效快，容易被幼苗吸收。

硫酸铵、硝酸铵等都可以用作种肥，一般每亩以 $5\sim7.5kg$ 为宜；尿素中的缩二脲容易烧伤种子，用量要少些，最多不能超过每亩 $4kg$。磷、钾肥多数用作基肥施用，不再用作种肥，如果基肥用量不足或没有施用，可选用优质过磷酸钙、钙镁磷肥、重过磷酸钙等磷肥和硫酸钾、草木灰等钾肥作种肥。但要注意某些过磷酸钙质量低劣，其中游离酸含量超过 5%，不宜作为种肥施用。

氮、磷、钾复合肥或磷酸二铵作种肥最好，每亩可用 $10\sim15kg$。不管用什么肥料作种肥，都要做到种、肥隔离，施在种子的侧下方，距种子 $4\sim5cm$ 处，穴施和条施均可。应避免与种子直接接触，以防烧苗。

（2）种肥施用方法　种肥的施用方法有多种，如拌种、浸种、条施、穴施。

① 拌种　可选用腐植酸、生物肥以及微肥，将肥料溶解，喷洒到玉米种子上，边喷边拌，使肥料溶液均匀地沾在种子表面，阴干后播种。

② 浸种　将肥料溶解配成一定浓度，把种子放入溶液中浸泡 12 小时，阴干后随即播种。

③ 条施、穴施　化肥适宜条施、穴施，种肥化肥用量为 $2\sim5kg$。但肥料一定与种子隔开；深施肥更好，深度以 $10\sim15cm$ 为宜。尿素、碳酸氢铵、氯化铵、氯化钾不宜作种肥。

87.怎样对玉米进行追肥？

玉米出苗以后施用的肥料叫追肥。玉米是一种需肥较多和吸收较集中的作物，单靠基肥和种肥还不能满足全生育期的需要，尤其是夏玉米基肥不足和不施基肥与种肥的情况下，增施追肥更重要。追肥的目的主要是补充基肥和种肥的不足，及时充分地供给玉米生育过程中所需要的养分，以促进玉米生长和发育。

（1）追肥的种类　玉米追肥主要以速效氮肥为主，常用硝酸铵、尿素作追肥。在土壤缺磷、缺钾的条件下，早期追施磷、钾肥，对玉米生长发育和提高产量均有明显的效果。追肥用的磷、钾化肥品种有磷酸二铵、过磷酸钙、硫酸钾、氯化钾等。

（2）追肥时期和方法

① 轻施苗肥　玉米苗期株体小，需肥不多，但养分不足可导致幼苗纤弱，叶色淡，根系生长受阻，影响中后期的生长。因此，在幼苗 4～5 叶期应及时轻施苗肥，可结合间苗、定苗和中耕除草进行，其作用主要是促进发根壮苗。苗肥一般应早施、轻施和偏施，以氮素化肥为主，促小苗赶大苗，弱苗变壮苗。苗肥一般占追肥量的 10% 左右。

② 稳施拔节肥　拔节肥，又称攻秆肥，以速效氮肥为主，并适量补充微肥。对基肥不足，苗势较弱的玉米，应增加化肥用量，一般每亩可追施碳酸氢铵 10～15kg 或尿素 3～5kg。拔节肥通常在玉米出现 7～9 片可见叶片时开穴追施，地肥苗壮的应适当迟追、少追，地瘦苗弱的应早施、重施。拔节肥的作用是壮秆，也有一定促进雌雄穗分化的作用。特别是采用中早熟及早熟品种的夏玉米和秋玉米，施用拔节肥可增产。拔节肥应注意施用适量，以防节间过度伸长造成倒伏。所以要稳妥施用拔节肥，施用量一般占追肥量的 20%～30%。

③ 猛攻穗肥　穗肥的主要作用是促进雌雄穗的分化，实现粒多、穗大、高产。穗肥以速效氮肥为主，施用时期一般在抽雄前 10～15 天，即雌穗小穗、小花分化期，小喇叭到大喇叭口期间。穗肥用量应根据苗情、地力和拔节肥施用情况而定，一般每亩施碳酸氢铵 15～20kg 或尿素 5～8kg。一般土壤瘠薄、底肥少、植株生长较差的，应适当早施、多施；反之，可适当迟施、少施。施肥量占总追肥量的 60% 左右。

④ 巧施粒肥　粒肥的作用是养根保叶，防止后期脱肥早衰，以延长后期绿叶功能期，提高粒重。一般在吐丝初期追施。粒肥应根据当时植株的生长状况而定，要轻施、巧施。如果穗肥不足，植株发生脱肥，果穗节以上叶色黄绿，下部叶早枯，粒肥可适当多施；反之，则可少施或不施。对以收获鲜苞为目的的甜、糯玉米，由于灌浆期较短，一般不用施粒肥。粒肥主要施用速效氮肥，每亩穴施碳酸氢铵 3～5kg 即可，也可叶面喷施 0.2% 的磷酸二氢钾溶液，每亩喷液量 50kg 左右。粒肥施用量占追肥量的 0～10%。

⑤ 酌施微肥

a. 锌肥　玉米对锌非常敏感，如果土壤中有效锌少于 0.5～1mg/kg，就需要施用锌肥，常用锌肥有硫酸锌和氯化锌，锌肥的用量因施用方法而异，基施亩用量 0.5～2.5kg，拌种每千克种子用锌肥 45g，浸种用浓度 0.02%～0.05% 的溶液处理种子 12～24 小时，叶面喷施用 0.05%～0.1% 的硫酸锌溶液。苗期、拔节期、大喇叭口期、抽穗期均可喷施，但以苗期和拔节期喷施效果较好。

b. 硼肥　硼肥作底肥，每亩可用硼砂 100～250g 或硼镁肥 25kg；浸种时，用 0.01%～0.05% 的硼酸溶液浸泡 12～24 小时。

88. 玉米如何根据叶龄科学追肥？

玉米叶龄模式管理即按需施肥，在适当的时机做好断奶肥、送嫁肥、提苗肥、穗肥、壮籽肥等追肥的施用。

（1）玉米苗期及移栽前后　玉米苗期及移栽前后，注意做好断奶肥和送嫁肥的追施。玉米 3 叶期，种子胚乳内储藏的养分耗尽，这个时候，植株根系尚不发达，吸收土壤中养分的能力较弱，可每亩用尿素 2.5kg 左右兑水浇施一次"断奶肥"。实行营养球育苗移栽的玉米，移栽前（2 叶 1 心～3 叶 1 心）也必须追浇一次"送嫁肥"。

（2）玉米 5～6 叶期　玉米生长至 5～6 片叶时，根据田间长势、土壤肥力状况等，对苗势较弱的玉米，每亩追施尿素 5～10kg，结合浅中耕松土追施一次"提苗肥"。

（3）玉米 10 叶期　玉米达到 10 片叶时，应追施一次穗肥以促进长穗。玉米植株对追肥的吸收往往要滞后几天，刚施下的肥料不能立即发生作用，当这个时候追的这道肥起作用的时候，正好可为穗位三叶的生长发育提供营养。穗位三叶是直接影响玉米穗大小及产量形成的功能叶，这次追肥是个关键，应保证施到、施足。一般亩追施尿素 15～20kg。

（4）玉米抽雄期　玉米抽雄期，为保证籽粒饱满，还应追施一次"壮籽肥"，一般每亩追施尿素 5～7.5kg。这时还可辅以隔行去雄、除去影响产量的病株弱株以及去除病黄脚叶等。

89. 玉米最佳追肥时间是什么时候？

（1）玉米追肥的错误操作

① 追肥时间比较晚，一直等到玉米抽穗的时候，才去追肥。

② 不论什么肥料，一次性全部施入，有些则是在播种时，底肥

一次施入过多，后期不再追肥。

③ 天气不下雨就不追肥，也不看地里玉米的长势，要是一直不下雨就不追肥。

（2）玉米追肥的正确时机及方法

① 追肥时期　玉米在一生的生育期中，最佳的追肥时间是在大喇叭口期，因为这时候需要的营养是比较大的，也是生长过程中一个关键的时期，大喇叭口期一般是玉米 11～12 片叶展开的时候，这时候叶片展开，看着像一个大喇叭口，因此被称为大喇叭口期。

② 肥料选择　玉米追肥，大都选择尿素，建议可以再配点钾肥，玉米虽然说是喜氮作物，但是钾肥也不可忽略。

③ 追肥次数　一般情况下，玉米追肥需要 2 次，即小喇叭口和大喇叭口期，但由于农机具的局限性，大多数农民都是追一次。

④ 追肥方法　最正确的办法就是刨坑深施，然后覆土，让肥料的利用率提高，也可采用在垄沟里追肥的办法。不建议撒施，虽然施肥快，但是浪费也严重，吸收率大大降低。

⑤ 追肥量　尿素用量应根据土壤的肥沃程度来决定，一般情况下，每亩追 20kg 左右，如果地块肥力较好，可适当减少到 15kg 左右，如果肥力较差，可适当增加到 25kg 左右。

此外，在遇到土地干旱时，追肥后要浇水，或者遇雨后，及时追肥。

90. 怎样对玉米进行根外追肥？

玉米根外追肥是将矿质养分喷洒在玉米叶片上，经过气孔和角质层进入叶片内部，以供玉米吸收利用。在玉米生育后期，根部养分吸收能力减弱，如果发现有脱肥现象，可采用根外追肥，及时进行养分补充，能起到促生长、促早熟的作用。

根外追肥的优点是用肥量少，见效快。据试验，在玉米扬花、灌浆期叶面喷施 0.2%～0.3% 的磷酸二氢钾溶液 1～3 次，千粒重增加 2～12g，每亩增产 3.5～50kg；对表现缺氮的玉米喷 2%～4% 的尿素 2～3 次，千粒重增加 2～40g，每亩增产 6.5～75kg；在玉米抽穗期喷 0.01% 的钼酸铵溶液，玉米后期叶片不早衰，籽粒饱满，千粒重增加 10～20g。

此外容易被土壤固定形成难溶解物质的铁、锌、锰等化学元素，很难被玉米根吸收，常导致作物发生缺铁、缺锌和缺锰症。通过根外追肥，可以补充玉米生长所需要的上述元素。

一般采用 0.3% 的磷酸二氢钾加 2% 的尿素兑成混合溶液进行喷洒。即每亩用尿素 1.0kg，磷酸二氢钾 0.5kg，兑水 50kg。

为了提高玉米叶面喷肥的效果，在配制的叶面肥溶液中可加入少量的洗衣粉等黏着剂，使肥料溶液能更好地黏附在叶面上。根外喷肥的时间最好是在上午 10 点前和下午 4 点后，以避开中午的炎热阶段，使叶面保持较长时间的湿润状态，增加养分的吸收量。同时做根外喷肥时也可加入 10% 的草木灰水，10% 的鸡粪液，10%～20% 的兔粪液或腐熟人尿液等，都有较明显的增产效果。

91. 什么叫"一炮轰"施肥法，如何搞好"一炮轰"施肥？

结合整地播种，一次把全部化肥施入土壤，生育期间不再追肥，称为"一炮轰"施肥法。这种施肥方法，多采用磷酸二铵加尿素加硫酸钾，或者采用高浓度复混肥加尿素，在机播时侧深施。"一炮轰"办法在普通玉米生产上应用较多，但大多产量表现一般，个别农户不得不在后期又补施了氮肥。

在鲜食玉米生产中也可使用此法。一是因为鲜食玉米的生育期比普通玉米的生育期短，而且大多是鲜用的；二是鲜食玉米生产大都存在错期播种的事实，后期播种的鲜食玉米其实质是夏玉米，比春播鲜食玉米生育期要短 5～7 天；三是有些农户在被旋耕的土地上播种鲜食玉米后连中耕的环节都省略了。

（1）"一炮轰"的优缺点

优点是：节省劳力，降低成本，肥料施得早、施得深，促进植株根深叶茂。

缺点是：在早春寒冷时，由于肥量较大，易影响出苗和前期根系发育；雨水充足的条件下，在保水保肥不良的土壤上，易造成养分流失、挥发，降低肥料利用率，后期早衰、百粒重下降。

（2）"一炮轰"必须具备如下条件 必须种、肥隔离；播种时带适当的优质种肥；化肥质量必须过关；在中后期播种的可实行该方法；自行配置"一炮轰"底肥的要加些缓释尿素，效果更好。

（3）"一炮轰"施肥要点

① 科学制订目标产量 比如在同一地块连续几年的玉米产量都

是 400kg，今年定目标产量 900kg 就是不科学的。科学的施肥技术虽然能增产，但是土壤的能力也是制约产量的非常重要的因素。在连续三年平均产量的基础上增加 15％ 左右就比较科学了。

② 考虑土壤保肥能力　"一炮轰"是现在比较流行的施肥方式，即玉米整个生育期只施肥一次。这样的施肥方式适合于土壤保肥能力较强的地块，并且此地块的地力也很高，就可以定一个较高的目标产量。另外，"一炮轰"最好是施用控释肥，以与氮磷钾（28-5-9）比例接近的为优，亩施肥量 40kg，可以种、肥同播或在 3 叶期至拔节期一次性施入。需要注意的是，施肥时要防止烧苗，穴施或者条施，距植株 7～10cm，深 6～8cm。

（4）适时追肥　对于保肥能力一般的地块，除施用基肥外，大多可以分 2～3 次追肥。

第一步：3 叶期，第一次追肥。原则上磷、钾肥全部施入，氮肥一般不高于总追氮量的 20％～30％，以与氮磷钾（12-10-18）比例接近的为优。亩施肥量 20kg，沟施或穴施，施用深度为 5～7cm。有条件的，可以添加有机肥，有机肥施用深度为 10cm 左右，可在距玉米植株 15～20cm 处开沟，将有机肥、化肥等一次施入，覆土盖严，提高肥效。

第二步：抽雄前期，第二次追肥。尿素 20kg 或与氮磷钾（30-5-5）比例接近的复合肥 25kg 左右，以深施 5～10cm 左右为最佳。穗期追肥一般距玉米行 15～20cm，条施或穴施。

需要注意：有时也可能是三次追肥。如果第一次追肥后，在拔节期（5～6 叶期）出现苗势较弱的情况，就要及时追施氮肥，可每亩追施尿素 12.5kg，或其他氮含量高的速效氮肥。抽雄期至吐丝期追攻穗肥，含氮磷钾（30-5-5）的复合肥每亩追施 15kg，一般距玉米行 15～20cm，条施或穴施。

92. 春玉米如何搞好苗期施肥？

（1）苗期常出现的问题　春玉米播种期过早造成出苗不齐。

粪肥施用不当造成烧种、烧根等现象。烧芽表现为种子和粪肥过近造成种芽受伤害不能正常出苗，烧根表现为根系主根萎缩，新根不能生出，苗矮化，幼苗叶色变黄，甚至逐步枯死。

（2）发生原因　肥料用量过大；施肥方法不当；土壤墒情不好，

地温过低；有机肥腐熟不充分；使用劣质化肥或含缩二脲过高的化肥作底肥；微量元素过量；土壤盐渍化。

（3）防治措施

① 选用质量好、种类适合的化肥作底肥　传统的复合肥配方中，氮含量一般不超过 15%，而现在有些复合肥配方中氮的含量往往超过 20%，氮含量过高，施肥方法需要改进，一是施肥量要减少，二是施肥点离作物根部要远些。

我国规定肥料用尿素缩二脲含量应小于 0.5%。缩二脲含量超过 1% 时，不能作种肥、追肥和叶面肥。底肥最好选用颗粒状肥料作种肥，如氮磷钾复合肥、磷酸二铵等。这种类型的肥料流动性较强，更适合于随播种机播施，而且肥料施用均匀。不能选用纯的氮素化肥作种肥，如尿素、碳酸氢铵等。选用缓释肥作底肥既可以增加产量还可以节约成本。

② 正确的施肥方法　播种时种肥一定要与种子分开施用，而且要深施。种肥行与种子行横向间隔不应少于 5cm，最好是能施在种子行的侧下方。要控制种肥的施用量，施用量过大既容易引起烧苗，也会造成不必要的肥料养分浪费，一般以每亩施用氮磷钾复合肥 15～20kg 为宜。在趁墒播种时更要严格控制种肥施用量。在种肥施用量较大的情况下，最好要浇一次"蒙头水"，以起到"稀释"种肥的作用，可在一定程度上减轻大量种肥造成的烧苗现象。

③ 施用微量元素　要根据当地土壤微量元素含量合理使用。

④ 苗期出现问题采取的对策　浇水、中耕，有浇灌条件的地块可采取浇水，使肥料加快溶解并渗入土层，也可降低因未发酵好的有机肥发酵产生的高温，缓解烧苗症状。及时中耕，增加土壤通透能力，促进新根生长。及时补种或移栽，对发生严重烧苗的地块进行移栽或补种。把已经出现烧苗症状的苗移走或把别的地方多余的苗移栽过来，但注意不要移到已经出现烧苗的穴位中，防止再次出现烧苗。

93. 夏玉米如何巧施肥促增产？

（1）基肥或种肥　夏玉米播种前应施好基肥，主要是有机肥和部分化肥配合施用，也可利用前茬小麦实行秸秆直接还田，但应配施适量氮肥，调节碳氮比，以加速秸秆腐熟。一般用 45% 复合肥 20kg，过磷酸钙 30～40kg，硫酸钾 5～6kg。

锌、钼、硼等微量元素肥料可以作基肥施用，亩用量为硫酸锌1～2kg，硫酸钼1kg，硼砂1kg，也可在拌种、浸种或叶面喷施时用，用作追肥时应该早施。

种肥主要是速效氮、磷、钾化肥，如磷酸二铵每亩施5～10kg、硫酸钾型（45％含量）复合肥每亩施用10～15kg。施用时肥、种隔离，防止伤苗。

（2）二次追肥

① 苗肥　一般在定苗后至拔节前追肥，为穗大穗多打好基础。播种时带有种肥的田块，可适当减少苗肥用量和推迟追施时间。一般可以每亩追施尿素3～5kg或碳酸氢铵10～15kg。

② 穗肥　穗肥是指玉米在雄穗抽出以前10～15天，可见叶12～13片时所施的追肥，穗肥中氮肥一般占总施肥量的50％～60％，一般每亩穴施或条施尿素18～20kg，或碳酸氢铵45～50kg，硫酸钾3～4kg。土壤墒情差，又无灌溉条件的，可用2％的尿素溶液作灌根肥，每株灌80～100mL。

（3）巧用叶面肥　叶面肥一般在苗期、拔节期、灌浆期施用。苗期喷施0.1％～0.3％的硫酸锌水溶液，可防止玉米白苗花叶病的发生。拔节期喷施0.2％～0.3％的磷酸二氢钾2～3次可以壮秆抗倒，稳健生长。灌浆期可根据玉米长相确定用肥种类，如氮磷钾养分不足的可用尿素1.5kg、磷酸二氢钾100g，兑水50～60kg喷施；氮磷钾不足且缺锌的，可在上述溶液中加入硫酸锌100g喷施；仅需氮素的，叶面喷施2％尿素溶液即可。一般喷2～3次即可。

（4）注意施肥方法　不论尿素、碳酸氢铵、复合肥均应尽量采用穴施或沟施，埋施深度为10cm左右，不宜离玉米根部太近，一般离播种行20cm以防烧苗。尿素施后不宜立即浇水，在追肥3～4天后浇水效果最好。实践证明，玉米追肥时采用沟施覆土的方式，用量可以比表面撒施节省10kg左右。

94. 夏玉米偏施氮肥的害处有哪些，如何治理？

在夏玉米生产中偏施氮肥现象普遍，但偏施氮肥在夏玉米生产中的害处却很多。

（1）使夏玉米疯长　夏玉米施用氮肥多，营养器官生长旺盛，把形成的碳水化合物用于蛋白质的合成，纤维与木质素的形成减少，茎秆及叶梢的机械组织不发达，茎秆柔软，容易折倒，而且延迟开花结实。

（2）容易招致病虫危害　氮素超量施用，玉米株体内铵态氮的可溶性增加，细胞原生质丰富而细胞壁变薄，叶片下垂，群体间通风透光差，空气湿度大，利于病虫害发生，同时玉米抗病虫能力降低。

（3）影响作物对微量元素的吸收并降低受精能力　氮肥中的碳酸氢铵和尿素，分解产生的重碳酸根，会严重影响玉米对锌元素的吸收。如玉米苗发僵时施用氮肥，会使僵苗更僵；如土壤中氮素过多，花粉期遇上阴雨，会使花粉粒内贮藏的淀粉显著减少，导致受精不良，增加秕粒。

（4）破坏土壤结构　氮肥不含有机质，不具备改良土壤的作用；单施、长期大量施用氮素化肥，会使土壤渐渐板结，使土壤酸碱度发生变化。

（5）综合治理措施

① 氮磷钾配合施用，苗期适量增施氮素，中期增加钾素，后期氮磷配合。

② 及时防治病虫害，除防治红蜘蛛、玉米螟、蚜虫外，防治玉米叶斑病也很关键。

③ 防治玉米缺素病，除了补施锌、铁、锰、钼等外，还可喷施少部分腐植酸叶面肥。

④ 在玉米 7～9 片叶时，及时喷施玉米专用调节剂。

95. 如何施好玉米拔节肥？

玉米一般出苗 18～21 天即可拔节。进入拔节期的标志，从外部形态上看，早熟品种，展开叶 4～5 片，可见叶 7～10 片；中熟品种，展开叶 6～7 片，可见叶 9～12 片；晚熟品种，展开叶 8～9 片，可见叶 10～13 片，此时即是追施拔节肥的最佳时期。玉米进入拔节期后，茎叶生长旺盛，雄穗开始分化，对养分的需求量日益迫切，及时追施拔节肥，可为后期高产搭好骨架。

土壤肥力低、基肥少、群体小、幼苗生长瘦弱、每亩产量在 250～300kg 的地块，追肥量以占总追肥量的 45％～50％为宜。

土壤肥力较好、幼苗生长健壮、田间群体整齐度高、叶片浓绿、亩产量在 550～650kg 的中等肥力地块，为了避免幼苗徒长，保证植株稳健生长，拔节肥控制在总追肥量的 30％～35％ 为好；余下的肥留作攻穗肥施用，以满足营养体急剧增大和雌雄穗不断分化的需要。

土壤肥力高、基肥足、群体大、幼苗生长健壮、亩产量在 650～750kg 的高产地块，为了防止营养体生长过旺，保证幼苗稳健生长，维持其植株能量转换和物质的代谢平衡，缓和群体与个体对生存条件的竞争矛盾，此期追肥不宜过多，拔节肥一般占总追肥量的 20％～25％；余下的肥留作攻穗和攻粒肥施用，利于促穗大、增粒重和夺高产。

追肥时应深开沟严覆土，千万不要地面撒施。试验表明，沟施 5cm 比直接撒施在地面上的，增产 10.36％～12.37％，沟施 10cm 比沟施 5cm 的增产 12.58％～16.35％。因此，追肥时应以深施为佳，以提高肥料利用率和培育壮苗。

96. 为什么夏玉米追施穗肥不宜过早，如何正确追施穗肥？

（1）夏玉米追施穗肥过早的害处 从抽雄前 10 天到抽雄后 25～30 天，是夏玉米一生中吸肥量最多的阶段，氮素占总吸氮量的 70％～75％，磷占 60％～70％，钾约占 65％，但是部分农户为了操作方便，通常是在夏玉米达到膝盖高时追施穗肥，这样过早追施穗肥，会给夏玉米的正常生长带来如下影响：

由于追施穗肥和培土过早，茎基部易处于缺氧状态，严重影响气生根的形成生长，减少根系对养分和水分的吸收。

茎秆基部深埋在土壤中，由于受土壤阻力，茎基部变细，头重脚轻，一旦抽雄前后遭暴风雨袭击，容易折断造成减产。

叶片脱肥、早衰，光合作用受到限制，使夏玉米籽粒饱满度降低和秃尖增长，不能形成高产。

（2）夏玉米追施穗肥的方法

① 最佳时期 穗肥施用时间与夏玉米品种及地力情况有关。在正常情况下，这一时期植株的叶片数为：早熟品种，展开叶为 8～9 片，可见叶 12～15 片；中熟品种，展开叶 10～11 片，可见叶 14～17 片；晚熟品种，展开叶 12～13 片，可见叶 16～19 片，此时即是追施穗肥的最佳时期。

② 追施数量 应根据土壤肥力、底肥数量和植株生育状况等灵活掌握。一般来说，土壤肥力低、基肥少、叶片淡绿、植株生长势较

弱，亩产 250～350kg 的地块应重施，以追肥量占总追肥量的 60％～65％为好；中等肥力基础的、叶片浓绿、生长势佳、茎秆生育健壮、亩产 350～450kg 的地块，追肥量占总追肥量的 50％～55％即可；土壤肥力高、底肥足、群体大、叶片深绿、根系发达、植株生长繁茂、亩产 550～750kg 以上的高产地块，追肥量以占总追肥量的 45％～50％为宜。

97. 玉米追肥浇水有哪些错误操作？

（1）**基肥不足追肥补**　基肥（以农家肥为主）的优点是：增加土壤的有机质含量，增强土壤的团粒结构。而多数农民在玉米栽培中往往忽略这一点，不重视基肥的施用。"基肥不足追肥（以化肥为主）补"，只能使土壤越种越瘦，越种越板结，是一种掠夺式栽培方式，不可取。

（2）**有肥就追，有水就浇**　在玉米拔节前的苗期，如果不根据干旱程度、墒情好坏、苗情强弱等实际情况进行适时、适量的追肥、浇水，往往造成玉米地上部分幼苗徒长，而地下部分根系难以下扎，致使玉米失去蹲苗锻炼的机会，从而给玉米植株埋下倒伏隐患。在玉米灌浆期追肥浇水，既加大了玉米生产投资，又浪费了肥料，同时还会造成玉米贪青晚熟，甚至导致遭受霜冻等不良后果。

（3）**重氮磷钾，轻视微肥**　玉米在生长发育过程中，不仅需要氮磷钾等大量元素肥料，而且还需要微量元素等微肥。微肥在玉米的生长发育过程中，虽然需求量小，但不是微不足道的，有试验表明，玉米适量施用锌肥，穗粒数比对照增加 50～80 粒，千粒重增加 15～30g，一般每亩可增产 8％～15％。

（4）**抽穗后不追肥**　玉米抽穗后，有大多数地块由于基肥施用不足或基肥质量不高，肥效基本耗尽，土壤中的养分已经满足不了玉米后期生长发育的需要，要想获得玉米优质丰产，必须酌情施一些速效性氮肥，以防止玉米早衰，促进玉米灌浆和籽粒饱满，提高千粒重。这次"攻粒肥"不但不可省，反而要早施、穴施、适量施。

98. 如何识别与防治玉米缺氮症？

（1）**缺氮症状**　玉米需氮量大，苗期缺氮时植株生长缓慢、矮瘦，叶色黄绿，抽雄迟；生长盛期缺氮，老叶从叶尖沿着中脉向叶片基部枯黄，枯黄部分呈"V"形，叶缘发红，叶片中心较边缘部分先变黄色，中部叶片淡绿，当黄色扩展到叶鞘时，叶鞘会变成红色，不久整个叶片变成黄褐色而死亡（彩图37）。

就部位而言，上部叶片黄绿、下部由黄变枯；中下部茎秆常带有红色或紫红色；缺氮严重或关键期缺氮，果穗变小，顶部籽粒不充实，成熟提早，产量和品质下降。

在缺氮条件下，下部老叶中的蛋白质分解后转移到生长旺盛的部分。就单株玉米来看，缺氮症状首先表现为老叶先发黄，而后转移到幼嫩中去。

（2）矫正技术

① 基肥结合春翻地撒施或条施，每亩施纯氮 4～5kg，氮肥可用尿素、硫酸铵、碳酸氢铵。有条件的地区可配合施用有机肥作基肥。

② 培肥地力，提高土壤供氮肥力。对于新开垦的、熟化程度低的有机质贫乏的土壤及质地较轻的土壤，要增加有机质肥料的投入，培肥地力，以提高土壤的保氮和供氮能力。

③ 在大量施用碳氮比比较高的有机肥料如秸秆时，应注意配施速效氮肥。

④ 来不及施基肥的，要分次施苗肥、拔节肥和攻穗肥；追肥可用尿素、碳酸氢铵、硝酸铵等，可在玉米根旁 6～10cm 远，开 6～10cm 深的沟，或挖 6～10cm 的坑，把肥料撒在沟内或坑内，施入后应立即覆土盖严踩实。后期缺氮，可叶面喷施 2％的尿素溶液 2 次。

⑤ 中低产区种植耐低氮品种。

99. 如何识别与防治玉米缺磷症？

（1）缺磷症状　玉米苗期缺磷（彩图38）最为明显，易与其他缺素症区分。即使后期供给充足的磷也难以弥补早期缺磷的不良影响。最突出的特征是叶尖和叶缘呈紫红色，其他部分呈绿色或灰绿色。叶片无光泽，茎秆细弱。随着植株生长，紫红色会逐渐消失，下部叶片变成黄色。此外，苗期缺磷时，根系发育差，玉米苗生长缓慢、瘦弱。但是，叶上的这种症状也可能是虫害、冷害和涝害引起，所以要做全面分析。

缺磷还使抽雄时花丝抽出速度缓慢，影响雌穗授粉，并且果穗短小、卷缩，穗行不齐，籽粒不饱满，出现秃尖现象，成熟期延迟。

（2）矫正技术

① 预防措施　选用抗寒、耐低磷能力强的玉米品种，对易受低温影响而诱发缺磷的作物，可选用生育期较长的中、晚熟品种，以减轻或预防缺磷症的发生。

地膜覆盖栽培；有机肥、钙镁磷肥和磷矿粉作为基肥可撒施；磷肥宜早施、集中施，过磷酸钙、重过磷酸钙和磷酸二铵等可条施、集中施入；一般亩施五氧化二磷 5kg；苗期易缺磷地区可采用少量水溶性磷肥（如磷酸二铵）等作为种肥，每亩施纯磷 2～3kg，在播种前将磷肥条施在播种沟中，注意种子与肥料要隔开。

在酸性土壤上应配以有机肥料和石灰，以减少土壤对磷的固定，促进微生物的活动和磷的转化与释放，提高土壤中磷的有效性。

加强水分管理，对于有地下水渗出的土壤，要因地制宜开挖排水沟和引水沟，排除冷水侵入，提高土壤温度和磷的有效性，防止缺磷发僵。

② 防治措施　发现缺磷症状后可每亩用磷酸二氢钾 200g 兑水30kg 进行叶面喷施，或喷施 1%～2% 的过磷酸钙（清液）、重过磷酸钙或磷酸二铵溶液。也可以在植株旁边开沟追施磷肥，但效果不如叶面喷施好。中耕、松土、提高地温。

100. 如何识别与防治玉米缺钾症？

（1）缺钾症状（彩图 39）　玉米缺钾时，根系发育不良，植株生长缓慢，叶色淡绿且有黄色条纹，严重时叶缘和叶尖呈现紫色，随后干枯呈灼烧状，叶的中间部分仍保持绿色，叶片却逐渐变皱。这些现象多表现在下部老叶上，因缺钾时老叶中的钾首先转移到新器官组织中去。缺钾还使植株矮小瘦弱，支撑根少，容易感病，易倒折，成熟期推迟，果穗小，顶部发育不良，秃顶严重，籽粒中淀粉含量少，皮多质劣，千粒重下降，造成减产。

（2）矫正技术

① 进行正确诊断　应根据植株分析和土壤化验结果及缺素症表现进行正确诊断。

② 确定钾肥的合理用量　玉米吸钾数量的多少与植株吸收特性和产量关系密切。随着产量的提高，吸钾量也随之增加，两者呈极显著正相关。施足腐熟有机肥，一般每亩 2t 以上。采用配方施肥技术，

对玉米按量补施所缺肥素。一般播前增施硫酸钾、氯化钾或含钾复合肥，作基肥撒在玉米种的两侧，每亩 5～10kg。

玉米营养生长期间发现缺钾时，可追施硫酸钾或氯化钾，每亩 3～5kg，沟施或穴施覆土。也可叶面喷施磷酸二氢钾溶液，每亩用量 200g 兑水 30kg。还可追施玉米专用肥。有条件的地区，可施用有机肥或秸秆还田。

③ 选择适当的钾肥施用期　玉米不同生育时期钾素吸收量不同，从阶段吸收量来看，玉米一生中拔节至大喇叭口期吸钾最多。钾素主要是在抽雄期以前（尤其在大喇叭口期）被吸收的，后期吸钾量很少。由于钾在土壤中较易淋失，钾肥的施用应做到基肥与追肥相结合。在严重缺钾的土壤上，化学钾肥作基肥的比例应适当大一些。在作物吸氮高峰期（如玉米分蘖期、大喇叭口期等）要及时追施钾肥，以防氮钾比例失调而引发缺钾症。在有其他钾源（如秸秆还田、有机肥料、草木灰等）作基肥时，化学钾肥以在生育中后期作追肥为宜。

④ 广辟钾源　充分利用秸秆、有机肥料和草木灰等钾肥资源，实行秸秆还田，增施有机肥料和草木灰等，促进农业生态系统中钾的再循环和再利用，缓解钾肥供需矛盾。

⑤ 控制氮肥用量　目前生产上缺钾症的发生在相当大的程度上是由于氮肥施用过量引起的，在供钾能力较低或缺钾的土壤上确定氮肥用量时，尤其需要考虑土壤的供钾水平，在钾肥施用得不到充分保证时，更要严格控制氮肥的用量。

⑥ 水分管理　以开沟排水与施用钾肥相结合的方法防治缺钾的效果更为显著。

101. 如何识别与防治玉米缺钙症？

（1）缺钙症状　缺钙的最明显症状是叶片的叶尖相互粘连（彩图 40），叶不能正常伸展。这是叶片叶尖部分产生的胶质类物质造成的。

首先是根尖和根毛细胞黏质化，致使细胞分裂能力减弱和细胞伸长生长变慢，生长点呈黑胶黏状，新根少，根系短，呈黄褐色，缺乏生机。

其次是植株生长不良，植株展开叶叶尖部分产生胶质，干后即粘在一起使相邻新叶叶尖相互粘连。此时植株矮小，新叶叶缘黄化，出现白色斑纹，有时呈白色锯齿状不规则破裂。抽出的新叶顶端不易展开，卷曲呈鞭状，茎顶端呈弯钩状。玉米的老叶尖端也出现棕色焦枯。

但玉米缺钙与缺硼的某些症状相似，如都有生长点，顶芽及根尖枯萎、死亡、嫩芽、新叶扭曲变形，上部叶片产生不规则的白色斑点后连成白色条斑等容易混淆的症状，应注意辨别。

（2）矫正技术

① 合理施用钙质肥料　在 pH＜5.5 的酸性土壤上，应施用石灰质肥料，既起到调节土壤 pH 的作用，同时增加钙的供给。石灰的用量一般通过中和滴定法来计算，同时还要控制施用年限，谨防因石灰施用过量而形成次石灰性土壤。在钠离子饱和度大于 10％ 的钠碱土上，应施用石膏，通过改善土壤结构、酸碱度等理化性状，促进玉米根系的生长和对钙营养的吸收。施用含钙的氮磷肥料如硝酸钙、过磷酸钙、钙镁磷肥等，也能补充一定的钙营养，但其用量应首先满足作物对氮、磷营养的需要。

② 控制水溶性氮、磷、钾的用量　在含盐量较高和水分供应不足的土壤上，应严格控制水溶性氮、磷、钾肥的用量，尤其是一次性施用量不能太大，避免因土壤溶液的渗透势过高而抑制玉米根系对钙的吸收。

③ 合理灌溉　在易受旱的土壤及在干旱的气候条件下，要及时灌溉，以利于土壤中钙离子向玉米根系迁移，促进钙的吸收，防止缺钙症的发生。

④ 补救措施　石灰性土壤一般不会缺钙，如果玉米发生生理性缺钙症状，可叶面喷施 0.5％ 的氯化钙或硝酸钙水溶液。强酸性低盐土壤，可每亩施石灰 50～70kg，但忌与铵态氮肥或腐熟的有机肥混合施入。

102. 如何识别与防治玉米缺锌症？

（1）缺锌症状　玉米对缺锌比较敏感，常被用于作物缺锌的指示作物。土壤缺锌时出苗后 1～2 周即可出现缺锌症状，玉米在 3～5 叶期呈现白色幼苗，新生幼叶淡黄色或白色，俗称"白芽症"或"花白苗"。特别是叶基部 2/3 处更为明显，严重时，幼苗老龄叶出现细小的白色斑点，并迅速扩大，形成局部的白色区域或坏死斑块（彩图41），叶肉坏死，叶面半透明，似白绸或塑料膜，风吹易断。

中后期缺锌，表现为节间缩短，植株缩小，根部黑色，生长受阻，抽雄期与雌穗吐丝期相隔日期加大，不利于授粉，果穗发育不良、缺粒、秃尖，甚至干枯死亡。

根据所述症状，结合土壤 pH 的测定（pH＞7.0），一般即可做出初步的判断。

（2）矫正技术

① 正确选择品种 选用耐缺锌玉米品种是防止或减轻玉米缺锌的有效途径。

② 增施锌肥 锌肥的施肥方式包括基施、拌种、浸种和喷施等，均有增产效果。基施效果最好，浸种效果次之，追施、喷施效果相似，拌种效果最差。

a.基施 一般每亩用硫酸锌 1～2kg，对于固定锌能力较强的土壤，应适当增加施锌量，每亩可用硫酸锌 2～3kg 作基肥。春播区可与基肥充分混合后撒于地表，然后耕翻入土；夏播区可与基肥充分混合后与种肥同播。

b.追肥 玉米在苗期至拔节期每亩用硫酸锌 1～2kg，拌干细土 10～15kg，条施或穴施。

c.叶面喷施 用 0.2％硫酸锌溶液在苗期至拔节期连续喷施 2 次，每次间隔 7 天，每次每亩溶液用量为 50～70kg，喷施浓度不宜过高，超过 0.4％时有害。

d.浸种 用 0.02％～0.2％的硫酸锌溶液浸种 48 小时，超过 0.3％时种子发芽率降低。

e.拌种 每千克种子用硫酸锌 2～6g，以少量的水溶解，喷于种子上，边喷边搅拌，用水量以能拌匀种子为宜，种子阴干后即可播种。

③ 合理施肥 在缺锌的土壤上应严格控制磷肥和氮肥的用量，避免过量施用氮、磷肥。在缺磷、缺锌的土壤上磷、锌肥应配合施用。酸性土壤施用石灰应控制用量，防止局部碱性而诱发缺锌。

④ 改善土壤环境 可采用冬季翻耕晒垡、提前落干、搁田、烤田等技术措施，提高锌的有效性。

⑤ 合理平整耕地 先将表层土壤集中堆置，把心底土平整后再覆以表土，保持表层土壤的有效锌水平，防止旱地作物缺锌。

103. 如何识别营养过剩导致的玉米肥害症状？

施肥的目的是为了增产，但是盲目地增加施肥量往往适得其反。作物对肥料的吸收利用是有一定限度的，当缺乏营养时施肥可以明显增加产量，在一定范围内产量的增加随施肥量的增加而增加；增加到一定程度后再增加施肥量，产量并不相应增加，如果再增加施肥量，产量反而会下降，植株会产生肥害症状，甚至产生毒害，肥害也是作物营养失调的一种反映。

（1）氮肥肥害　在玉米整个生长季节中供应过多的氮素，会导致细胞增长过大，细胞壁薄；植株柔软，容易受机械损伤和病菌侵染；叶片肥大，相互遮阴，光合产物净积累减少；玉米贪青晚熟，在无霜期短的地区，会使玉米受早霜危害而减产。

（2）磷肥肥害　磷素过多会增加玉米的呼吸作用，消耗大量的化合物；叶肥厚而密集，叶色浓绿；植株生长受到抑制，节间缩短，株高下降；根系多而粗大；因生殖器官过早发育而早熟，空瘪粒增加，产量明显下降。此外，磷肥施用过量时可导致或加重玉米缺锌、缺铁或缺镁症状，表现为失绿。

（3）钾肥肥害　钾素过量的肥害很少发生，尤其是在我国南方的一些地区，土壤含钾量明显偏低，钾肥缺口大，即使施用较大量的钾肥也不易出现肥害。在土壤含钾量略高的北方石灰性土壤上，近年由于土壤干旱等因素的影响，玉米缺钾亦较严重，施钾肥也不易出现肥害症状。钾过量会加重硼的缺乏或毒害，表现为叶片边缘或叶尖枯黄。

（4）钙肥肥害　钙过量，可能导致或加重铁、锰、锌和硼的缺乏。

（5）镁肥肥害　镁过量，作物生长受到抑制，尤其当土壤中镁钙比较高时。

（6）硫肥肥害　硫过量，可导致硫化氢毒害，根系发黑坏死。

（7）硼肥肥害　硼过量或中毒的症状和缺钾症状有些类似，通常是老叶边缘或叶尖失绿而坏死，叶片上出现棕色坏死斑点。老叶先出现症状，逐渐向上部叶片扩展。

（8）锌肥肥害　锌过量导致玉米缺铁，从而引起幼叶失绿。锌中毒还会使玉米根系生长受到抑制，根短小，须根减少。

（9）锰肥肥害 锰过量时，老叶会产生棕色或褐色斑点，斑点周围叶浅绿色。严重时，斑点处组织坏死，主要是二氧化锰沉积所致，叶尖焦枯。锰过多通常会诱发缺铁、缺镁、缺钼等缺素症状。

（10）铁肥肥害 铁过量，玉米叶片呈暗绿色，叶尖及叶边缘焦枯，叶脉间出现褐色斑点。

（11）铜肥肥害 铜施用量太大会产生肥害，所以一定要严格控制用量。铜过量会抑制玉米根系生长，根变短，但侧根形成加强，铜大量供应会导致玉米出现缺铁症状，叶片失绿。

（12）钼肥肥害 钼过量会导致玉米畸形，茎组织变成金黄色。

104. 导致玉米肥害的原因有哪些，如何救治？

玉米肥害是因施用化肥过量或种类不当所导致的玉米植株生理或形态失常，肥害可抑制种子萌发或使幼苗死亡，使残存苗矮化、幼苗叶色变黄直至枯死。

（1）导致玉米发生肥害的原因

① 缩二脲超标 尿素在熔融过程中，若高温（常压下133℃）处理，会产生缩二脲，缩二脲含量超过2%时，对作物种子和幼苗均有毒害作用。近年来，随复合肥生产工艺的变革，"缩二脲"在高塔熔融喷浆、油冷及转鼓喷浆等造粒工艺过程中若操作不当也易产生，从而对玉米生产造成潜在威胁。

② 肥料配方不合理 传统的复合肥配方中，氮含量一般不超过15%，而目前有些复合肥配方中氮的含量往往超过20%。氮含量增高，相应施肥方法就应该随之改变（如施肥量相应减少或施肥点离作物根部要远些等），否则浓度过高易产生盐害，造成烧根、烂根。

③ 未经腐熟有机肥直接下地 未经腐熟或腐熟不完全的有机肥一旦施入土壤，其在分解过程中就会产生大量的有机酸和热量，易造成烧根现象。

④ 玉米苗期降水多 土壤耕层含水量好，肥料融化快，多年的旋耕致使犁底层变硬、变浅，根系生长受限，局部土壤溶液一直处于高浓度状态致使水分供应不足，幼苗生长缓慢，严重的引起体内倒流，植株失水而逐渐死亡，另外由于土壤犁底层坚硬，化肥融化后向下渗透慢，在犁底层上面水平扩展，使根系接触高浓度化肥溶液，发生烧苗。

（2）肥害救治措施

① 灌水泡田　多数情况下灌水泡田可迅速减轻肥害。

② 大量元素过剩所致肥害　氮素过量可喷施适量植物生长调节剂（如缩节胺、多效唑等）加以缓解；若磷过剩，可增施氮、钾、锌及其他微肥，以调整元素间的合理比例。

③ 缩二脲超标导致的肥害　可拌入硼、钼、镁等微肥及喷施浓度较低的磷酸二氢钾或磷铵之类的叶面肥，同时，浇水淋洗也可降低其在土壤中的浓度，从而减轻受害程度。

105. 缓解玉米肥害的方法有哪些？

较易引起玉米肥害的营养元素主要有氮和磷，其次为硼、锌及铜。施肥后应注意玉米的反应，若发现明显的肥害症状，应尽快采取补救措施。多数情况下灌水泡田可迅速减轻肥害。

（1）防治氮过剩　对于氮素过剩引起的肥害，可喷施适量植物生长调节剂如缩节胺、多效唑等加以缓解。

（2）防治磷过剩　如果是磷过剩，可增施氮、钾及其他微肥，以调整元素间的合理比例。

（3）防治硼中毒

① 作物布局　在有效硼高于临界指标的土壤上，安排种植对硼中毒耐性较强的品种。

② 控制灌溉水质量　尽量避免用含硼量高（$\geqslant 1.0mg/kg$）的水源作为灌溉水源。

③ 合理施用硼肥　在严格控制硼肥用量的基础上，努力做到均匀施用；叶面喷施硼肥时必须注意浓度，防止因施用不当而引起硼中毒症。

④ 施用石灰等。

（4）防治锌中毒

① 控制污染　严格控制工业废水、废渣和粉尘的排放，谨防其对土壤的污染。

② 合理施用锌肥　根据作物的需锌特性和土壤的供锌能力，确定适宜的锌肥施用量、施用方法和施用年限等，防止锌肥施用过量而引起作物锌中毒。

③ 慎用含锌有机废弃物　城市生活垃圾、污泥等含锌废弃物作

有机肥料施用时，要严格检测，用量和施用年限应严格控制在土壤环境容量允许的范围内。

（5）防治锰中毒

① 改善土壤环境　适量施用石灰，以中和土壤酸度，降低土壤中锰的活性；加强土壤水分管理，及时开沟排水，防止因土壤渍水而使大量的锰还原而促发锰中毒症。

② 合理施肥　施用钙镁磷肥、草木灰等碱性肥料和硝酸钙、硝酸钠等生理碱性肥料，以中和部分土壤酸度，降低土壤中锰的活性。尽量少施过磷酸钙等酸性肥料和硫酸铵、氯化铵等生理酸性肥料。

一般来说，微量元素引起的肥害，多数情况下是点片发生，只要加强田间管理，对玉米单位面积产量影响不大。

106. 如何识别与预防玉米碳酸氢铵肥害？

碳酸氢铵肥效迅速，价格低廉，很受农民欢迎。农民为提高施肥效果，常常将肥料紧贴玉米根茎基部，造成茎基部叶鞘油浸状烧灼坏死，严重的叶片干枯、植株生长缓慢，茎基部腐烂，甚至整株枯死。碳酸氢铵容易挥发，农民在高温下使用时用量大，且覆土较浅，或不覆土，或覆土不严，会导致肥料的挥发，浓度较高时容易造成玉米下部叶片受损，出现褪绿失水斑块，随后沿叶脉形成灰绿色条斑，后中心变白色枯死斑，边缘无晕圈，叶脉保持绿色。受害严重，枯死斑连接成片，脉间组织脱落，只余枯死后的残脉。

预防措施：选择在没有露水的天气，追肥时尽量避免肥料落在叶片或叶腋内，根茎部要与肥隔离 5～10cm，施肥后及时覆严土以免挥发。肥害产生后及时大水漫灌，同时喷施 0.136% 赤·吲乙·芸苔可湿性粉剂来调节生长。

107. 为什么玉米秸秆还田要撒尿素？

玉米秸秆还田已逐步被农民所接受，但部分农民对这一技术掌握不够全面，应用中出现了一些问题，甚至产生负效应，部分田块出现小麦出苗率低、苗黄、苗弱甚至死苗现象。经分析，主要原因是玉米秸秆还田时碳氮比失调、秸秆粉碎过粗、土壤过松。

（1）防碳氮比失调　土壤微生物在分解作物秸秆时，需要一定的氮素，易出现与作物幼苗争夺土壤中速效氮素的现象。

玉米秸秆碳氮比为（65～85）∶1，而适宜微生物活动的碳氮比为25∶1，秸秆还田后土壤中若氮素不足，微生物会与作物争夺氮素，麦苗就会缺氮而黄化、瘦弱，生长不良。

解决方法：秸秆粉碎后，可在秸秆表面每亩撒施碳酸氢铵50kg或尿素20kg，然后再耕翻。

（2）防秸秆粉碎过粗　秸秆粉碎后，一定要用重型圆盘耙耙两遍，以进一步切碎秸秆和根茬，耙后要及时深翻和压盖，以碎土保墒，使秸秆、肥料与土壤混合，并分布在3～10cm的土层中。要做到不漏翻、覆盖严密，以免养分散失。

耕后要耙平，以利于播种。有的地块粉碎后的秸秆过长，长度大于10cm，不利于耕翻，影响播种。

（3）耕翻深度要合理　玉米秸秆还田时，一般应埋入10cm以下的土层中，并耙平压实。同时还应注意本田秸秆还本田，不要将本田的秸秆还到其他田。

秸秆还田后，由于秸秆本身吸水和微生物分解吸水，会降低土壤含水量。因此，要及时浇水，以加速土壤沉实，促使秸秆与土壤紧密接触，防止架空。

秸秆还田数量要根据水源和耕作条件而定，原则上应保证当年还田秸秆充分腐烂，不影响下茬耕作，每亩还田秸秆以300～400kg为宜，过多会危害下茬小麦根系的生长。

（4）防病虫害传播　玉米秸秆还田时要选用生长良好的秸秆，不要把有病虫害的玉米秸秆还田，以免病虫害蔓延和传播。

特别提醒：带病的秸秆不能直接还田，否则翌年夏季若种植玉米易发生病害。这类秸秆应销毁或高温堆腐后再施入农田。

第六节　玉米用水技术疑难解析

108. 玉米浇好哪4次关键水才能高产？

"要灌不要灌，庄稼天地看"。玉米是否需要浇水，要根据玉米的生长发育情况、天气情况和土壤含水量而定。若土壤含水量低于

16%，黏土含水量低于 20%，沙土含水量低于 12%，即需要灌水。从玉米发育情况和对产量影响较大的时期来看，一般应浇好 4 次关键水。

（1）墒水　播种时，良好的土壤墒情是实现苗全、苗齐、苗壮、苗匀的保证。若土壤墒情不足或不匀时进行播种，势必造成缺苗断垄，或苗子大小参差不齐，弱小株多，空秆率高，这样的群体要想获得高产是不可能的。玉米播种适宜的土壤水分为田间持水量的 65%～75%。播种时若土壤含水量低于田间持水量的 65%，必须造墒后播种，夏玉米也可播后浇"蒙头水"。春玉米区最好进行冬灌和早春及时保墒。冬灌要浇足浇透。夏播或套种玉米可结合浇麦黄水一并进行。灌水量一般每亩 50～60m³。如果浇"蒙头水"，一般每亩浇水 40～50m³。对于移栽玉米苗，移栽后应及时浇定根水。

（2）拔节水　玉米苗期植株较小，耐旱、怕涝，适宜的土壤水分为田间持水量的 60%～65%，一般情况下可以不浇水。但玉米拔节后，植株生长旺盛，雄穗和雌穗开始分化，需水量增加，拔节时若土壤含水量低于田间持水量的 65%，就要浇水，一般每亩浇水 55m³ 左右，浇拔节水利于茎叶和雌穗生长以及小花分化，可以减少空秆，增加穗粒数。

（3）抽穗水　玉米抽雄开花期前后，叶面积大，温度高，蒸腾蒸发旺盛，是玉米一生中需水量最多、对水分最敏感的时期。这时适宜的土壤含水量为田间持水量的 70%～80%，低于 70% 就要浇水，每亩浇 55～60m³。这时灌溉，可以提高玉米花粉和花丝的生活力，有利于授粉结粒；可以延长叶片的功能期，提高光合能力，增加干物质生产；有利于籽粒灌浆，减少籽粒败育，增加稳粒数和提高千粒重。灌抽穗水一定要及时、灌足，不能等天靠雨，若发现叶片萎蔫再灌水就晚了。据试验，抽雄穗前后短期干旱，叶片萎蔫 1～2 天再灌水的，会减产 20%。

（4）灌浆水　籽粒灌浆期间仍需要较多的水分。适宜的土壤含水量为田间持水量的 70%～75%，低于 70% 就要浇水，一般情况下每亩浇水 55m³ 左右。这时灌溉，可以防止植株早衰，保持较多的绿叶数，维持较高的光合作用；可以延长籽粒灌浆时间和提高灌浆速度，有利于提高粒重。

109. 如何通过栽培措施实现玉米节水？

玉米属深根系作物，根系发达且入土较深，抗旱能力强，比较适宜缺水地区种植。玉米的水分生产率是水稻的 4.3 倍，小麦的 2 倍。即使品种一样，生长环境相同，不同的栽培措施，玉米的需水量和水分利用率也不一样。采用合理的栽培抗旱节水技术措施，耗水量达到 400～450mm（267～300m³/亩），即可获得丰产。

（1）深耕深翻　秋季深耕深翻以土蓄水是解决旱地玉米需水的重要途径之一。在 10～40cm 时的耕层范围内，产量随耕翻深度的增加而逐渐提高，以耕翻 40cm 时产量最高，比耕深 20cm 的增产 20％左右。因此，要想使旱地玉米增产，必须在种植前逐年加深耕层，增加土壤蓄水保水能力，最大限度地利用有限水源，提高玉米产量。

（2）选用抗旱良种　因地制宜地选用抗旱和丰产性能好的品种，是提高旱地玉米产量的有效措施。

（3）适期套种　利用玉米苗期较耐旱的特点，实行麦田套种，使玉米的需水规律与自然降水基本吻合，可基本满足玉米生长发育对水分的需求。玉米套种一般在 5 月底 6 月初（即麦收前 7～15 天）进行，这时一般年份都有一次降雨过程，利于出苗，但出苗后又常遇干旱，而此期干旱对玉米幼苗影响不大，因这时玉米叶面积小，需水少，经短时抗旱锻炼，还能起到蹲苗的作用，促进根系生长，增强吸收功能，提高抗灾能力。7 月份汛期来临时，玉米已进入大喇叭口期，营养生长与生殖生长并进，是需水最多的时期，这时降雨多，满足了玉米的需要。同时，玉米套种既避免了"芽涝"，又延长了生育期，能充分发挥中晚熟大穗玉米品种的增产潜力，获得高产。

（4）采用小畦灌和垄作沟灌的种植方式　灌水方法不当，不仅浪费水，还会增加玉米的需水量，降低水分利用率。大畦漫灌不易控制浇水量，流量大，容易发生径流；小畦灌和垄作沟灌较大田漫灌可减少灌水定额 20％～25％。小畦灌就是把大田块改成小田块，方形田块改成长形田块的种植方式。垄作沟灌就是使田面形成垄沟相间分布，在垄坡上种玉米，在沟内灌水的一种种植方式。一般玉米垄沟修筑的规格是：垄面宽 50cm，沟底宽 20cm，垄坡宽（垄坡垂直投影）20cm，垄高 20cm。垄沟可由人工修筑，也可用打埂机、犁等农具先进行开沟起垄，再经人工修筑成形。

（5）**适当深播**　土壤保水性较好的农田可进行冬灌。对保水性差的沙质农田应采取免冬灌直接春灌足墒播种的方法。同时，玉米单种的播种深度要比套种深，一般以 6～7cm 比较适宜，增强玉米苗期抗旱能力，为苗期控水创造条件。

（6）**合理密植**　旱地玉米产量构成三因素中最活跃的因素是单位面积穗数，其次是穗粒数，而单位面积穗数的多少与种植密度有关，一般情况下，增加种植密度就等于增加了单位面积穗数。旱区玉米产量不高的主要原因之一就是密度偏稀。因此，适当增加种植密度，建立合理的群体结构，协调好穗数、粒数和千粒重之间的关系，是实现旱地夏玉米高产的重要措施，水分利用率也相应提高。但当密度过大时，叶面积增多，相互重叠，群体内环境恶化，导致减产和水分利用率的降低。一般肥地宜密、薄地宜稀；早熟品种宜密，晚熟品种宜稀；高产田取上限，低产田取下限。

（7）**覆膜覆草**　春玉米覆膜能增温保墒，夏玉米覆膜主要起保墒作用。地膜覆盖栽培可以调节土壤水热状况，减少地表蒸发。玉米在地膜覆盖下栽培，可以延缓头遍水灌溉时间，减少灌水定额，一般每亩节约灌水量 50～80m^3，增产 10％～15％。

玉米地覆盖秸秆，可以减少地面水分蒸发，减轻地面径流，增加土壤水分，改善土壤理化性状。每亩用铡碎的麦秸 200～300kg 覆盖在田间土表，既能增加降雨渗入，又可提高蓄水保墒能力，同时具有抑制杂草生长、破除土壤板结、培肥地力等优点，可增产 7％～16％。

用糖厂的废蔗渣或杂草、烂稻草、木薯皮覆盖于已浇水或灌过水的玉米畦面上，厚度 2～3cm，一可防止表土水分蒸发，天下雨时又可贮存水分，保持土壤潮湿；二能抑制杂草生长，避免与玉米争水分、争营养；三是覆盖物腐熟后变成肥料，能被作物吸收。

（8）**早间苗定苗**　3～4 叶期间苗，4～6 片可见叶期定苗，避免苗拥挤，争肥争光争水。

（9）**中耕保墒**　中耕有切断土壤毛细管和除去杂草的作用，因而中耕减少了水分的无效消耗，降低了玉米田的耗水量。尤其是玉米苗期，田间覆盖少，中耕抑制土壤水分蒸发的效果更好。一般分别在玉米出苗期与拔节期灌头遍水后及时中耕 2 次。

（10）**合理施肥、以肥调水**　因地制宜按土壤肥力特点和玉米需肥特点进行平衡施肥。在采取氮、磷、有机肥配合施用的基础上，高产田要控磷增氮，中低产田要控氮增磷。同时，基施的农家肥和磷肥应尽量深施，以促进下层根系的生长，提高玉米的抗旱能力。在相同条件下，增施肥料可促进植株根茎叶的生长，从而使耗水量增加。但耗水量的增加却小于产量的增加，因而提高了水分的利用率。据研究，玉米施氮肥比不施氮肥平均需水量增加了 32.5mm，产量增加 60％，水分利用率提高 44％。

（11）促控结合、有限灌溉 大量的研究表明，玉米苗期对水分胁迫的抵抗能力较强，适当的水分胁迫可起到蹲苗和抗旱锻炼的作用。因此，玉米苗期的水分管理以控为主，一般不需要灌水。拔节期要及时灌水，一方面通过灌水追肥满足玉米快速生长的要求，另一方面对苗期控水产生补偿效应。抽雄期水分胁迫将导致严重减产，应及时灌水。灌浆期正逢雨季，如果降水正常，可不灌水，如果遇上干旱，可适时补灌 1 次水。

（12）使用抗旱剂

① SA-1 吸水剂拌种 SA-1 吸水剂为高吸水树脂，用其拌种，可大幅度提高土壤的吸水率和保水性，并兼有良好的保肥效果。据试验，以玉米种子重量 1.5％～2％的 SA-1 吸水剂拌种，播种在田间含水量仅为 8％的地块，出苗率 85％～90％，比对照组增产 10％～15％。

② 施用阿司匹林 阿司匹林的化学名称是"乙酰水杨酸"，在水中能分解成水杨酸和醋酸，进入植株体内后，能减少水分蒸腾，从而抗御干旱。试验表明，播前用 0.05％的阿司匹林水溶液浸种 12 小时，可提高出苗率 15％～20％，幼苗长势苗壮，增产 6.5％～8％；玉米生长期受旱时，叶面喷施 0.05％～0.1％的阿司匹林水溶液，能明显减轻旱象，平均增产 10％以上。

③ 喷施抗旱剂 抗旱剂的化学成分是黄腐酸，主要作用是降低叶片蒸腾强度，提高根系活力，防止早衰。在受旱情况下，每亩用抗旱剂 1 号、FA 旱地龙或生化黄腐酸 80～100g，兑水 50～75kg 全株喷雾，增产幅度为 9％～17.2％。

110. 玉米种植怎样使用抗旱保水剂？

各阶段的施用原则：应施在种植沟穴中根系分布的土壤层中，必须让部分根系接触到抗旱保水剂（可撒施在种植沟穴内与根土拌匀）。

施入的抗旱保水剂须覆土掩盖，避免日晒。根据缺水情况应采用湿施法：将抗旱保水剂吸水成凝胶后施用。以下所称的凝胶剂，除注明吸水倍数者外，均以预先吸水 200 倍为例。

（1）播种时基施　按常规做好土畦。每亩用凝胶剂 300～600kg，均匀施入种植沟中 10～25cm 的范围内，与沟土翻混均匀后即可播种，然后覆土掩盖抗旱保水剂。如在雨季或潮湿的地块施用，可直接施干品抗旱保水剂，用量为每亩 1.5～3kg。

（2）已种玉米追施　根据玉米植株的大小，在行距主茎的一侧 10～30cm 处，挖一条一锄宽的平行沟，沟深应露出大部分根须，按亩施 300～600kg 凝胶剂的量，将凝胶剂均匀撒入沟内与根土翻混均匀，最后覆盖原土。

（3）拌种直播　对人工挖沟穴的地，如在苗期缺水、生长期不缺水的地域，按抗旱保水剂干品 1kg 拌玉米种 2～3kg 的量，先将抗旱保水剂投入 50～300 倍水中，吸成凝胶后倒入种子拌匀（可再加入总重 1～5 倍的细土充分拌匀），即可手工播入沟穴中并覆土掩盖；如在整个生长期都缺水的地域，应按抗旱保水剂干品 1.5～2kg 拌玉米种 2～3kg 进行。

对不挖沟穴必须机播的地，在前述的抗旱保水剂拌种及加土的比例上，可再加大几倍的细土，将凝胶和种子拌成易分散的湿润混合物后，对播种机口作适当改动，即可机械播种。

（4）包衣拌种　用吸水 300 倍的凝胶剂 1kg（仅提高发芽率），加入 1～5kg 需浸种的种子中拌匀，视需要堆闷若干小时后即可播种。为解决全程生长用水，必须同时在土畦中每亩沟施抗旱保水剂干品 1.5～2kg。

111. 怎样进行玉米的沟灌节水？

沟灌是我国玉米产区普遍采用的方法。

（1）沟灌方法　先在玉米行间开沟，或灌前结合培土，在玉米行间开出深 20～25cm 的垄沟。如田面平坦，土壤渗水较快的地块，沟长以 50～100m 为宜，如地面坡度大和渗水较慢的黏土，灌水时易形成"跑马水"的地块，则沟长宜增加至 100m 以上。

（2）沟灌优点　灌溉水通过在玉米行间的水平灌水沟内流动，靠重力和毛管作用，向沟的两侧土层浸润，较大水漫灌对土壤的团粒结构破坏轻，灌水后表土疏松，保证玉米根层土壤通气性，减少肥料流失；灌水量较均匀，不易引起地下水位升高，节约用水，还可延长保墒时间；在苗期或玉米生育后期不需要大水灌溉时，还可以采取隔沟灌溉；春玉米垄作栽培时，更便于灌排结合，旱时放水灌溉，涝时可以排水防涝。

🌱 112. 怎样进行玉米的畦灌节水？

（1）畦灌方法 按一定距离打埂筑畦和开畦沟，将玉米地块做成长方形畦床，畦床长度通常为 20～30m，宽度为 2～2.5m，在畦床上以 3～4 行玉米为一畦，由毛沟开口，引水入畦，在畦田面上的流动过程中，靠重力作用入渗土壤。

要使灌溉水分配均匀，必须严格整平土地，修建临时性畦埂，畦田整平土地的要求一般是田坡度为 0.001～0.003，在目前土地整平程度不太高的情况下，长畦分段灌溉和把大畦块改变成较小的畦田块的小畦田灌溉方法具有明显的节水效果，可相对提高田块内田面的土地平整程度，灌溉水的均匀度增加，田间深层渗漏和土壤肥分淋失减少，节水效果显著。

（2）畦灌优点 灌水量大，即使地面欠平坦，也可达到耕层灌透的目的；利用原有畦床的沟渠灌溉，无需另筑畦和挖沟。

（3）畦灌缺点 用水量大；造成土壤板结，对玉米根系发育不利。除用于播种前浇足底水外，生育期间应尽量不采用此种灌溉方法。

🌱 113. 怎样进行玉米的滴灌节水？

（1）滴灌方法 滴灌是利用一种低压管道系统，将灌溉水经过分布在田间地面上的每一个滴头，以点滴状态缓慢地、经常不断地浸润玉米根部的灌溉过程。

（2）滴灌优点 能湿润玉米根部耕层土壤，避免因渗漏、棵间蒸发、地面径流等造成的水分损失，比一般喷灌节水 30％以上。滴灌的水滴对土壤的冲击力小，不易破坏土壤结构，能使根系一直处在比较适宜的环境中，有利于生长发育。可以结合滴灌施用可溶性肥料，提高肥料利用率。

（3）滴灌缺点 投资大、管道和滴头易堵塞。

114. 怎样进行玉米的膜上灌溉节水？

膜上灌溉，是玉米实行覆膜栽培的一种灌溉方法。膜上灌溉是由地膜输水，并通过放苗孔和膜侧旁使水入渗到玉米的根系。由于地膜水流阻力小，灌水速度快，深层渗漏少，节水效果显著。和常规灌溉相比，膜上灌溉节水幅度可达 30%～50%。

目前膜上灌溉技术多为打埂膜上灌溉，即做成 95cm 左右宽的窄畦床，把 70cm 地膜铺于其中，一膜种植两行玉米，膜两侧为土埂，畦长根据地块面积大小和地面地势而定，一般为 20～30m。

115. 玉米覆膜集雨技术要点有哪些？

该项技术集成了膜面集雨技术、覆盖抑蒸和起垄沟播技术。其主要优点：一是通过大小双垄覆盖地膜，充分接纳降雨，特别是春季 5mm 左右的微小降雨，汇集雨水进入播种沟，保证玉米正常出苗；二是全膜覆盖最大限度减少土壤水分的无效蒸发，使降水利用率达到 90% 左右；三是全膜覆盖能防治田间杂草，并且有效减轻土壤表面的风蚀和降雨冲刷。

该技术集雨效果十分显著，能有效解决旱作区春旱严重影响播种的问题，又能使春季微小的降雨（雪）发挥作用。

116. 玉米喷灌节水技术要点有哪些？

喷灌是用一定的压力将水经过田间的管道和喷头喷向空中，使水经拨打后散成细小的水珠，像降雨一样均匀地喷洒在植株和地面上的灌溉方法。它是一种比较先进的灌溉技术。

（1）喷灌优点

① 无需修渠挖沟，在丘陵山地也适用，可以节省一部分土地和劳力。

② 节约用水。喷灌基本上不产生深层渗漏和地面径流，而且灌水比较均匀。一般可节水 30%～50%。在透水性强、保水力差的沙质土壤地区，可节水 70%～80%。

③ 玉米生育期间如需要喷施农药或叶面施肥，可结合喷灌一起进行。

④ 喷灌不会造成田面积水成涝，且能节约灌溉时间。

⑤ 可以改善玉米生长发育的条件。喷灌每次灌水量较小,不易破坏土壤的结构,使玉米根系生长有一个良好的土壤环境。喷灌可增加空气湿度,降低气温。以每次喷水量 30～40mm 为宜,低产田喷的次数可少些,高产田可多些。对水资源不足、透水性强的地区尤为适用。

（2）喷灌缺点　设备投资高,不是所有生产者都能承受的;约有 20% 的喷洒水滞留在玉米叶面,随即又被蒸发散失;玉米进入生育中后期,植株高大,在田间移动喷管（非固定式喷灌）操作相当困难;耗能多、不均匀,风速大于 3 级时会影响灌溉质量。

（3）玉米中后期喷灌注意事项　玉米中后期植株高大,株高一般都在 2m 左右,这样原有的喷灌设备受到了限制,用两种方法可以解决。

① 加高立管　立管在原有的基础上加高 50～80cm。采用这种方法喷灌的,由于立管加高后的压力减小,所以要减少喷头数量。一般情况下每组喷头由原来的 12 个减少 1～2 个。另外,还要注意立管的稳定性,加高部分可用较轻的铝管或硬塑料管,还可以采取加固稳定措施。喷灌时间一般为 5～6 小时。

② 玉米打尖　要想使用原有的设备,可以将喷头周围直径为 2～3m 范围内的玉米尖打掉,这样喷出的水便可到达有效的范围内。这种方法虽简单,但费工费时。

第七节　玉米用药技术疑难解析

117. 如何识别与预防玉米有机磷杀虫剂药害?

（1）药害症状　疏水性强的辛硫磷等有机磷农药被叶绿体或其周围组织吸附,致叶绿体功能发生紊乱,抑制光合成,出现变色,生产上因玉米品种、发育阶段、环境因子等条件不同,药害程度不同,会造成叶部枯死、变色、畸形等。施用辛硫磷过量可致叶片局部或大部分变白,致叶片干枯似冻害状。

（2）产生原因　玉米对敌百虫、敌敌畏等杀虫剂敏感;施用辛硫磷防治害虫时用量过高。

（3）**预防措施**　在玉米田尽量不用敌百虫、敌敌畏等敏感杀虫剂，施用辛硫磷防治害虫时严格掌握用量。

118. 如何识别与防止玉米三唑类杀菌剂药害？

（1）**药害症状**　一般表现为种芽拱不出土、弯曲，在地下展开子叶，次生根减少，生长畸形，出苗延迟，较正常玉米一般晚出苗2～3天，重的不出苗，造成缺苗断垄。玉米出苗后，株型矮化，叶片变小变厚，叶色深绿，根短小，根毛稀少。药害轻者可逐渐恢复正常，重者不能拔节，严重者减产或绝产。

（2）**产生原因**　三唑酮、三唑醇、烯唑醇拌种药剂常用来防治玉米丝黑穗病等，当药量超过推荐剂量时，或受春季低温或干旱影响时，会对玉米幼苗生长造成伤害。

（3）**预防措施**　三唑类杀菌剂产生的抑苗药害，药害较轻时，可喷施植物生长调节剂，促进玉米生长。如果药害非常严重，应考虑补种或毁种，以免严重减产或绝产。

119. 如何识别与防止高浓度杀虫剂点玉米芯防治玉米螟所引起的药害？

农民在防治玉米螟时，用4.5％高效氯氰菊酯乳油300mL，兑水45kg，进行玉米植株药液点心，造成了严重药害。用高浓度的乐果点心也可造成药害，玉米心叶基部腐烂，引起细菌感染，发出恶臭，心叶卷曲，歪向一侧，有的心叶屹立不倒但已干枯，有的心叶叶片有大块农药灼烧斑点等症状。

药害造成玉米心叶腐烂干枯的，建议及早毁种改种其他作物。药害造成玉米叶片有烧灼药斑，心叶未腐烂的，可以喷洒1.8％复硝酚钠水剂（爱多收）、尿素水等叶面肥进行补救，一般可恢复生长。

120. 如何识别与防止玉米控旺剂喷洒过多引起的药害？

玉米控旺剂喷洒过早或超量，玉米表现生长缓慢，叶色浓绿，秸秆明显变粗，节间缩短，叶片堆叠在一起，穗位低、秃尖等，影响玉米产量。玉米喷洒控旺剂要按说明使用，不能随意加大剂量重喷，干旱严重时玉米长势弱，要暂缓使用；喷洒玉米控旺剂超量地块，应及时喷洒清水清洗，再喷洒一些促进生长的激素类物质，可以减轻药害影响。同时要加强肥水管理，适当增施氮肥。有条件的适当浇水促生长，不旱即可。药害严重的要及时毁种改种其他作物。

121. 玉米发生药害后的补救措施有哪些？

田间施药一周内要加强田间检查，一旦发现药害，应立即根据不同用药品种与用量来预测可能造成的危害程度，立即采用相应的技术措施进行补救，以缓解药害程度。玉米发生药害所能采取的补救措施，主要是改善作物生育条件，促进作物生长，增强其抗逆能力。如采取耕作措施，疏松土壤，增加地温和土壤通气性。根据作物的长势，补施一些速效的氮、磷、钾肥或其他微肥。叶面施肥更好，肥效来得快。也可喷施一些助长和助壮的植物生长调节剂，特别是促进根系生长的。但一定要根据作物的需求，不可随意施用，否则会适得其反。如果地面有积水要及早排除；如果发生病虫害，应及早防治。总之，只要有利于作物生长发育的措施，都有利于缓解药害，减少损失。

（1）及时中耕、灌水缓解药害　对土壤处理型除草剂因使用剂量过大形成的药害，可采用中耕，连续灌水泡田排水，反复冲洗的办法缓解药害；并可在浇水时施入一定量的石灰粉来中和酸性除草剂，由此将残留药剂洗净排出，减少土壤中残留的除草剂含量。同时加强田间管理，增强玉米抗性。

（2）加强田间管理，促苗早发快长　对发生药害的玉米田块应加强管理，结合浇水，增施腐熟人畜粪尿、碳酸氢铵、硝酸铵、尿素等速效肥料，促进根系发育和再生，恢复受害玉米的生理功能，促进作物健康生长，以减轻除草剂药害对农作物的危害；加强中耕松土，破除土壤板结，增强土壤的透气性，提高地温，促进有益微生物活动，加快土壤养分的分解，增强根系对养分和水分的吸收能力，使植株尽快恢复生长发育，降低药害造成的损失；同时，还可叶面喷洒 $1\%\sim2\%$ 的尿素，或 0.3% 的磷酸二氢钾溶液，或惠满丰 $600\sim800$ 倍液，以促进作物生长发育，尽快恢复生长。

（3）喷施植物生长调节剂或针对不同药剂的解毒剂　植物生长调节剂对玉米生长发育有很好的刺激作用，同时还可利用锌、铁、钼等微肥及叶面肥促进作物生长，有效减轻药害。常用植物生长调节剂有赤霉酸、芸苔素内酯、复硝酚钠等。

除草剂的解毒剂，可以减轻或抵消除草剂对作物的毒害。例如萘酐是选择性拌种保护剂，能被种子吸收，并在根和叶内抑制除草剂对作物的伤害，此类药物可使玉米免受乙草胺、丁草胺、异丙甲草胺等除草剂的伤害。

（4）及时补救毁种　对较重药害，应在查明药害原因的基础上，尽快采取针对性补救措施，严重药害尚无补救办法的，要抓紧时间改种、补种，弥补损失。

第四章
玉米主要病虫草害全程监控技术

第一节　玉米病虫害综合防治

122. 怎样进行玉米病虫害的综合防治？

　　玉米病虫害种类繁多，全世界玉米病害 80 多种，我国 30 多种，其中叶部病害 10 多种，根茎部病害 6 种，穗部病害 3 种，系统性侵染病害 9 种。主要病害有大斑病、小斑病、丝黑穗病、瘤黑粉病及纹枯病等。玉米害虫有 50 多种，常发性害虫有 10 多种，在苗期普遍受蛴螬、金针虫、蝼蛄和地老虎等地下害虫危害，生长季节还常受玉米蓟马、蚜虫、亚洲玉米螟和多种穗期害虫的严重为害。不同生育阶段的种类也各有差异，在防治时，要在明确主要病虫害发生规律的基础上，因地制宜地协调应用各种必要措施，才能有效地控制其危害。

　　（1）防控目标　重点防控玉米螟、黏虫、棉铃虫、地下害虫、大斑病、南方锈病、小斑病、褐斑病等"四虫四病"，防治处置率 90％以上，综合防治效果 85％以上，专业化统防统治率 40％以上，危害损失率控制在 5％以内，进一步扩大绿色防控技术推广使用面积。

　　（2）防控策略　针对玉米不同种植区域和生育期的重点病虫害，以绿色防控技术为支撑，大力推进专业化统防统治与绿色防控融合，实施秸秆粉碎还田、选用抗耐病虫品种，实施种子处理、苗期病虫害防治、赤眼蜂防螟和中后期病虫防治技术，实现节本增效，保障玉米生产安全。

　　（3）防控措施

　　① 播种前防治

　　a.选用抗、耐病虫品种　根据当地发生的病虫害种类，选用优良的抗、耐病虫高产品种，并合理安排品种布局和品种轮换。

b.深耕灭茬和冬耕冬灌　玉米收获后，彻底深翻土壤或实行冬耕冬灌，将病株残体翻入土中，加速腐烂分解，可有效地消灭地下害虫、棉铃虫越冬蛹及减少纹枯病、黑粉病的侵染来源。

c.秸秆处理　于春季玉米螟化蛹前，采用烧、轧、封等方法彻底处理玉米、高粱秸秆、玉米穗轴，可消灭大部分越冬玉米螟、高粱条螟，压低虫源基数。

d.清洁田园　清除田间、地边与沟边杂草，切断病虫发生的桥梁寄主植物，能有效地预防玉米粗缩病、玉米蓟马和红蜘蛛的发生。

② 播种期防治

a.浸种或烫种灭菌　用温水浸种或开水烫种，可防治由种子带菌的病害。

b.药剂拌种　防治玉米青枯病时，可用生防菌哈茨木霉、绿色木霉菌拌种或穴施，都有明显的防治效果。每10kg种子用2％戊唑醇湿拌种剂30～60g，或3％苯醚甲环唑悬浮种衣剂30～40mL＋70％噻虫嗪可分散性粉剂30g或50％辛硫磷乳油20mL，防治苗枯病、黑穗病、粗缩病、纹枯病、灰飞虱、蚜虫、蓟马、地下害虫等。

c.种子包衣　针对各地的主要病虫害选择包衣药剂。丝黑穗病：用内吸杀菌剂，有效成分为戊唑醇、三唑醇、烯唑醇。地下害虫：用胃毒和内吸杀虫剂，辛硫磷。苗枯病：用内吸杀菌剂福·克种衣剂、400g/L萎锈·福美双（卫福）悬浮种衣剂。苗期刺吸式害虫：用内吸杀虫剂，吡虫啉。

d.提早播种　适期早播可以缩短玉米生长后期处于低温多雨和高湿阶段的时间，能减轻多种病虫的发生与危害。

e.玉米播种后出苗前　每亩用50％乙草胺乳油200mL或72％异丙甲草胺乳油150～200mL，加30～40kg水，进行地表喷雾，防治苗期杂草。每亩用奈安（除草安全添加剂）80～100g与除草剂混合使用，可以预防除草剂药害。

f.实行轮作或间套作　因地制宜地实行玉米和棉花、蔬菜、花生、甘薯等轮作，可抑制某些病害的发生。如对青枯病发病严重的地块与甘薯等作物实行2～3年轮作，有明显控制效果；玉米与矮秆作物大豆、花生、马铃薯等间作套种，可增强田间通风透光能力，对控制玉米大斑病、小斑病有重要作用。

③ 苗期防治　苗期防治对象主要有地下害虫（如地老虎、金针虫）、玉米蚜、蓟马、黏虫和玉米粗缩病等。

a. 加强肥水管理　培育壮苗，增强植株抗病虫能力。低洼地应注意排水，降低田间湿度，以减轻多种病害的发生；干旱时应适时浇水，以促进玉米植株早发快发，增强植株的抗病虫能力。

b. 铲除杂草　清除毒原寄主和切断媒介昆虫（如飞虱、蚜虫）的桥梁寄主，以预防多种虫传病害的发生。结合间苗定苗，拔除粗缩病、矮花叶病株和虫株，带出田外沤肥，可减少病虫的再侵染和传播蔓延。

玉米苗 3～5 叶期、杂草 2～4 叶期，每亩用 4％烟嘧磺隆悬浮剂 100mL 或 40％乙·莠水 250mL，加水 30～40kg 喷雾，防治苗期杂草。每亩用奈安 80～100g 与除草剂混合使用，可以预防除草剂药害。

早播玉米田，在 2～3 叶期，用 10％吡虫啉可湿性粉剂 1500 倍液、25％吡蚜酮可湿性粉剂 2000 倍液或 25％噻虫嗪水分散粒剂 15000 倍液，均匀喷雾，防治灰飞虱、蓟马等苗期害虫，预防玉米粗缩病。

在二点委夜蛾重发田，在幼苗 2 龄期，每亩用炒香的麦麸 3kg 兑适量水加 48％敌百虫原药 500g 拌成毒饵，于傍晚顺垄撒在玉米苗周围。或用 50％辛硫磷乳油 1000 倍液，进行全田喷雾。试验证明，喷雾、撒毒饵、撒毒土对二点委夜蛾防治效果好，灌根效果较差。

④ 心叶期至穗期防治　主要防治对象有纹枯病、大斑病、小斑病、黑粉病、锈病、玉米螟、红蜘蛛、黏虫和蝗虫等。

a. 清洁田园　及时摘除病叶、摘除黑粉病菌瘤，铲除青枯病、粗缩病等病株残体并销毁，消灭病菌的再侵染源。在病瘤未出现前，喷洒硫酸铜进行防治。

b. 保护天敌昆虫　根据生物与环境相互协调的原因和天敌生存、繁衍与大环境、小环境的关系，利用有机田块的缓冲带、隔离带、诱集带、多物种的生态岛，田边的矮树丛和保护带等，建立有利于天敌增殖、繁衍的生态条件，为有益的天敌昆虫提供多样化的生存空间。

c. 灯光诱杀　利用害虫的趋光性，使用频振式杀虫灯、太阳能式杀虫灯等，可诱杀 300 多种害虫，并且被诱杀的多为成虫，有利于压低虫口密度。

d. 食饵诱杀　以害虫特别喜食的食物作诱饵，采用糖、醋诱杀成虫，马粪和麦麸诱集蝼蛄等引其集中采食而消灭。

e.黄板诱杀　在30cm×40cm的黄色塑料板上涂上黏油剂，诱杀蚜虫等。

f.生物防治　心叶末期和穗期玉米螟的防治。于幼虫盛孵期，用苏云金杆菌稀释后喷于心叶丛中或穗上，或滴灌雌穗顶部。此外，还可田间释放松毛虫赤眼蜂或玉米螟赤眼蜂进行生物防治。

⑤ 主要病虫防治技术措施

a.玉米螟　秸秆粉碎还田，减少虫源基数；越冬代成虫羽化期使用杀虫灯结合性诱剂诱杀；成虫产卵初期释放赤眼蜂灭卵。心叶末期喷洒苏云金杆菌、白僵菌等生物农药，或选用氯虫苯甲酰胺、高效氯氟氰菊酯、甲氨基阿维菌素苯甲酸盐等杀虫剂喷施。

b.地下害虫及蓟马、蚜虫、灰飞虱、甜菜夜蛾、黏虫、棉铃虫等苗期害虫　利用含有噻虫嗪、吡虫啉、氯虫苯甲酰胺、溴氰虫酰胺等成分的种衣剂进行种子包衣。

c.根腐病、丝黑穗病和茎腐病等　选用抗病品种，选用有咯菌腈·精甲霜、苯醚甲环唑、吡唑醚菌酯或戊唑醇等成分的种衣剂进行种子包衣。

d.玉米叶斑类病害　选用抗病品种，合理密植，科学施肥。在玉米心叶末期，选用苯醚甲环唑、烯唑醇、吡唑醚菌酯等杀菌剂喷施，视发病情况隔7～10天再喷一次，褐斑病重发区在玉米8～10叶期用药防治。与芸苔素内酯等混用可减量增效。

e.玉米纹枯病　选用抗耐病品种，合理密植。发病初期剥除茎基部发病叶鞘，喷施生物农药井冈霉素A，或选用菌核净、烯唑醇、代森锰锌等杀菌剂喷施，视发病情况隔7～10天再喷1次。

f.玉米蚜虫　玉米抽雄期，蚜虫盛发初期喷施噻虫嗪、吡虫啉、吡蚜酮等药剂。

g.玉米叶螨　播种至出苗前，清除田边地头杂草。点片发生时，选用哒螨灵、噻螨酮、克螨特、阿维菌素等喷雾，重点喷洒田块周边玉米中下部叶背及地头杂草。

h.棉铃虫　产卵初期释放螟黄赤眼蜂灭卵，或卵孵化盛期选用苏云金杆菌制剂、甲氨基阿维菌素苯甲酸盐、氯虫苯甲酰胺等喷雾防治。

i.二点委夜蛾　深耕冬闲田，播前灭茬或清茬，清除玉米播种沟上的覆盖物。利用含有溴氰虫酰胺等药剂成分的种衣剂进行种子包衣。应急防治可选用氯虫苯甲酰胺、甲氨基阿维菌素苯甲酸盐等，可采用喷雾、毒饵诱杀或撒毒土等方式。

（4）专业化统防统治主推技术

① 秸秆处理、深耕灭茬技术　采取秸秆综合利用、粉碎还田、深耕土壤、播前灭茬的方法，压低病虫源基数。

② 成虫诱杀技术　在害虫成虫羽化期，使用杀虫灯诱杀，对玉米螟越冬代成虫可结合性诱剂诱杀。

③ 种子处理技术　根据地下害虫、土传病害和苗期病虫害种类，选择适宜的种衣剂实施种子统一包衣。

④ 苗期害虫防治技术　根据苗期二代黏虫、蓟马、灰飞虱、甜菜夜蛾、棉铃虫的发生情况，选用适宜的杀虫剂喷雾防治。使用烟嘧磺隆除草剂的地块，避免使用有机磷农药，以免发生药害。

⑤ 中后期病虫防治技术　心叶末期，统一喷洒苏云金杆菌、白僵菌等生物制剂防治玉米螟幼虫；根据中后期叶斑病、穗腐病、玉米螟、棉铃虫、蚜虫和双斑长跗萤叶甲等病虫的发生情况，合理混配杀虫剂和杀菌剂，控制后期病虫为害。推广使用高秆作物喷雾机和航化作业，提升中后期防控作业能力。

⑥ 赤眼蜂防虫技术　在玉米螟、棉铃虫、桃蛀螟等害虫产卵初期至卵盛期，选用当地优势蜂种，每亩放蜂 1.5 万～2 万头，每亩设置 3～5 个释放点，分两次统一释放。

第二节　玉米主要病害的识别和防治

❦ 123. 如何防治玉米苗枯病？

苗枯病是玉米的一种重要的苗期病害，由轮枝镰孢菌、串球镰刀菌、禾谷镰孢菌、玉米丝核菌等多种真菌单独或复合侵染引起，是苗期玉米根部或近地茎组织腐烂的总称。玉米苗枯病从 2 叶 1 心期便可表现症状，主要发生在 5 月中、下旬，玉米 4～7 叶期。

（1）农业防治

① 选用抗病品种。

② 轮作倒茬。要尽量合理安排茬口，与非玉米茬作物轮作，尤其以小麦、玉米带状种植后的茬地，要科学地安排前茬小麦带进行小倒茬。

③ 深翻灭茬，平整土地。玉米收获后要及时深翻灭茬，促进病残体分解，抑制病原菌繁殖，减少土壤带菌量。播前要精细整地，防止积水，促进根系发育，增强植株抗病力。

④ 合理施肥，加强栽培管理。增施腐熟的有机肥料。严禁施用未腐熟肥料，阻断肥料带菌途径，减少发病。雨后及时划锄，打破土壤板结，增强土壤通气性，促进根系生长发育，提高抗病能力。

⑤ 育苗移栽补苗。适量的育苗移栽补苗，解决因苗枯病形成的缺苗断垄。方法是玉米播种时，选择背风向阳的地方整理苗床或准备营养钵，为降低生产成本，营养钵可用旧塑料或牛皮纸自制，规格为直径 7～8cm、高 8～9cm 即可。苗床土和基质用过筛的炉渣和河沙 3∶1 混合，加入适量腐熟的有机肥拌匀后装入苗床和钵体中，浇水，2～3 天后播种消毒种子。移栽时必须做到带土（或基质）移栽，及时浇水，绝对不能伤根，造成缓苗，否则植株不能正常发育，影响授粉时间的配合和产量。

（2）种子消毒　播前 1 周，用 50% 多菌灵可湿性粉剂 800 倍液或 40% 二氯异氰尿酸钠（克霉灵）600 倍液浸种 40 分钟，晾干后播种。或用抗菌剂 1 份加水 20 份的浸出液，浸泡种子 12 小时播种，既能防病又能壮苗增产。也可采用咯菌腈种衣剂或 50% 多菌灵可湿性粉剂 500 倍液拌种，防效良好。

（3）药剂喷雾　田间出苗后发现有萎蔫病叶或个别病株时，应喷药防治，可选用 50% 多菌灵可湿性粉剂 500 倍液，或 72% 霜脲·锰锌可湿性粉剂 600 倍液、58% 甲霜·锰锌可湿性粉剂 500 倍液，喷洒均匀。

124. 如何防治玉米粗缩病（"坐地炮"）?

玉米粗缩病（彩图 42），又名黑条矮缩病、"坐地炮"、万年青、生姜玉米、小矮子玉米、座坡、君子兰苗、矮古墩，也被称为"玉米癌症"。每年的 5 月中旬至 7 月，春玉米和夏玉米都有不同程度发生。

（1）农业防治

① 加强监测和预报　在病害常发地区有重点地定点、定期调查

小麦、田间杂草和玉米的粗缩病病株率和严重度，同时调查灰飞虱发生密度和带毒率。在秋末和晚春及玉米播种前，根据灰飞虱越冬基数和带毒率、小麦和杂草的病株率，结合玉米种植模式，对玉米粗缩病发生趋势做出及时准确的预测预报，指导防治。

② 选用抗病品种　种植抗病品种是防治"粗缩病"最简单、经济的有效方法。要根据本地条件，选用抗性相对较好的品种，同时要注意合理布局，避免单一抗原品种的大面积种植。

③ 轮作换茬　往年发病较重田块，可轮作1年其他作物，消灭原病菌源或让其自然死亡，次年再种玉米。

④ 合理安排茬口　每年6月下旬至7月上旬是灰飞虱、蚜虫高发期，也是"粗缩病"高发期。合理安排茬口，切断传播途径，避开病害侵染高峰期，生产中可采用套作玉米或带苗移栽办法提前播种，待灰飞虱、蚜虫高发时，夏玉米已生长健壮，大大提高了自身抗病虫能力和抗侵染能力。根据玉米粗缩病的发生规律，在病害重发地区，应调整播期，使玉米对病害最为敏感的生育时期避开灰飞虱成虫盛发期，降低发病率。

⑤ 加强栽培管理　玉米除自身抗病外，也必须加强栽培管理，以清除病田带菌残株，控制传染源。施足基肥，增施磷、钾肥，提高抗病力。梅雨季节做好清沟沥水和中耕工作，不给病菌和灰飞虱、蚜虫存在空间。及时中耕除草，在玉米3～5叶期，每亩用40g/L烟嘧磺隆油悬浮剂（玉京香）70～100mL，兑水30～45kg茎叶喷雾，清除路边、田间杂草。清除玉米粗缩病传毒介体灰飞虱的越冬越夏寄主。对麦田残存的杂草，可先除草后喷药，可有效防治玉米粗缩病。同时拔除病苗。

（2）防治灰飞虱　一是可于玉米播种前或出苗前在相邻的麦田和田边杂草地喷施杀虫剂，如亩用10％吡虫啉可湿性粉剂10g喷雾，也可在防治药剂中加入25％噻嗪酮可湿性粉剂20g，能有效控制灰飞虱的数量。用25％噻嗪·异丙威可湿性粉剂800～1000倍液，防除灰飞虱、蚜虫、蓟马等传毒害虫。

二是若玉米已经播种或播后发现田边杂草中有较多灰飞虱，以及春播玉米和夏播玉米都有种植的地区，建议在苗期进行喷药治虫，以10％吡虫啉可湿性粉剂30g/亩＋5％菌毒清水剂100mL/亩喷雾，既杀虫，也起到一定的减轻病害作用，隔7日再喷1次，连续用药2～

3 次可以控制发病。

三是采用药剂拌种，如用 60％吡虫啉悬浮种衣剂拌种，或用 35g/L 咯菌·精甲霜悬浮种衣剂 100mL＋70％噻虫嗪种子处理可分散粉剂 100g 拌种，有效控制灰飞虱在玉米苗期发生量，从而达到控制其传播玉米粗缩病病毒的目的。

喷施药剂的时间赶早不赶晚。到玉米的 7～8 叶期，灰飞虱已把病毒传播到玉米上，其防治效果较差。

不要忽视道旁田边地头灰飞虱的栖息场所，防止玉米田喷药过后，这些地方的灰飞虱再次迁移到玉米田中继续为害。

灰飞虱、蓟马、跳甲等传毒昆虫喜飞善跳，白天多潜藏在土缝中，傍晚出来取食为害。在喷药时间的安排上，一般应掌握在下午四五点钟或傍晚。如果无视这些害虫的生活习性和活动规律，选择上午喷药或中午喷药，不能有效杀灭害虫，影响了药效的发挥。

（3）药剂防治 玉米苗期喷施病毒抑制剂如菌毒清和吗胍·乙酸铜等，发现病株及时拔除深埋，并喷施赤霉素等制剂，促进玉米快速生长。在玉米粗缩病发病初期，也可选用 20％吗胍·乙酸铜可湿性粉剂或 1.8％宁南霉素水剂 250 倍液，3.6％菌毒·吗啉胍水剂 500 倍液、0.5％氨基寡糖素水剂 800 倍液、40％吗啉胍·羟烯腺可溶粉剂 1000～1500 倍液、10％混合脂肪酸乳油 100～200 倍液、0.5％菇类蛋白多糖水剂 250～300 倍液、4％嘧肽霉素水剂 200～250 倍液等叶面喷雾，可增加植株免疫力，促进根系生长。

125. 如何防治玉米矮花叶病？

玉米矮花叶病，又叫花条纹病、黄绿条纹病（彩图 43），在玉米整个生长期都可感病，尤以苗期受害最重。1～2 片叶时可出现症状，7 片叶前后发病最重。

（1）农业防治

① 选用抗病、耐病品种。

② 调节播期，使幼苗期避开蚜虫迁飞高峰期。尤其是夏玉米早播防病效果最好。

③ 加强田间管理，及时中耕除草，结合间苗、定苗及时拔除病株，彻底清除田间杂草，消灭带毒寄主，减少侵染源。

（2）治蚜防病 在矮花叶病常发区，可用内吸杀虫剂包衣，以控制出苗后的蚜虫危害。在玉米播种后出苗前和定苗前，每亩用10%吡虫啉可湿性粉剂 30g＋5%菌毒清水剂 100mL，兑水 40～50kg喷雾，既杀虫，又起到一定的减轻病害作用。

（3）药剂防治 发病初期，喷 0.02%硫酸锌与 0.2%尿素混合液可减轻损失。可用 20%吗胍·乙酸铜可湿性粉剂，或 1.5%烷醇·硫酸铜（植病灵）乳剂 1000 倍液、10%混合脂肪酸乳油 100 倍液、0.5%菇类蛋白多糖水剂 250～300 倍液、5%菌毒清水剂 300 倍液喷雾防治。

126. 如何防治玉米大斑病？

玉米大斑病（彩图 44），又称长蠕孢菌叶斑病、煤霉病、煤纹病、枯叶病、条斑病、叶斑病等。当玉米植株 70～90cm 高时即可发病，主要为害玉米叶片。

（1）农业防治

① 选用抗耐病品种兼抗大斑病、小斑病的玉米杂交种。

② 实行轮作、倒茬制度 避免玉米连作，秋季深翻土壤，深埋病残株，消灭菌源；作燃料用的玉米秸秆，开春后及早处理完，并可兼治玉米螟。

③ 改善栽培技术，增强玉米抗病性 夏玉米早播可减轻发病；与小麦、花生、甘薯套种，宽窄行种植；施足基肥，增施磷、钾肥，病残体作堆肥要充分腐熟，秸秆肥最好不要在玉米地施用，促使植株健壮生长，提高抗病力；合理灌溉，洼地注意田间排水。

（2）化学防治 在玉米苗期，病害发生前期，结合其他病害的防治，每亩可喷施以下药剂：80%代森锰锌可湿性粉剂 150～200g、45%代森铵水剂 70～100mL、50%福美双可湿性粉剂 200～250g、70%代森联水分散粒剂 100～170g、50%多菌灵可湿性粉剂 70～90g＋80%代森锰锌可湿性粉剂 150～200g、70%甲基硫菌灵可湿性粉剂 70～90g＋50%福美双可湿性粉剂 200～250g，兑水 40～50kg。

于玉米心叶末期到抽雄期或发病初期，选用 50%多菌灵可湿性粉剂 500 倍液，或 50%福·福锌可湿性粉剂 800 倍液、10%苯醚甲环唑水分散粒剂 6000 倍液、52%代森锌·王铜可湿性粉剂 600 倍液、嘧啶核苷类抗菌素水剂 200 倍液、25%嘧菌酯悬浮剂 1500～2000 倍液等喷雾 1～2 次，或 50%腐霉利可湿性粉剂 40～80g/亩、50%噻菌灵悬浮剂 25～55mL/亩、58％甲霜•锰锌可湿性粉剂 500 倍液、75％百菌清可湿性粉剂 500～800 倍液、40％敌瘟磷乳油 500～800 倍液、12.5％烯唑醇可湿性粉剂 16～32g/亩、25％丙环唑乳油 30～40mL/亩、25％戊唑醇可湿性粉剂 60～70g/亩、25％联苯三唑醇可湿性粉剂 50～80g/亩、25％咪鲜胺乳油 60～100mL/亩、6％氯苯嘧啶醇可湿性粉剂 30～50g/亩，兑水 40～50kg 喷雾，每隔 10～15 天喷一次。

127. 如何防治玉米小斑病？

玉米小斑病（彩图 45），又称玉米斑点病、玉米南方叶枯病，是全世界玉米区普遍发生的一种叶部病害。长江中下游主要发病盛期在 5～9 月。

（1）农业防治

① 选种抗病品种，并注意品种的合理布局和轮换使用。

② 加强栽培管理，在施足基肥的基础上，及时进行追肥，氮、磷、钾合理配合施用，尤其是避免拔节和抽穗期脱肥，促使植株生长健壮，提高抗病性。适期早播，合理间作套种或实施宽窄行种植，如与大豆、花生、小麦、棉花间作效果较好，此外还应合理密植。注意低洼地及时排水，降低田间湿度，加强土壤通透性，并做好中耕、除草等管理工作。

③ 清洁田园，将病残体集中烧毁，减少发病来源。严重发生小斑病的地块要及时打掉底叶，玉米收获后要及时消灭遗留在田间的病残体，秸秆不要留在田间地头，秸秆堆肥时要彻底进行高温发酵，加速腐解等均可减轻病害的发生。

（2）化学防治　药剂防治玉米小斑病是一种在该病害大流行年份的补救措施。

玉米心叶末期到抽雄期是防治的关键时期。病害发生前期，可选用下列药剂预防：65％代森锌可湿性粉剂 40～50g/亩、75％百菌清可湿性粉剂 50～60g/亩、80％代森锰锌可湿性粉剂 150～200g/亩、40％多菌灵悬浮剂 80～100mL/亩、70％甲基硫菌灵可湿性粉剂 70～90g/亩，兑水 40～50kg，均匀喷雾。

发病初期及时喷药，常用药剂有 25％苯菌灵乳油 40～50mL/亩、50％腐霉利可湿性粉剂 40～80g/亩、25％异菌脲悬浮剂 80～100mL/

亩、50％噻菌灵悬浮剂 26～54mL/亩、12.5％烯唑醇可湿性粉剂 16～32g/亩、25％丙环唑乳油 30～40mL/亩、25％戊唑醇可湿性粉剂 60～70g/亩、25％联苯三唑醇可湿性粉剂 50～80g/亩、25％咪鲜胺乳油 60～100mL/亩等，兑水 40～50kg，均匀喷雾。或用 5％嘧菌酯悬浮剂 1000～2000 倍液、10％苯醚甲环唑水分散粒剂 1500～2000 倍液、2％嘧啶核苷类抗菌素水剂 100～120 倍液、40％敌瘟磷乳油 800～1000 倍液等喷雾防治。从心叶末期至抽雄期，每 7 天喷一次，连续喷 2～3 次。

128. 如何防治玉米灰斑病？

玉米灰斑病（彩图 46）又称尾孢菌叶斑病，病原为半知菌亚门玉蜀黍尾孢菌，真菌病害，7～8 月份降雨频繁时，病害发生严重。

（1）农业防治　种植抗病品种。玉米收获后及时深翻或清除病残体，以减少菌源数量。施足基肥，及时追肥，防止玉米后期脱肥。合理浇水施肥，避免田间积水，促使健壮生长，提高玉米的抗病能力。

（2）药剂防治　在玉米开花授粉后或发病初期及时喷药防治，每隔 7 天喷 1 次，连续 2～3 次。可用 50％多菌灵可湿性粉剂 500 倍液，或 80％福·福锌（炭疽福美）可湿性粉剂 800 倍液、50％福·福锌可湿性粉剂 600～800 倍液、50％异菌脲可湿性粉剂 1000～1500 倍液、25％苯菌灵乳油 800～1000 倍液、20％三唑酮乳油 1000～1500 倍液、25％丙环唑乳油 2000 倍液、80％福美双水分散粒剂 800 倍液、75％百菌清可湿性粉剂 300～500 倍液等药剂喷雾防治。

129. 如何防治玉米弯孢霉叶斑病？

玉米弯孢霉叶斑病（彩图 47），又称玉米弯孢菌叶斑病、螺霉病或黑霉病。主要发生在玉米生长中后期。病原为新月弯孢霉，抽雄后是该病的发生流行高峰期。

（1）农业防治　选用抗病品种，玉米收获后深翻，对玉米秸秆及早处理，减少越冬菌源。在栽培上实行合理轮作和间作套种，合理密植，前期施足基肥，适时增施磷钾肥，后期适时追肥，防止脱肥，提高植株抗病力。及时灌水，抽雄前后要保证水分供应充足。

清洁田园，玉米收获后及时清理病株和落叶，集中处理或深耕深埋，收后深翻，压埋病菌，减少初侵染来源。

（2）**化学防治**　在玉米苗期加强预防，病害发生前期，可用下列药剂：75％百菌清可湿性粉剂 500～600 倍液、50％福美双可湿性粉剂 600～800 倍液、50％多菌灵可湿性粉剂 600～800 倍液＋70％代森锰锌可湿性粉剂 600 倍液，每亩用药液 50～60kg，均匀喷施，可有效控制病害的为害。

玉米抽雄期是预防该病的关键时期，在适合发病天气下，当田间发病率达 10％时，可选用 50％苯菌灵可湿性粉剂 800 倍液，或 50％福·福锌可湿性粉剂 600 倍液、80％福·福锌（炭疽福美）可湿性粉剂 600 倍液、40％氟硅唑乳油 6000 倍液、50％异菌脲可湿性粉剂 1000～1500 倍液、25％丙环唑乳油 2000 倍液等喷雾防治。或 10％苯醚甲环唑水分散粒剂 25～30g/亩、30％氟菌唑可湿性粉剂 20～30g/亩、0.5％氨基寡糖素水剂 100mL/亩、40％双胍三辛烷基苯磺酸盐可湿性粉剂 60g/亩，兑水 50～60kg，均匀喷施，间隔 7～10 天，连续用药 2～3 次。

130. 如何防治玉米锈病？

玉米锈病（彩图 48）为玉米生长中后期的病害，包括普通锈病、南方锈病、热带锈病和秆锈病 4 种，我国目前只有前两种锈病，普通锈病和南方锈病。普通锈病的病原为高粱柄锈菌，南方锈病病原为多堆柄锈菌。6 月中旬至 7 月中旬为玉米锈病的侵染期，8 月底为发病盛期。

（1）**农业防治**

① 种植优良抗病的杂交种　选用抗玉米锈病的品种是经济有效的措施。应用抗病自交系配制新品种和利用现有的抗病品种。

② 合理施肥　采用配方施肥，施磷肥、钾肥，避免偏施氮肥，以提高植株的抗病性。

③ 栽培措施　适当早播，合理密植，中耕松土，浇适量水，创造有利于作物生长发育的环境，提高植株的抗病能力，减少病害的发生。

（2）**药剂防治**　使用化学药剂的作用是抑制孢子萌发和防治病害。在孢子萌发高峰期用药对孢子萌发有抑制作用，可选用 97％敌磺钠原药 250～300 倍液、50％福·福锌可湿性粉剂 800 倍液喷雾。

在 7 月上旬，病害发生前期，可喷施 1 次下列药剂：50％多菌灵

可湿性粉剂 60～80g/亩、75％百菌清可湿性粉剂 50～60g/亩、70％
代森锰锌可湿性粉剂 80～100g/亩，兑水 40～50kg，均匀喷雾。

　　7 月中旬，病害发病初期，田间病株率达 6％时开始喷药防治，
可选用 25％三唑酮可湿性粉剂 1000～1500 倍液、12.5％烯唑醇可湿
性粉剂 3000 倍液、20％萎锈灵乳油 400 倍液、65％代森锌可湿性粉
剂 500 倍液、50％代森铵水剂 800～1000 倍液、0.2 波美度石硫合
剂、40％多·硫悬浮剂 600 倍液、25％丙环唑乳油 3000 倍液、97％
敌磺钠原药 250 倍液、30％氟菌唑可湿性粉剂 2000 倍液、40％氟硅
唑乳剂 9000 倍液等喷雾防治，或 30％醚菌酯悬浮剂 30～50mL/亩、
25％啶氧菌酯悬浮剂 65～70mL/亩、20％吡唑醚菌酯水分散粒剂
80～85g/亩、25％肟菌酯悬浮剂 25～50mL/亩、12.5％氟环唑悬浮
剂 48～60mL/亩、50％粉唑醇可湿性粉剂 8～12g/亩、5％己唑醇悬
浮剂 20～30mL/亩、6％氯苯嘧啶醇可湿性粉剂 50～80g/亩、50％胶
体硫 200 倍液等，兑水 40～50kg，均匀喷雾，隔 10 天左右一次，连
续防治 2～3 次。

131. 如何防治玉米褐斑病?

　　玉米褐斑病（彩图 49），又称玉米节壶菌病，一般从 6 叶期开始
到抽穗期为显症高峰，病原菌为玉蜀黍节壶菌，属于鞭毛菌亚门。

　　（1）农业防治　选用抗病品种。彻底清除田间病残体，深耕深
松，减少病原初侵染来源；不用病株作饲料或沤肥，或者在病株充分
腐熟后再施入田间。重病区应与其他作物实行 2～3 年轮作。生长期
如发现病株应及时拔除，并带出田间处理。施足基肥。一般应在玉米
4～5 片叶期追施苗肥，即氮、磷、钾复合肥 10～15kg/亩。在合理追
肥的同时，适时浇水，并及时中耕除草，可促进玉米健壮生长，增强
抗病能力，又能消灭寄主，减轻病害。栽植密度要适当，不要随意加
大密度。要大力推广早播与配方施肥技术，早播可使玉米在苗期得到
锻炼，根多、根深、苗壮。

　　（2）化学防治　应注意提早预防，在玉米 4～5 片叶期，每亩用
25％的三唑酮可湿性粉剂 1500 倍液叶面喷雾，或 50％异菌脲可湿性
粉剂 1500 倍液、12.5％烯唑醇可湿性粉剂 1000 倍液、50％多菌灵可
湿性粉剂 500 倍液、80％代森锌可湿性粉剂 300 倍液、20％萎锈灵乳
油 600 倍液，均可预防玉米褐斑病的发生。

在玉米 10～13 叶期，发病期，可用下列药剂：15％三唑酮可湿性粉剂 1000～1500 倍液、50％异菌脲可湿性粉剂 500～1000 倍液、10％苯醚甲环唑水分散粒剂 1000～1500 倍液、40％腈菌唑水分散粒剂 6000～7000 倍液、50％苯菌灵可湿性粉剂 1000～1500 倍液、25％丙环唑乳油 500～1000 倍液、25％咪鲜胺乳油 500～1000 倍液、30％氟菌唑可湿性粉剂 2000～3000 倍液喷施。或用 25％嘧菌酯悬浮剂 60～90mL/亩、30％醚菌酯悬浮剂 30～50mL/亩，兑水 40～50kg，均匀喷雾。

为了提高防治效果，可在药液中适当加些叶面宝、磷酸二氢钾、尿素等叶面肥，结合追施速效肥料，既可控制病害的蔓延，又可促进玉米植株健壮。

132. 如何防治玉米顶腐病？

玉米顶腐病（彩图 50）是近年来出现的一种新病害。在玉米整个生长期均可侵染发病，病原为串珠镰孢亚粘团变种。

（1）农业防治 及时中耕排湿提温，消灭杂草，防止田间积水。加强耕作，平整土地，避免出现田间高低不平。禁施带菌肥料，适当增施磷钾肥，喷施锌肥和生长调节剂（200mg/L 赤霉酸），进入大喇叭口期，长势弱的地块再追 1 次氮肥。及时摘除茎部最低处 2～3 张叶片，增加田间通风透光度。结合间苗、定苗拔除病株，在拔节至成熟期，田间若发现中心病株，应及早割除，并集中烧毁或深埋，对病穴施药。对心叶扭曲腐烂的病株，可用剪刀剪去包裹雄穗以上的叶片，以利于雄穗正常吐穗，并将剪下的病叶带出田外深埋。对发病严重的地块，要及时毁耕改种其他作物。

（2）种子处理 对种子进行包衣。对未包衣的玉米种子，播前可选用种子重量 0.3％的 75％百菌清可湿性粉剂，或 50％多菌灵可湿性粉剂、15％三唑酮可湿性粉剂、0.2％硫酸铜晶体、70％甲基硫菌灵可湿性粉剂等拌种。拌种时将药剂加适量水喷在种子上拌匀，堆闷 4～8 小时后播种。

（3）化学防治 对发生顶腐病的玉米田，在 5～6 叶期间苗定苗后，若发现田间有中心病株，可选用 50％多菌灵可湿性粉剂 500 倍液、12.5％烯唑醇可湿性粉剂 1200 倍液、75％百菌清可湿性粉剂 500 倍液、50％氯溴异氰尿酸可溶粉剂 600 倍液、20％噻唑锌悬浮剂

300 倍液、30％甲霜·噁霉灵水剂 1000 倍液、40％琥胶肥酸铜可湿性粉剂 600 倍液、70％氢氧化铜可湿性粉剂 2000 倍液、58％甲霜·锰锌可湿性粉剂 1000 倍液等喷雾或滴心，也可以混加锌肥增强植株抗病性。最好使用背负式喷雾器，将喷头拧下对准病株心叶从上至下喷灌，每株喷药液 50～100mL。喷雾时要避开中午高温时间。

133. 如何防治玉米纹枯病？

玉米纹枯病（彩图 51），以中南部夏玉米产区发生较重，主要为害乳熟期的苞叶、果穗、籽粒，也可侵害茎秆。

（1）农业防治 玉米收获后，及时清除田间的病残体，带出田间集中处理。秋季深翻土地，使遗落在土表的菌核埋入土中，加速腐烂，使其丧失活力，减少田间有效菌源基数。同时，在玉米心叶期或发病初期，结合田间农事操作，摘除病株下部的叶片和叶鞘，可减少病菌再侵染的机会。

选用抗病品种。在纹枯病发生区，可根据本地玉米品种和病害发生情况，开展品种抗性鉴定和加强抗病育种工作，培育和选用适合当地种植的抗病优良品种，是控制玉米纹枯病发生为害的一项经济有效的措施。

合理密植，宽窄行栽培，有利于田间通风透光，对减轻纹枯病的发生具有一定的作用。在施肥方面，避免偏施氮肥，施用腐熟有机肥，注意增施磷钾肥，提高植株的抗病性。对地势低洼的田块，搞好清沟排水工作，降低田间湿度。同时，对历年纹枯病发生较重的田块，要进行合理轮作。

（2）种子处理 可用 25％三唑酮可湿性粉剂按种子重量的 0.2％、20％浸种灵乳油按种子重量的 0.02％，拌种后堆闷 24～48 小时，用 2％戊唑醇湿拌种剂 100～150g/100kg、25％三唑醇种子处理干粉粉剂 120～180g/100kg 进行种子拌种，用 25g/L 咯菌腈悬浮种衣剂 200～300g/100kg 进行种子浸种。

（3）化学防治 玉米拔节期至抽雄期是防治纹枯病的关键时期，在玉米拔节期，结合玉米褐斑病、大斑病、小斑病等其他病害的防治可喷施下列药剂：40％多菌灵悬浮剂 80～150mL/亩、70％甲基硫菌灵可湿性粉剂 70～90g/亩、50％多菌灵可湿性粉剂 50～100g/亩＋50％福美双可湿性粉剂 75～100g/亩，兑水 50kg 均匀喷雾。

在玉米苗期至抽雄期，田间发病时及时施药防治，可选用5％井冈霉素水剂1000倍液，或40％菌核净可湿性粉剂800～1000倍液、50％乙烯菌核利或腐霉利可湿性粉剂1000～1500倍液、43％戊唑醇悬浮剂4000～6000倍液、30％苯甲·丙环唑乳油3000倍液、25％丙环唑乳油3000倍液、70％甲基硫菌灵可湿性粉剂800倍液等喷淋玉米基部，或37％井冈·蜡芽菌可湿性粉剂100～200g/亩、30％丙环·咪鲜胺水乳剂20mL/亩、23％噻呋酰胺14～25mL/亩、24％噻酰菌胺悬浮剂12～20mL/亩、75％灭锈胺可湿性粉剂65～85g/亩、20％氟酰胺可湿性粉剂100～125g/亩、25％邻酰胺悬浮剂200～320g/亩、25％嘧菌酯悬浮剂60～90mL/亩、25％苯醚甲环唑乳油15～30mL/亩、12.5％烯唑醇可湿性粉剂16～32g/亩、25％丙环唑乳油30～40mL/亩、10％多抗霉素可湿性粉剂100～150g/亩等，兑水40～50kg均匀喷施，间隔7～10天喷1次，连防2～3次。

134. 如何防治玉米青枯病（茎基腐病）？

玉米青枯病（彩图52），又称茎基腐病、萎蔫病、茎腐病，是成株期茎基部腐烂病的总称，是玉米产区普遍发生的一种重要土传病害。在乳熟后期，常突然成片萎蔫死亡，因枯死植株呈青绿色，故称青枯病。病原包括腐霉菌和镰刀菌两大类。

（1）农业防治　选用根系发达的耐病品种。适期晚播。实行轮作倒茬，加强健壮栽培，合理密植，科学施肥，增施农家肥和钾肥，在玉米拔节期增施氮磷钾复合肥。及时拔除重病株，清除田间病残植株，深翻深埋或集中烧毁。茎基部发病时，可及时将周围的土扒开，降低湿度，待发病盛期过后再培好土。每亩用硫酸锌1.2～2kg作种肥可减轻病害。

（2）药剂拌种　可用25％三唑酮可湿性粉剂100～150g，兑水适量，拌种50kg，或采取种子包衣可有效减轻茎腐病的发生。用增产菌按种子重量的0.2％拌种也有一定的防效。采用玉米生物种衣剂（ZSB）按1∶40拌种，或诱抗剂浸种，或用根保种衣剂等对玉米茎腐病都有一定的抑制作用。

最好的方法是玉米播种期进行二次包衣。微生物菌剂进入植物体内会进行繁殖，包衣剂以微生物菌剂为主、杀菌剂为辅的原则来进行。其中以哈茨木霉菌和咯菌腈为最经济的组合。

（3）**药剂喷雾** 发病初期喷根茎，可用50％腐霉利可湿性粉剂1500倍液、65％代森锰锌可湿性粉剂1000倍液、50％多菌灵可湿性粉剂500倍液、70％甲基硫菌灵可湿性粉剂500倍液、50％福·福锌可湿性粉剂1000倍液等喷雾，每隔7～10天喷1次，连治2～3次。此外，用40％菌核净可湿性粉剂800～1000倍液喷雾，效果也很好。

可选用以下混剂：50％多菌灵可湿性粉剂600倍液＋25％甲霜灵可湿性粉剂500倍液、70％甲基硫菌灵可湿性粉剂800倍液＋40％三乙膦酸铝可湿性粉剂300倍液＋65％代森锌可湿性粉剂600倍液、50％腐霉利可湿性粉剂1500倍液＋72.2％霜霉威盐酸盐水剂800倍液＋50％福美双可湿性粉剂600倍液喷淋根茎，间隔7～10天喷1次，连喷2～3次。

对于往年青枯病发生严重的地块，可在玉米大喇叭口期结合浇水，随水冲施1～2瓶土壤改良剂（微生物菌剂）或78％波尔·锰锌可湿性粉剂1～1.5kg。

135. 如何防治玉米细菌性茎腐病？

玉米细菌性茎腐病又称烂腰病、烂茎病（彩图53）。多在玉米开始拔节时发生。病原为菊欧文氏菌玉米致病变种，属细菌。

（1）农业防治

① 选用抗病品种。

② 轮作换茬。在同一地块中连年种植玉米，可造成病原菌在土壤中大量积累，发病会逐年加重。如果与大豆、花生等非寄主作物实行轮作，可显著减轻病害的发生。

③ 使用包衣种子。种子包衣剂中含有杀菌成分及微量元素，既能抵抗病原菌侵染，又能促进幼苗生长，增强抗病能力。种衣剂用量为种子重量的1/50～1/40。

④ 加强田间管理。收获后及时清洁田园，将病残株妥善处理，减少菌源。加强田间管理，采用高畦栽培，严禁大水漫灌，雨后及时排水，防止湿气滞留。必要时于发病初期剥开叶鞘，在病部涂刷石灰水，用熟石灰1kg，兑水5～10kg涂刷有效。

⑤ 施用锌、钾肥。施用锌、钾肥可使玉米健壮生长，能大幅度提高玉米的抗病能力，降低发病率。方法是：玉米幼苗期每亩用锌肥1.5～2kg、钾肥10～15kg，混合后穴施于玉米茎基部7～10cm处。

（2）及时治虫　苗期开始注意防治玉米螟、棉铃虫等害虫，及时喷洒50％辛硫磷乳油1500倍液。

（3）化学防治　在玉米喇叭口期喷洒25％叶枯灵或20％叶枯净可湿性粉剂加60％琥铜·甲霜灵或琥·铝·甲霜灵或58％甲霜·锰锌可湿性粉剂600倍液有预防效果。

发病后，马上喷洒5％菌毒清水剂600倍液，或25％叶枯唑可湿性粉剂600～1000倍液、47％春雷·王铜可湿性粉剂700～1000倍液、50％氯溴异氰尿酸可溶粉剂1000～1200倍液、77％氢氧化铜可湿性粉剂500倍液等。

在玉米灌浆初期用3％甲酚·愈创木酚1000～1500倍液加75％百菌清可湿性粉剂1000倍液，混合喷施或灌兜，可提高预防率85.6％～88.7％。

136. 如何防治玉米全蚀病？

玉米全蚀病（彩图54）是一种土传病害，病原为禾顶囊壳玉米变种，属子囊菌亚门真菌。广泛分布于我国春夏玉米产区，有的地区玉米全蚀病已成为主要病害。

（1）农业防治　选用抗病品种。收获后及时翻耕灭茬，发病地区或田块的根茬要及时烧毁，减少菌源。与豆类、薯类、棉花、花生等非禾本科作物实行大面积轮作。

（2）种子处理　用25％三唑酮或25％羟锈宁可湿性粉剂，按种子重量0.2％～0.3％的药量拌种，或用玉米种衣剂17号按1∶50拌种；或每100kg种子用2.5％咯菌腈悬浮种衣剂200～300g浸种；或每100kg种子用3％苯醚甲环唑悬浮种衣剂200～300g浸种；或每100kg种子用2％烯唑醇可湿性粉剂200～250g浸种；或用12.5％粉唑醇乳油200～300mL拌100kg种子；或用2％戊唑醇湿拌种剂100～150g拌100kg种子；或用25％三唑醇种子处理干粉剂120～180g拌100kg种子；或用40％拌种灵可湿性粉剂200g拌100kg种子；或用70％敌磺钠可溶粉剂300g拌100kg种子。

（3）化学防治　发病初期用96％噁霉灵原药6000倍液或20％乙酸铜可湿性粉剂600～800倍液喷施玉米基部，顺根入土，效果明显，或穴施3％三唑酮或三唑醇复方颗粒剂，每亩1.5kg。

137. 如何防治玉米黑粉病（瘤黑粉病）？

玉米黑粉病，俗称黑瘤子、瘤黑粉病，局部侵染病害，从苗期至抽穗期均可发生，拔节后期至开花期发病较重。

（1）农业防治

① 选用抗病强的品种。品种轮换也能起到一定防治作用，避免在同一地块多年种植同一个品种。

② 在玉米植株病瘤尚未成熟时及早把病株割除，经常进行检查，发现病瘤，及早割除，并用小刀刮平病瘤底盘，涂上稀泥，可消灭病原，照常结实。清除到田外处理掉。

③ 实行 3 年以上的轮作制，以减少病菌侵染机会。

④ 及时防治虫害，如玉米螟、蓟马、蚜虫等，减少由于虫害而造成的伤口侵染机会。进行田间作业时，尽量减少机械损伤。

⑤ 合理施肥。避免单纯施用氮肥，造成植株组织过于幼嫩。施用发酵腐熟的有机肥料。适当施用磷钾肥，增强抗病力。

（2）种子处理

① 拌种　可用下列药剂：20％萎锈灵乳油 500mL 拌 100kg 种子；15％三唑酮可湿性粉剂 60～90g 拌 100kg 种子；3％苯醚甲环唑悬浮种衣剂 200～300g 拌 100kg 种子，进行种子包衣；12.5％粉唑醇乳油 200～300mL 拌 100kg 种子；2％戊唑醇湿拌种剂 100～150g 拌 100kg 种子；25％三唑醇种子处理干粉剂 120～180g 拌 100kg 种子；2.5％灭菌唑悬浮种衣剂 100～200g 拌 100kg 种子；30％苯噻硫氰乳油 1000 倍液浸种 6 小时；40％拌种灵可湿性粉剂 200g 拌 100kg 种子；70％敌磺钠可溶粉剂 300g 拌 100kg 种子；25％双胍辛胺水剂 200～300mL 拌 100kg 种子。

② 浸种　0.1％乙基大蒜素（抗菌剂 401）浸种 48 小时。

（3）化学防治　在玉米抽雄前 10 天左右，可选用下列药剂：15％三唑酮可湿性粉剂 750～1000 倍液，或 12.5％烯唑醇可湿性粉剂 750～1000 倍液、10％苯醚甲环唑水分散粒剂 2000～2500 倍液、25％丙环唑乳油 500～1000 倍液、25％咪鲜胺乳油 500～1000 倍液、30％氟菌唑可湿性粉剂 2000～3000 倍液喷雾，7～10 天 1 次，连喷 2～3 次。由于玉米瘤黑粉病初侵染时间长，而药剂残效期短，所以玉米生育期间喷药防治效果往往不太理想。

138. 如何防治穗粒腐病（穗腐病）？

玉米穗粒腐病（彩图 55），又称穗腐病，是由多种病原菌侵染引起的病害，主要由禾谷镰刀菌、串珠镰刀菌、青霉菌、曲霉菌、枝孢菌、单端孢菌等近 20 种霉菌侵染引起。

（1）农业防治 选用抗病品种。适当调节播种期，尽可能使玉米孕穗至抽穗期不要与雨季相遇。发病后注意开沟排水，防止湿气滞留。尽量避免造成伤口，注意防止鸟害。玉米生长后期（7～8 月份）正值雨季，高湿的田间小气候有利于穗粒腐病的发展，在玉米大喇叭口期可结合药剂灌心拔除病株、可疑株。玉米吐丝授粉期至玉米乳熟期继续拔除病株。并将病株深埋、烧毁。在玉米生长后期实行人工剥苞叶晒籽粒的措施。

适度密植，不用病株喂牛；清洁田园，处理田间病株残体等。同时秋季深翻土地，减少病原来源。实行轮作，与高粱、谷子、大豆、甘薯、旱稻等作物实行 3 年以上轮作；施用不带菌有机肥料。药剂拌种，生长期注意防治玉米螟、棉铃虫和其他虫害。

（2）注意选种及播种前的种子处理 用 200 倍甲醛液浸种 1 小时有杀菌作用，也可用 50％二氯醌以种子重量的 0.2％拌种。也可用 20％福·克种衣剂包衣，每 100kg 种子用药 440～800g，或用 30％多·克·福种衣剂包衣，每 100kg 种子用药 200～300g。

（3）化学防治 在籽粒建成初期，及时防治害虫；大喇叭口期，用 20％井冈霉素可湿性粉剂或 40％多菌灵可湿性粉剂每亩 200g 制成药土点心，可防治病菌侵染叶鞘和茎秆；吐丝期，用 65％的代森锰锌可湿性粉剂 400～500 倍液喷果穗，以防止病菌侵入果穗。

139. 如何防治玉米丝黑穗病？

本病主要为害玉米的果穗和天花（雄花），一旦发病，通常全株颗粒无收。

（1）农业防治

① 选用优质种子 加强种子检疫，防止带菌种子传入。选用抗病品种。

② 实行轮作、深耕 连作多年易使土壤中菌量增多，发病重。实行 3 年以上轮作。深翻土壤，将病菌孢子压到播种层以下。

③ 加强苗期管理 适当推迟播期和提高播种质量。选用优质种子，精心贮放，充分晾晒。根据地势、土质墒情、品种生育期的抗病性，结合茬口和地块发病轻重，因地制宜灵活掌握播期；提高整地质量和播种技术，土壤要翻耙压连续作业，以蓄水保墒，提高地温，播种深浅一致，覆土厚浅适宜；幼苗扒土晒根是一项重要的防病增产措施。

④ 采用地膜覆盖技术 地膜覆盖可提高地温，保持土壤水分，使玉米出苗和生育进程加快，从而减少发病机会。

⑤ 拔除病株 一是苗期铲除：根据病苗典型症状，拔除病株是减少菌源的根本措施，于定苗前结合田间管理，及时铲除病苗、弱苗、小苗和可疑病苗。二是中期铲除：病菌于喇叭口期，症状明显时，可结合追肥就地砍除病株和不正常株。三是后期割除：玉米抽穗后黑粉菌孢子尚未成熟散落前，轻轻割除病穗带出田外深埋，同时将病株就地砍倒放于田间。

⑥ 施用净肥 应禁止用病株病穗作饲料或积肥，如用时要经过充分发酵腐熟。

（2）药剂拌种 鉴于目前抗病品种较少，不能满足生产需求，因此应大力推广具有防病功效的种衣剂或杀菌剂控制丝黑穗病。在苗期利用药剂预防病菌的侵入，可有效地控制本病的发生。用15%三唑酮可湿性粉剂或50%甲基硫菌灵可湿性粉剂按种子重量的0.3%～0.5%拌种；也可用12.5%烯唑醇可湿性粉剂或2%戊唑醇拌种剂按种子重量的0.2%拌种；用15%腈菌唑种衣剂按种子重量的0.1%～0.2%拌种，防效优于三唑酮，具有缓释性和较长的持久性。生产中应注意含烯唑醇类种衣剂的低温药害问题。

（3）土壤处理 可选用50%甲基硫菌灵可湿性粉剂或50%多菌灵可湿性粉剂50g拌50kg细土，播种时每穴用药土100g盖在种子上，适时抢墒播种，培育早发壮苗。

140. 如何防治玉米疯顶病？

玉米疯顶病（彩图56），又称丛顶病、霜霉病，是一种突发性、毁灭性玉米病害。感病后95%以上的病株不结实，可基本造成绝收，对玉米生产影响很大。

（1）农业防治

① 选种抗病品种，严禁从疫区调种引种。

② 与非禾本科作物如棉花或豆类轮作，玉米收获后及时清除田间病残体，深翻土壤。

③ 加强田间管理。特别要加强幼苗期田间管理，播种后至 5 叶期，严格控制田间土壤湿度，搞好内外沟系配套。低洼易积水的田块最好不要种玉米。及时松土，增施有机肥。玉米收获后彻底清除并销毁病田的病残体。

（2）杀菌剂拌种　在播前选用杀菌剂进行拌种，如用 58% 甲霜·锰锌可湿性粉剂或 4% 噁霜灵可湿性粉剂，以种子重量的 0.4% 拌种。湿拌时应先将药剂调配成药液再拌种。

（3）化学防治　苗期预防可用 1 : 1 : 150 的波尔多液喷雾 2～3 次。发病初期，亩用 60% 氟吗啉·锰锌可湿性粉剂 100g 兑水 50kg 混匀喷雾，或选用 90% 三乙膦酸铝可湿性粉剂 400 倍液、64% 噁霜·锰锌可湿性粉剂 500～600 倍液、12% 松脂酸铜乳油 600～800 倍液、69% 烯酰·锰锌可湿性粉剂 1000～1500 倍液、72% 霜脲·锰锌可湿性粉剂 700～1000 倍液喷雾。

141. 如何防治玉米遗传性斑点病？

玉米遗传性斑点病（彩图 57），表现为在同一品种所有玉米叶片上的相同位置，同时出现大小不一、圆形或近圆形黄色褪绿斑点；斑点无侵染性病斑特征，无中心侵染点，无特异性边缘；后期病斑常受日灼而出现不规则的黄褐色轮纹，或整个病斑变为枯黄，严重时穗小或无穗，结实不良，整株枯死。在生产上应尽量减少该类品种的种植。

第三节　玉米主要虫害、鼠害的识别和防治

142. 如何防治地老虎？

地老虎（彩图 58），又叫地蚕、黑地蚕、土蚕、切根虫，属鳞翅目，夜蛾科。

（1）铲除杂草　在玉米出苗前彻底铲除杂草，并及时移出田外

作饲料或沤肥，勿乱放乱扔。铲除杂草将有效地压低虫口基数。

（2）拌种 可用 50%辛硫磷乳剂 0.5kg 加水 30～50L 拌种子 350～500kg。

（3）糖醋诱杀 按糖 6 份：醋 3 份：酒 1 份：水 10 份：90%敌百虫 1 份调制，于成虫盛发期装盆放于田间诱杀。

（4）桐树叶诱杀 傍晚每亩地放 60～80 张桐树叶，老叶比嫩叶好，翌晨可在叶下诱到地老虎 1～6 龄幼虫。也可用桐树叶蘸敌百虫 150 倍液直接诱杀地老虎。

（5）毒饵诱杀 对 4 龄以上幼虫用毒饵诱杀效果较好。用 90%敌百虫原药 300g 加水 2.5L，溶解后喷在 50kg 切碎的新鲜杂草上（地老虎喜食的灰菜、刺儿菜、苦荬菜、小旋花、苜蓿、艾蒿、青蒿、白茅、鹅儿草等杂草），傍晚撒在大田诱杀，每亩用毒饵 25kg。也可将 0.5kg 90%敌百虫原药用热水化开，加清水 5L 左右，喷在炒香的油渣上（也可用棉籽皮代替）搅拌均匀即成，每亩用毒饵 4～5kg，于傍晚撒施。

（6）化学防治

① 掌握防治适期 防治地老虎的关键是消灭 3 龄以前的幼虫。这时它还未扩散危害，抗药力较差。要做好虫情预测预报，掌握幼虫龄期和发生数量，确定防治适期。方法是选择有代表性的地块，每 3 天调查 1 次，共查 4～5 次，每次采集幼虫 30 头以上，按幼虫体长区别龄期。体长 2～3mm 为 1 龄，3～5mm 为 2 龄，5～10mm 为 3 龄，10～16mm 为 4 龄，16～35mm 为 5 龄，35～57mm 为 6 龄。当查到 1～2 龄幼虫占 70%以上，其中 2 龄幼虫占 40%左右时，即为防治适期。

② 防治药剂 防治低龄幼虫，可选用 50%辛硫磷乳油 800 倍液，或 2.5%溴氰菊酯乳油 3000 倍液、20%氰戊菊酯乳油 3000 倍液、2.5%高效氯氟氰菊酯乳油 2000 倍液、90%敌百虫原药 800 倍液等喷雾防治。

143. 如何防治二点委夜蛾？

二点委夜蛾（彩图 59、彩图 60）属鳞翅目夜蛾科。当发现田间有个别植株发生倾斜时要立即开始防治。

（1）农业防治 及时清除玉米苗基部麦秸、杂草等覆盖物。一定要把覆盖在玉米垄中的麦糠麦秸全部清除到远离植株的玉米大行间并裸露出地面，便于药剂能直接接触二点委夜蛾。如果仅仅只是全田药剂喷雾，而不顺垄灌根的防治几乎没有效果，不清理麦秸麦糠只顺垄药剂灌根的玉米田防治效果稍差。对倒伏的大苗，在积极进行除虫的同时，不要毁苗，而应培土扶苗。

（2）性诱剂诱杀 选用外径 25cm、内径 23cm、深 8cm 的硬质再生塑料盆（绿色最好，其后为蓝、黄、红、棕、黑、白色，注意不能用软质薄盆，因日晒发软开裂），在盆沿下 1cm 处对称钻两个排水孔，加一勺洗衣粉（浓度约 0.3％）或少量洗涤液，搅匀。调节铁丝高度，使诱芯底部高出水面 0.5～1.0cm。诱盆高于作物 20cm，放置时远离房屋等障碍物。二点委夜蛾性诱剂一般每亩放 3 盆，均匀布放，盆距约为 15m，大面积统一使用时，周边地带的诱盆密度应比中心区大一些。如因简陋利用其他盛水容器（如大碗）代替标准水盆时，应适当增加诱捕器密度，以便尽快杀死羽化成虫。每 1～2 天将死蛾捞出，并及时调整盆口铁丝或加水，保持诱芯底部高出水面 0.5～1.0cm。每周或大雨过后补加一次洗衣粉。根据诱芯有效期，及时更换诱芯。

（3）毒饵诱杀 亩用 4～5kg 炒香的麦麸或粉碎后炒香的棉籽饼，与兑少量水的 90％敌百虫原药，拌成毒饵，于傍晚顺垄撒在玉米苗边。

（4）毒土防治 每亩用 80％敌敌畏乳油 300～500mL 拌 25kg 细土，于早晨顺垄撒在玉米苗边，防效较好。用有机磷农药＋阿维菌素，配成毒土，撒于幼苗根部，注意不要撒在叶片上。注：喷施烟嘧磺隆的田块避免使用有机磷类农药。

（5）喷灌防治 重发田块，可以将喷头拧下，逐株顺茎滴药液，或用直喷头喷根茎部，药剂可选用 30％乙酰甲胺磷乳油 1000 倍液，或 4.5％高效氯氰菊酯乳油 2500 倍液。药液量要大，保证渗到玉米根围 30cm 左右害虫藏匿的地方。

144. 如何防治蝼蛄？

蝼蛄（彩图 61），别名拉拉蛄、地拉蛄、土狗子、地狗子，属直翅目蝼蛄科。

① 毒饵诱杀。5kg 麦麸炒香后加敌百虫热溶液 10 倍液拌匀，每

亩施 5～8kg；或用 50%辛硫磷乳油 30～50 倍液加炒香的麦麸、米糠或磨碎的豆饼、棉籽饼 5kg，每亩用毒饵 1.5～3kg，傍晚时撒于田间。

② 在蝼蛄危害严重的地块，每隔 3m 挖长、宽各 30cm，深 50cm 的坑，傍晚放新鲜牛马粪 2～3kg，上面覆盖青草，第二天早晨移开草捕杀蝼蛄。

③ 在蝼蛄多发地区，在晚间，特别是雨前或闷热天气，在田边点燃火堆诱杀。在风速小于 1.5 米每秒、气温 18～22℃、灯光 100W 的条件下，诱杀效果最好。

④ 蝼蛄产卵期间大量聚集在河岸、渠旁。在 4 月上中旬发现隧道和 5～7 月产卵期间，先刮去表土 3cm，在发现产卵的洞口继续深挖 10～18cm，便可挖出蝼蛄。

⑤ 成虫发生期在田间地头设置黑光灯诱杀成虫。

⑥ 药剂灌根。用 50%辛硫磷乳油 200～500mL/亩，加水 10 倍，喷于 25～30kg 细土后拌匀成毒土，进行土壤处理；或用 50%辛硫磷乳油 100mL，兑水 2～3kg，拌玉米种 40kg，堆闷 2～3 小时。

145. 如何防治玉米金针虫？

金针虫（彩图 62）危害玉米时，能钻蛀咬食种子及块茎、块根，蛀成孔洞，当田间调查金针虫数量达 3000 头/亩时应采取药剂防治措施。

（1）农业防治 秋末耕翻土壤，实行精耕细作。实行禾谷类和块根、块茎类大田作物与棉花、芝麻、油菜、麻类等直根系作物的轮作，有条件的地区，实行旱水轮作。

（2）种子处理 种子处理常用药剂和处理方法参见蛴螬类防治方法中的种子处理方法。颗粒剂适合与化肥混合基施。使用种衣剂是有效防治金针虫的好方法。

（3）药液灌根 防治时只有将药剂施入土中达害虫藏匿部位才有效，因此金针虫为害较重田块应采取以下补救措施：用 50%的辛硫磷乳油 1000 倍液进行灌根处理。也可用 90%敌百虫原药 1000 倍液灌根。

（4）堆草诱杀细胸金针虫 在田间堆放 8～10cm 厚的新鲜略萎蔫的小草堆，每亩 50 堆，在草堆下撒布 5%敌百虫粉或 5%乐果粉少许，诱杀细胸金针虫。

（5）补救措施　玉米苗出土时土表温度适合，正是金针虫上移期，金针虫离土表最近的时期，也是防治金针虫最佳的时间，检查一下缺苗情况和倒苗情况，还要扒开周边土层观察是否有金针虫幼虫。

注意：如玉米已施用了主要成分为烟嘧磺隆的茎叶处理除草剂，施药前后 7 天禁止用有机磷类农药，否则会发生药害。

146. 如何防治玉米耕葵粉蚧？

玉米耕葵粉蚧（彩图 63），属同翅目，粉蚧科，主要危害玉米、小麦、高粱等禾本科作物的根、茎。

（1）农业防治　种植抗虫品种。增施有机肥、磷钾肥、复合肥等。合理轮作，在此虫发生重的地块不种禾本科作物，改种豆类和棉花。玉米、小麦收获后翻耕灭茬，注意把根茬携出田外集中烧毁，在玉米耕葵粉蚧发生严重的地块不宜采用小麦-玉米二熟制栽培法。玉米适期播种，不能过早或过晚；加强肥水管理，及时中耕除草，使土质疏松、墒情好，提高寄主抗病力，尤其注意清除禾本科杂草。

（2）化学防治　玉米耕葵粉蚧孵化后及 1 龄若虫期，对药剂抵抗力差，此期用药，防效最佳。可用 10% 吡虫啉可湿性粉剂 2000 倍液，或 1.8% 阿维菌素乳油 3000 倍液、50% 辛硫磷乳油 1000 倍液等喷施在玉米幼苗基部或灌根，每亩浇兑好的药液 125L，效果很好。

147. 如何防治玉米黏虫？

黏虫（彩图 64、彩图 65）俗称螟蝗、行军虫、夜盗虫、粟夜盗虫、剃枝虫、五色虫，属鳞翅目夜蛾科，是一种暴发性的毁灭性害虫。

（1）农业防治　清除田间小麦秸秆，以杀死潜伏在秆内的虫蛹。合理轮作，不宜连作，浅耕灭茬，减少成虫基数。采、诱卵，在黏虫产卵期间，根据成虫的产卵特点，在田间连续诱卵或摘除卵块。人工捕杀及中耕除草消灭幼虫。

（2）生物防治　保护和利用天敌，如蛙类、鸟类、蝙蝠、蜘蛛、捕食性昆虫、寄生蜂等。应用生物农药白僵菌防治，可显著减轻为害。

（3）物理防治

① 草把诱杀　发蛾始盛期，在麦田、谷田每亩用 5 个大谷草把，

分别吊在离地 1～1.5m 高的木棍上，每隔 20～30m 插一个，每日清晨抖草把，把落在地上的蛾子踩死。发蛾高峰期，可在田内插小谷草把，诱集成虫产卵，每亩地可散插 10～15 个小谷草把，草把应高出作物 30～40cm。大、小草把都应 5 天换一次，换下后立即烧毁。

② 糖醋诱杀　取红糖 350g、酒 150g、醋 500g、水 250mL，再加入 90％敌百虫原药 15g，制成糖醋诱液，放在田间 1m 高的地方诱杀黏虫成虫。

③ 诱卵、采卵　利用成虫产卵习性，把卵块消灭于孵化之前。从产卵初期到盛期以后为止，在田间插设小谷草把，在谷草把上洒糖醋洒液诱蛾产卵，效果很好，采摘卵块后消灭。

④ 黑光灯诱杀。

（4）昆虫生长调节剂喷雾　低龄幼虫期用 5％氟虫脲乳油 4000 倍液，灭幼脲 1 号、灭幼脲 2 号或灭幼脲 3 号 500～1000 倍液，也可用 15％灭幼脲 1 号 1.5g 兑水 200mL，或 25％灭幼脲 3 号 10g 兑水 200mL，进行低容量喷雾防治，防治黏虫幼虫效果好，且不杀伤天敌。

（5）化学防治　玉米地苗期百株有虫 20～30 头，生长中后期百株有虫 50～100 头时，即用药剂防治。可用 2.5％敌百虫粉，每亩喷 2～2.5kg，或选用 80％敌敌畏乳油 2000～3000 倍液、20％氰戊菊酯乳油 2000 倍液、10％吡虫啉可湿性粉剂 2000～2500 倍液、50％辛硫磷乳油 1000 倍液、25％氰戊·辛硫磷乳油 1500 倍液、10％阿维·高氯乳油 1000 倍液、2.5％溴氰菊酯乳油 1500～2000 倍液等喷雾防治。

148. 如何防治玉米蓟马？

蓟马（彩图 66），属缨翅目，蓟马科。为害玉米主要种类有禾花蓟马、黄呆蓟马和稻单管蓟马。

（1）农业防治　清除田间地边杂草，减少越冬虫口基数。拧断心叶不能展开幼苗的顶端，帮助心叶抽出。轮作结合套播改直播，适时栽培玉米，避开蓟马高峰期。在间苗定苗时，注意拔除有虫苗，并带出田外沤肥。适时灌水施肥，避免干旱，加强管理。

（2）物理防治　蓟马对蓝色具有强烈的趋性，可以在田间挂张蓝板，诱杀成虫。

（3）化学防治　可用 2.5％多杀菌素悬浮剂 1000～1500 倍液，

或 10％吡虫啉可湿性粉剂 1500 倍液、5％啶虫脒可湿性粉剂 2500 倍液、1.8％阿维菌素乳油 3000 倍液、25％噻虫嗪水分散粒剂 1500 倍液、20％氰戊菊酯乳油 4000 倍液等。每隔 5～7 天喷施 1 次，连喷 3 次可获得良好防治效果。重点喷洒花、嫩叶和幼果等幼嫩组织。

（4）注意事项　蓟马昼伏夜出，选在早晨或傍晚用药效果较好。由于蓟马繁殖速度极快，所以要提前进行防治。进行喷雾防治时要全面细致。

149. 如何防治玉米螟？

玉米螟（彩图 67、彩图 68）又称玉米钻心虫，是世界性玉米大害虫。

（1）越冬期防治　玉米螟幼虫绝大多数在玉米秆和穗轴中越冬，翌春在其中化蛹。4 月底以前应把玉米秆、穗轴作为燃料烧完，或作饲料加工粉碎完毕。并应清除苍耳等杂草越冬寄主，这是消灭玉米螟的基础措施。

（2）心叶期防治　在心叶末期（当玉米快要抽出雄穗前，抽样拔取有代表性的玉米心叶丛，剥去外面变绿叶片，将剩下的黄嫩叶逐片打开，如打开 2～3 叶后即露出其中幼嫩雄穗，为典型的心叶末期）被玉米螟蛀食的花叶率达 10％，或夏秋玉米的叶丝期，虫穗率达 5％时应进行防治。防治方法可用颗粒剂和药液灌注。

① 颗粒剂灌心　用 50％辛硫磷 10mL 乳油，兑水少许，均匀喷拌在 8～10kg 的细煤渣或细沙土上，配成 0.1％的辛硫磷毒渣，每株玉米施 1～2g；或每亩用 1％杀螟灵颗粒或 3％辛硫磷颗粒剂 250g 均匀拌入 4～5kg 细河沙中；或用 0.1％或 0.15％氟氯氰菊酯颗粒剂，拌 10～15 倍煤渣颗粒，每株用量 1.5g，颗粒剂点心。

② 药液灌心　在玉米心叶末期，用 90％敌百虫原药 1000 倍液灌心，每株灌 10mL；或用 25％杀虫双水剂 500 倍液，每株 10mL。

（3）穗期防治　玉米露雄时，用 50％敌敌畏乳油 800～1000 倍液，或 2.5％溴氰菊酯乳油 1000～1500 倍液、20％氯虫苯甲酰胺悬浮剂 5000 倍液等灌注雄穗，每株灌药 10mL，或喷洒在雌穗顶端的花丝基部，使药液渗入花丝杀死在穗顶危害的幼虫。或在雌穗苞顶开一小口，注入少量药液。

（4）性诱剂诱杀　制作诱捕器，即自制一直径 30cm 的塑料盆，内盛清水，可加适量洗衣粉，水面距盆沿 2cm，水盆用三脚架支撑放在田间，高于作物 10～20cm，诱芯悬在水盆中间，距水面 2cm。性诱剂防治一代玉米螟，将诱盆放置在玉米田外围，盆间距离 30m，每亩 1 个诱盆。水盆内水量不足时及时补充，诱到的蛾子及时捞出。性诱剂防治二代玉米螟，将诱捕器设置在田内，每亩地 1 个。放置时间和场所即在越冬代玉米螟成虫出现始期，在玉米螟主要交尾场所（玉米螟周围的麦田、豆田、草地格子等洼地）放置诱捕器（诱盆），诱捕时间为一个世代（30 天左右）。

150. 如何防治玉米蚜？

玉米蚜（彩图 69、彩图 70），俗称腻虫、蚁虫，为刺吸式害虫，属同翅目，蚜科，主要危害玉米、高粱、小麦、谷子等作物。

（1）药剂拌种 用玉米种子重量 0.1％的 10％吡虫啉可湿性粉剂浸拌种，播后 25 天防治苗期蚜虫、蓟马、飞虱效果优异。

（2）药剂熏蒸 在夏玉米大喇叭口期（此时为玉米蚜发生的初盛期），用 80％敌敌畏乳油 0.5kg，兑水 50L，配制成高浓度药液，再将剪成 8cm 左右长的麦秸放入药液中浸泡 1 小时制成"毒麦秆"，取出后每株玉米心叶内插入 3 根"毒麦秆"，防治效果可达 90％以上。

（3）撒施毒砂 每亩用 40％乐果乳油 50g 兑水 500L 稀释后，喷在 20kg 细砂土上，边喷边拌，然后把拌匀的毒砂均匀地撒在植株上。在玉米心叶期，结合防治玉米螟，每亩用 3％辛硫磷颗粒剂 1.5～2kg 撒于心叶，既可防治玉米螟，也可兼治玉米蚜虫。

（4）喷雾防治 在玉米抽穗初期调查，当百株玉米蚜量达 4000 头，有蚜株率 50％以上时，应进行药剂防治。药剂可选用 10％吡虫啉可湿性粉剂 1000 倍液，或 0.36％苦参碱水剂 500 倍液、10％高效氯氰菊酯乳油 2000 倍液、2.5％高效氯氟氰菊酯乳油 2500 倍液、50％抗蚜威可湿性粉剂 2000 倍液等喷雾防治。

（5）药剂涂茎 在玉米蚜发生初盛期，采用 40％乐果乳油涂茎。

151. 如何防治玉米红蜘蛛？

玉米红蜘蛛（彩图 71）属于螨类，又称火龙、火蜘蛛、红砂、玉米叶螨等。7～8 月为猖獗为害期。

（1）**农业防治**　及时彻底清除田间、地头、渠边的杂草；避免与豆类、花生等作物间作。消灭越冬成虫，早春和秋后灌水，可以消灭大量的越冬红蜘蛛。

（2）**利用天敌**　玉米红蜘蛛的天敌有深点食螨瓢虫、食螨蓟马、草蛉等。

（3）**药剂防治**　5～6月份应注意将红蜘蛛控制在点片发生的初期阶段。可用15%哒螨灵乳油2000倍液，或73%炔螨特乳油2500倍液、50%溴螨酯乳油3000倍液、5%噻螨酮乳油2000倍液、1.8%阿维菌素乳油2000倍液、5%阿维·哒螨灵乳油1000～1500倍液、20%哒螨灵可湿性粉剂3000倍液、20%甲氰菊酯乳油2000倍液、24%螺螨酯悬浮剂4000倍液＋15%哒螨灵乳油2000倍液、24%螺螨酯悬浮剂4000倍液＋2%阿维菌素乳油3000倍液、25%三唑锡可湿性粉剂1000倍液＋50%四螨嗪悬浮剂4000倍液、20%甲氰菊酯乳油1000倍液＋50%四螨嗪悬浮剂4000倍液等喷雾，重点喷中下部叶片，可达到既杀卵，又杀幼螨和成螨的效果。

玉米后期植株高大，田间操作空间小，茎叶喷雾比较困难，也可通过以下途径进行防治：结合防治黏虫，每亩用25%敌敌畏乳油3.75kg，兑水90～120kg，喷拌到750kg细砂上于傍晚撒入玉米行间。或用异丙威烟熏剂在傍晚无风时进行熏蒸。

152. 如何防治玉米棉铃虫？

棉铃虫幼虫孵化后先食卵壳，以后取食幼嫩的花丝或雄穗，也取食叶片。幼虫3龄前多在外面活动危害，3龄以后多钻蛀到苞叶内危害玉米穗（彩图72、彩图73），取食量和对玉米穗的危害程度明显比玉米螟大，也不易防治。

（1）**农业防治**　玉米收获后，及时深翻耙地，坚持实行冬灌，可大量消灭越冬蛹。

合理布局。在棉田边种少量春玉米或高粱，既可诱集较多的棉铃虫来产卵，又能诱集大量天敌存活繁殖，对棉铃虫有明显的控制作用。在玉米地边种植诱集作物如洋葱、胡萝卜等，于盛花期可诱集到大量棉铃虫成虫，及时喷药，聚而歼之。于各代棉铃虫成虫发生期，在田间设置黑光灯、性诱剂或杨树枝把，可大量诱杀成虫。

（2）**生物防治**　在棉铃虫卵盛期，人工饲养释放赤眼蜂或草蛉，发挥天敌的自然控制作用。也可在卵盛期喷施每毫升含 100 亿个以上孢子的 Bt 乳剂 100 倍液，或喷施棉铃虫核型多角体病毒 1000 倍液。

（3）化学防治　最佳用药时期在棉铃虫三龄前，可用 20％氯虫苯甲酰胺悬浮剂 3000 倍液，或 15％茚虫威悬浮剂 4000 倍液、44％丙溴磷乳油 1500 倍液、5％氟铃脲乳油 2000 倍液、2.5％高效氯氟氰菊酯乳油 1500 倍液等喷雾防治。

对发生较轻的田块，可结合防治玉米螟向玉米心叶内撒施颗粒剂进行防治，可用 3％辛硫磷颗粒剂，每株 2～3g。

153. 如何防治玉米蝗虫？

蝗虫（彩图 74）俗称"蚱蜢"，属于直翅目蝗科，是不完全变态昆虫。该虫具有杂食性、暴食性、突发性、迁飞性的特点，是一种暴发成灾的害虫。

（1）农业防治　及时清除田间地头杂草，并进行深翻晒地。人工捕捉蝗虫。

（2）生物防治　使用杀蝗绿僵菌防治时，可进行飞机超低容量喷雾或大型植保器械喷雾。使用蝗虫微孢子虫防治时，可单独使用或与昆虫蜕皮抑制剂混合进行防治。

（3）化学防治　主要在高密度发生区采取化学防治措施。可选用 20％氯虫苯甲酰胺乳油 3000 倍液，或 30％阿维·灭幼脲悬浮剂 2000～3000 倍液、1.8％阿维菌素乳油 3000～4000 倍液、5％高效氯氟氰菊酯乳油 2000～3000 倍液、50％氟虫脲乳油 1000～1500 倍液等喷雾防治。对蝗虫发生数量多的田块，药剂防治 2～3 次。

154. 如何防治玉米白星花金龟子？

白星花金龟子（彩图 75），为鞘翅目花金龟科昆虫，成虫取食玉米雌、雄穗。

（1）农业防治　选用苞叶长且包裹紧密的品种。利用农闲，将农作物秸秆、树叶、烂柴草等有机质及时清理，作为制造沼气的原料或燃料，将厩肥、人粪尿等农家肥及时还田或与其他有机质堆积在一起进一步沤制，经高温发酵腐熟，杀死虫卵和幼虫。

（2）土壤处理　在农田、果园耕地时，进行土壤处理。以每亩选用 5％辛硫磷颗粒剂 3kg 或 50％辛硫磷乳油 0.5kg。颗粒剂、粉剂可加入 20～30kg 细土，直接均匀撒施于地表，随施药随耕地。乳油类药剂可加水 40～50kg，于地表喷雾或拌入粪肥中，随即翻耕入土。

（3）**诱杀成虫**　利用白星花金龟子成虫的趋化性，在 6～7 月成虫发生盛期，用糖醋液进行诱杀，将白酒、食醋、红糖、水、90％敌百虫原药按 1∶3∶6∶10∶1 的比例在盆内拌匀，放置在腐烂的有机质较多的地方或玉米田边，架起与玉米穗大致相同的高度，诱杀成虫。也可用 40～50cm 长的竹筒或广口瓶内盛腐熟的果实 2～3 个，加少许糖蜜，将竹筒、广口瓶贴挂于植株上，诱集成虫，于下午 3 时至 4 时收集杀死的成虫。在果醋、烂果汁中加入 0.3％的敌百虫，装入瓶中，挂在树上诱杀成虫，防治效果也很好。

（4）**人工捉虫**　利用白星花金龟子成虫的假死性和群聚性，在 8 月中旬至 9 月上旬为害玉米盛期，于上午 10 时至下午 4 时，用一透明网袋或塑料袋套住被害的玉米穗，人工捕杀，可消灭正在穗上取食的成虫。

（5）**捡拾幼虫**　秋播时期，白星金花龟子幼虫已长大准备越冬，在将厩肥、农家肥、烂柴草、树叶等有机物料运往田间的过程中，及时捡拾其中的幼虫，并留下土表上 10cm 的厩肥底层，让鸡随意挠食幼虫后再运回田里，可消灭其中 80％以上的白星花金龟子幼虫。

（6）**以虫避虫**　把捕捉到的白星花金龟子成虫浸泡于水中，经日晒发酵腐烂后，加水装入罐头瓶中。挂在树上或喷洒，对成虫有忌避作用，可在一定程度上减轻其为害。

（7）**药剂防治**　于 8 月上中旬，在玉米灌浆初期，可用 50％辛硫磷乳油 1000 倍液，或 80％敌敌畏乳油 1000 倍液、10％吡虫啉可湿性粉剂 1500 倍液喷雾。在玉米穗顶部滴敌百虫原药稀释药液，可防治白星花金龟子成虫的危害，还可兼治玉米螟、棉铃虫、玉米红蜘蛛、双斑萤叶甲等其他害虫。

155. 如何防治玉米双斑萤叶甲？

双斑萤叶甲（彩图 76、彩图 77），又名玉米双斑长跗萤叶甲，属鞘翅目，叶甲科，是危害玉米的一种新型害虫。

（1）**农业防治**　秋耕冬灌，清除田间地边杂草；害虫点片发生时，可在早晚人工捕捉。合理施肥。对双斑萤叶甲危害较重的田块，除及时防治外，补水、补肥也能减轻损失。

（2）**生物防治**　在地边种植小麦、苜蓿，招引双斑萤叶甲，再让其招引和养育双斑萤叶甲的天敌瓢虫和蜘蛛等，起到生态防治的效果。

（3）**药剂防治**　应在害虫盛发之前，百株虫量达到 50 头时进行防治，可使用菊酯类药剂，如 20％氰戊菊酯乳油 2000 倍液，或 2.5％氯氟氰菊酯乳油 2000 倍液、2.5％高效氯氟氰菊酯乳油、20％氰戊菊酯乳油 1500 倍液、50％辛硫磷乳油 1500 倍液等均匀喷雾。药剂重点喷在雌穗周围；喷药时间要避开玉米扬花期，以免影响授粉；也要避开中午高温，最好在上午 10 时前或下午 5 时后，以防中毒。由于害虫具有飞翔能力，一定要按地区统防统治才能取得良好的防治效果。

🌱 156. 如何防治蜗牛为害玉米？

蜗牛（彩图 78）主要为害玉米叶片，还可为害苞叶、花丝、籽粒等。初孵化幼螺只取食叶肉，留下透明表皮，稍大个体用齿舌舔食玉米叶片，造成叶片缺刻、孔洞，呈条带状缺失，可造成叶片撕裂，严重时仅剩叶脉。

（1）**人工捕杀**　在清晨或阴雨天气蜗牛在植株上时，人工捕捉，集中杀灭。

（2）**农业防治**　合理密植，注意排涝，铲除田间落叶杂草，有条件的要适时中耕排湿。

（3）**化学防治**　用 6％四聚乙醛颗粒剂 1.5～2kg，碾碎后拌细土 5～7kg，于傍晚撒施于玉米根部附近的行间。也可用喷雾型四聚乙醛 25g 兑水 15kg 于傍晚均匀喷在蜗牛附着位置，注意叶片正反面都要喷洒。

🌱 157. 如何防治玉米草地贪夜蛾？

草地贪夜蛾（彩图 79、彩图 80、彩图 81）是一种境外入侵害虫物种，繁殖非常快，适应性强，虫口密度大，以幼虫危害性最大，幼虫虫体较大，蚕食作物叶片，食量大，可以导致毁灭性的损失，造成颗粒无收。主要是危害玉米等夏季农作物。防治最有效的方法是，频振诱杀式黑光灯和药剂防治。

（1）**使用诱杀式黑光灯诱杀成虫**　目前黑光灯品种繁多，不管哪种产品，对杀灭草地贪夜蛾成虫都非常有效。一只草地贪夜蛾成能产卵数千粒甚至上万粒，繁殖快，造成幼虫密度大，虫口多，危害大。

（2）生物防治 保护寄生性和捕食性天敌，选择释放姬蜂、茧蜂、小花蝽等害虫天敌。在卵孵化初期，选择 400 亿孢子/g 球孢白僵菌水分散粒剂 1000 倍液、100 亿孢子/g 金龟子绿僵菌乳粉剂 1000 倍液、16000IU/mg 苏云金杆菌可湿性粉剂 800 倍液、100 亿孢子/mL 短稳杆菌悬浮剂 800 倍液、1.8% 阿维菌素乳油 1500 倍液、10% 多杀霉素水分散粒剂 2000 倍液、1.3% 苦参碱水剂 1000 倍液或 0.3% 印楝素乳油 1000 倍液等叶面喷施。

（3）化学防治 在卵孵化高峰期至低龄幼虫期，结合甜菜夜蛾、斜纹夜蛾等混发害虫的防治进行兼治。

可选用 10% 溴氰虫酰胺悬浮剂 2000 倍液，或 2% 甲氨基阿维菌素苯甲酸盐乳油 2000 倍液、25% 灭幼脲 3 号悬浮液 1600～2000 倍液、30% 茚虫威水分散粒剂 2000 倍液、25% 噻嗪酮可湿性粉剂 1500～2000 倍液、10% 四氯虫酰胺悬浮剂 2000 倍液、10% 吡虫啉可湿性粉剂 4000 倍液、5% 氯虫苯甲酰胺悬浮剂 1500 倍液、90% 敌百虫原药 1000～2000 倍液、10% 虫螨腈悬浮剂 1500 倍液、5% 高效氯氰菊酯乳油 1200～1600 倍液、2.5% 溴氰菊酯乳油 1000 倍液或 100g/L 联苯菊酯乳油 1000 倍液等叶面喷施。

158. 如何防治鼠害？

（1）毒饵诱食 一般用敌鼠钠盐粉剂与米粒制成含药效成分 0.1% 的毒饵进行诱食毒杀。先将敌鼠钠盐粉剂加适量热水充分溶解，再与所需数量的大米均匀搅拌使药液渗透入米粒内，进行堆焖后，晾干使用，可拌入少量植物油，增加对老鼠的诱食作用。在播种前或播种当天的傍晚投放，在田间和四周，小堆多点投放，每堆 15g 左右，重点投放在老鼠经常活动的地方，如鼠洞口、水沟、田埂边等。3 天后老鼠开始中毒身亡，5 天后死亡较多。

（2）种衣剂处理 将播种所用种子统一进行加工包衣处理，可用种子拌药机经调试准确后，进行包衣拌种，对少量种子也可进行人工拌种。根据所用剂型规定的种药比例，分别称好药剂与种子数量，先将种子倒入干净的圆底容器内，再将药剂倒在种子上，用木棍拌均匀后，即可播种。经过包衣剂处理的种子还可防鸟雀、病、虫等为害。

包衣前的种子必须经过精选，包衣后的种子应当季使用，不宜久存。

（3）**地膜覆盖** 地膜覆盖是高产的一个重要途径，田间播种后，覆膜表现出明显的遮盖、防鼠效果。实际应用中要注意几点：一是先播种后覆地膜；二是膜宽幅度不宜太窄，一般不少于 50cm；三是覆膜后地膜边缘封压要严实，不留空隙给老鼠钻入；四是经常到田间检查，发现破损及时封闭。

（4）**营养钵育苗** 一般春播玉米，种子播种在营养苗床内，四周覆盖塑料薄膜封闭保温，应经常查看管理，使老鼠难以有钻入为害的机会。苗床四周每边拓宽 20cm 以利于压实封闭。发现薄膜有破洞，要及时补好。

第四节　玉米除草技术

159. 如何搞好玉米田苗前"封闭"处理除草？

玉米田苗前除草主要是播种后出苗前，喷施封闭除草剂。其中，防除禾本科杂草为主的除草剂单剂一般有莠去津系列、乙草胺系列和异丙甲草胺系列；防除阔叶杂草的除草剂单剂一般有嗪草酮、噻吩磺隆、唑嘧磺草胺；复配剂常用的配方为乙草胺或异丙甲草胺＋2,4-滴丁酯＋莠去津（或噻吩磺隆、嗪草酮、唑嘧磺草胺）。

（1）**苗前除草剂除草机理** 大多数苗前除草剂通过杂草的幼芽吸收发挥作用（一般单子叶杂草为芽鞘吸收、双子叶杂草为下胚轴吸收），根很少吸收。所以药剂要到达 0～5cm 的"杂草发芽圈"才能发挥除草效果。

（2）**药剂用量**

① 对于田间没有杂草的地块，可采用封闭处理，如 40％异丙草·莠悬浮剂 250～300g/亩，或 40％乙·莠悬浮剂 200～250g/亩、40％丁·莠悬浮剂 200～250g/亩、52％异丙草·莠悬浮剂 200～250g/亩、60％异丙草·莠悬浮剂 180～230g/亩、40％甲·乙·莠悬浮剂 200～250g/亩。

也可用如下药剂组合：38％莠去津悬浮剂 300mL＋90％乙草胺乳油 100mL（每亩兑水量至少 50L，以下同）。或 38％莠去津悬浮剂 200mL＋72％ 2,4-滴丁酯乳油 50mL＋90％乙草胺乳油 100mL、50％

扑草净可湿性粉剂 170g＋90％乙草胺乳油 100mL、70％嗪草酮可湿性粉剂 60g＋72％异丙甲草胺乳油 120mL、80％唑嘧磺草胺水分散粒剂 5g＋90％乙草胺乳油 100mL。

② 小麦收割后，田间多年生杂草较多的田块，采用混用技术，实行"一封一杀"：每亩用 40％异丙草·莠悬浮剂 200～250g＋41％草甘膦异丙胺盐水剂 250～300g，或 52％异丙草·莠悬浮剂 150～200g＋41％草甘膦异丙胺盐水剂 250～300g。

（3）用好苗前除草剂的技术要点

① 整地质量要好：要求地平土碎，地表无植物残株，保证农药均匀分布。

② 选择国家正式登记的农药品种。

③ 使用规范的施药机械及准确的喷雾技术：喷洒苗前除草剂要求喷洒雾滴直径 300～400μm，每平方厘米雾滴 30～40 个。

人工背负式喷雾器宜选用扇形喷头，配 11003 型扇形喷嘴、50 筛目的过滤器，喷雾压力 2 个大气压，喷液量 15～20L/亩，施药时一次喷一条垄，不得左右甩动喷雾，固定喷头、固定地面高度、喷雾压力、行走速度，均匀喷雾。

拖拉机喷雾机选用扇形喷头，配 11003、11004 型扇形喷嘴、50 筛目的过滤器，喷雾压力 2～3 个大气压，喷液量 12～13L/亩，喷杆距地面高度 40～60cm，施药时以每小时喷 6～8kg 为宜。

（4）玉米田苗前封闭除草的误区　不少农民认为雨后施药效果好，有些农民春天多等雨打药，只注重了苗前除草剂对墒情的要求，却带来一系列问题：

① 错过幼芽吸收时期，药与幼芽接触不上。

② 雨后施药的弊端：雨后土壤水分向上走，除草剂很难到达 0～5cm 耕层被杂草吸收，春季雨后常出现晴天高温天气，除草剂可随水分蒸发而损失。雨前或灌溉前施药比雨后施药效果好。雨后施药也要及时浅混土或及时中耕培土 2cm，防止除草剂因蒸发、刮风而损失。

（5）注意事项　播种结束后，可喷施封闭除草剂。详细阅读除草剂使用说明书，按照推荐剂量正确使用，否则容易出现药害。根据天气状况选择风力小于 2 级的天气，一般每亩兑水量为 50L。干旱少雨时兑水量应达到 60L。进行土壤表面喷雾，喷施要均匀，避免漏喷，喷雾后达到土壤表面湿润即可。使用封闭除草剂的田块土壤墒情要好，地面平整，地表土壤精细。要注意对后茬作物的安全性，特别是莠去津、嗪草酮等药剂，其对瓜类、蔬菜等后茬的作物残留危害大，施药前考虑下茬作物，防止残留药害的产生。

施药时，先按照施药玉米田的面积适量加水，后加除草剂，边加除草剂边搅动，使药剂充分溶于水后再进行土壤喷雾。应避免施药土层被破坏，机械施药时，喷头应在机械后方，人工施药时避免踏入已施药的田地。施药匀速，避免重喷和漏喷。施药时不可盲目加入微肥、增效剂及其他农药。

当麦茬较高、田间麦草覆盖地面时，这一类除草剂最好不用，因为喷不到地面形不成药土层，就不能杀死顶土发芽的杂草。封地除草剂用药时间最早，药效期一过，杂草很快就会长起来，需要补喷其他的除草剂，浪费人力物力。

封地除草剂易使玉米叶片发黄，尤其是高温时用药，容易伤根。

160. 玉米田苗后除草剂有哪些，如何施用？

玉米田杂草的防除，一般不进行二次施药，避免产生药害，特别是激素类除草剂。一般是苗前错过施药期或除草效果不佳时，选择苗后药剂防除杂草。常用的玉米田苗后除草剂，防除禾本科杂草的有烟嘧磺隆和异丙草胺；防除阔叶杂草的有硝磺草酮、辛酰溴苯腈、氯氟吡氧乙酸、苯唑草酮、二氯吡啶酸和 2,4-滴丁酯；复配制剂常用的配方有烟嘧磺隆＋莠去津（或硝磺草酮、辛酰溴苯腈等）。此外，在条件允许时（有防护罩、隔离带等），可根据杂草种类、草龄大小，选用草甘膦、草铵膦等灭生性除草剂进行定向喷雾防除杂草。

（1）药剂用量　玉米苗后茎叶喷雾处理一般施用时期和每亩的剂量如下：

① 玉米 1～3 叶期杂草出土前到杂草 1～2 叶期，可选用 40％异丙草·莠悬浮剂 250～300mL，或 52％异丙草·莠悬浮剂 200～250mL、60％异丙草·莠悬浮剂 180～230mL。

② 玉米 3～5 叶期，禾本科杂草 2～5 叶期，阔叶杂草株高 2～5cm 时是玉米田杂草防除的一个重要时期，如杂草防除不及时，将直接影响玉米的生长及产量。茎叶处理剂主要有：

禾本科杂草基数较大，阔叶杂草较少时，可选用 4％烟嘧磺隆可分散油悬浮剂 100～120mL，或 53％烟嘧·莠去津可分散油悬浮剂 90～105g。

禾本科杂草及阔叶杂草分布一般的田块，可施用 4％烟嘧磺隆悬浮剂 80mL＋90％ 2,4-滴异辛酯乳油 60mL；或 25％辛酰溴苯腈乳油 80mL＋4％烟嘧磺隆悬浮剂 80mL。

恶性杂草牛筋草、苘麻等发生密度较大的田块每亩可施用 4％烟嘧磺隆悬浮剂 60mL＋10％硝磺草酮悬浮剂 100mL，兑水 25L，并按施用量添加 0.25％助剂（甲基化植物油）。

当苘麻等阔叶杂草密度较大时，每亩可施用 4％烟嘧磺隆悬浮剂 60mL＋20％氯氟吡氧乙酸乳油 60mL。

对于小蓟、苣荬菜、蒲公英等菊科杂草分布密度大的田块，每亩可施用 30％二氯吡啶酸水剂 40～60mL。

田间香附子较多的地块，可用 40％烟嘧·莠去津可分散油悬浮剂 80～100mL＋56％ 2 甲 4 氯钠可分散粒剂 60～80g，或 48％灭草松水剂 150～200mL、4％烟嘧磺隆可分散油悬浮剂 120～150mL。

国家登记的各种玉米茎叶处理的复配剂，如 55％硝磺草酮·莠去津，每亩施用 120～150g，30％硝磺草酮·莠去津·氯氟吡氧乙酸，每亩施用 120～160g。

③ 玉米 5～6 叶期杂草较多的地块，可选择 40％烟嘧·莠去津可分散油悬浮剂 120～150mL，或 40％硝磺草酮·莠去津悬浮剂 250～300mL。

④ 玉米 5～7 叶期香附子、田旋花、小蓟、灰菜等杂草较多的地块，可施用 56％ 2 甲 4 氯钠盐可溶粉剂 80～100g，或 48％灭草松水剂 200～250mL、40％烟嘧·莠去津可分散油悬浮剂 80～100mL＋56％ 2 甲 4 氯钠可溶粉剂 50～60g。

（2）注意事项 施药时避开作物敏感期（玉米刚出土时至玉米 1 叶 1 心时）。施药时还应避开高温、高湿或大风、降温天气，以防产生药害或降低药效，一般应选择晴朗无风的天气且施药后 6 小时无降雨的天气。对于苗前施用封闭除草剂，且杂草防除效果不佳的田地，尽量避开与苗前使用同类除草剂，使用剂量上采用推荐用量的下限。

对于苗后早期除草剂，必须在小草 4 叶期以前使用，用于封地和行间杀灭大草效果不理想，小草期使用，可以见草即喷，地面干湿不影响效果，对玉米苗安全性极高。对下茬作物如小麦安全性好，但对下茬其他作物要有一定的间隔期。要先加 1/3 的水，再加助剂，然后加原药，混合后加满水再喷施。在无风时喷施。在结合治虫时，可混配高效氯氟氰菊酯（功夫）等菊酯类农药，其他农药不提倡混配。

对于苗后中晚期除草剂，当杂草长至 6 片叶以后，应选择苗后中晚期除草剂，即草甘膦等灭生性除草剂，必须定向喷雾，在喷头上安上保护罩，喷头对准杂草，严格注意不能喷溅到玉米上。要在无风天气条件下喷施。此类药剂杀叶不杀根，如遇连阴雨天气，很多杂草会迅速生长危害作物，需要重喷一次。如掌握不好使用技术，不提倡使用草甘膦。温度越高，药效发挥越快，对玉米造成危害的机会越大，应注意在高温条件下用药。

161. 如何正确使用玉米苗后除草剂？

对于玉米苗后除草剂，各地玉米种植户每年都在用，但是每年都会出现玉米药害、打完没效果等问题，有时候还会出现打完玉米苗后除草剂，杂草没有死，玉米却死了的问题，很是让农民头疼。

（1）玉米苗后除草剂最佳喷药时间　由于玉米苗后除草剂喷施后需要 2～6 小时的吸收过程，在这 2～6 小时中，药效发挥好不好与气温和空气湿度关系十分密切。

在气温高、天气旱的上午、中午或下午喷药，由于温度高，光照强，药液挥发快，喷药后一会儿药液就会蒸发，使除草剂进入杂草体内的量受到限制，吸收量明显不足，从而影响了除草效果；同时在高温干旱时喷药，玉米苗也易发生药害。

最佳喷药时间是傍晚六点以后，此时喷药，施药后温度较低，湿度较大，药液在杂草叶面上停留的时间较长，杂草能充分地吸收除草剂成分，保证了除草效果，傍晚用药也可显著提高玉米苗安全性，不易发生药害。

（2）玉米苗喷打玉米苗后除草剂的适宜叶龄　玉米 3～5 片叶，杂草 2～4 叶期为最佳，尤其是烟嘧磺隆与 2,4-滴丁酯混用不能在玉米 5 叶期之后施药。

田间杂草基本出齐，多数杂草 2～4 叶期喷雾。施药期过晚，杂草抗性增强，除草效果受影响。喷药时要求气温在 15～25℃，空气相对湿度 65％以上，风速 4 米每秒以下时进行。按要求选好喷雾器械和喷嘴并按喷药作业操作规范施药。

（3）**玉米苗后除草剂的施用方法**　　实际打药过程中，在药量足够的前提下，水越多越好（当然不是说无限制的加水，相对来说）。

①**看草大小**　　在喷玉米苗后除草剂时，许多农民有个误区，认为杂草越小，抗性越小，草越易杀死。其实不然，因为草太小了没有着药面积，除草效果也不理想。最佳的草龄是 2 叶 1 心～4 叶 1 心期，这时杂草有了一定的着药面积，杂草抗性也不大，除草效果显著。

②**玉米品种**　　由于现在玉米苗后除草剂大多是烟嘧磺隆成分，一些玉米品种对本成分敏感，易发生药害，所以，种植甜玉米、糯玉米、登海系列等品种的玉米田不能喷施，防止药害产生。对于新的玉米品种，请先试验再推广。

③**合理混用农药**　　喷苗后除草剂的前后 7 天，严禁喷施有机磷类杀虫剂，否则易发生药害。但可与菊酯类杀虫剂混喷，喷药时要注意尽量避开心叶，防药液灌心。

一些玉米田瑞典秆蝇和蓟马发生严重，防治这两种小害虫可用吡虫啉或啶虫脒喷心叶，但是喷药时也不要和苗后除草剂混喷。如果混用喷心叶则易发生药害，可分开喷：在前边喷苗后除草剂，后边紧跟着用吡虫啉或啶虫脒喷心叶。

④**看杂草本身的抵抗力**　　近年来，杂草自身的抗逆能力得到加强，为了防止体内的水分过量蒸发，杂草生长得并不那么水灵粗壮，而是生长得灰白、矮小，实际草龄都并不小（即所谓的"小老头"）。这些杂草大都全身布满白色的小绒毛，来减少水分的蒸发。

喷施农药时，药液被这些小绒毛顶在杂草茎叶表面之上，杂草本身吸收得很少，自然就影响药效的发挥，所以高温干旱时应该加大喷施的药液量，以不影响药效的发挥。

（4）**玉米打完除草剂后就下雨了，第二天是否要重喷**　　首先不建议打第二遍苗后除草剂。有些农民怕草不死，在以下情况下可再打第二遍药：①若打完药后立即下雨；②若有大雨或者暴雨，时间很长；③若阔叶草 3～5 天，尖叶草 5～7 天后，还没有中毒现象，玉米也正常生长。满足以上 3 点可以重喷一次。

相反：①中情形雨下得不大，而且时间较短；②在喷施玉米苗后除草剂 6 小时后，再下雨；③杂草已有中毒现象。满足以上 3 点，则不建议重喷，以免出现药害。

如果不满足以上的条件，但是打第二遍时，不打玉米，只打杂草，定向喷雾，是可以的。

（5）玉米除草剂和杀虫剂最好不混用

① 不知道除草剂和杀虫剂都是什么成分。以玉米除草剂来说，含有烟嘧磺隆的除草剂和含有有机磷类的杀虫剂混用，就会出现药害（彩图82、彩图83），就是打完玉米除草剂之后的7天内，也不能用有机磷类的杀虫剂。

② 抛去药害不说，玉米除草剂主要是往草上喷，让草吸收药液，进而杀死杂草，而杀虫剂则是打在玉米叶片上，让玉米叶片吸收药液，达到防虫治虫的目的。

162. 玉米特殊栽培方式和特种玉米除草的注意事项有哪些？

这类玉米主要包括甜玉米、制种田玉米、覆膜玉米、坐水种玉米、爆裂玉米等。因其栽培方式特殊，种子特点差异较大，在除草剂选择时应注意以下几点。

（1）制种田、甜玉米和爆裂玉米田　不同自交系玉米对除草剂耐药性存在较大差异，加之自交系玉米本身的耐药性就较差，同时，甜玉米、爆裂玉米对烟嘧磺隆、2,4-滴丁酯等除草剂较为敏感。因此在杂草防除时应避免使用该类除草剂。土壤处理建议应用莠去津、乙草胺、异丙甲草胺或其混配制剂。同时在除草剂使用前应该做好试验示范，避免造成重大损失。

（2）覆膜玉米田　由于地膜覆盖水分蒸发少，土壤墒情好，土壤温度高，有利于除草剂药效发挥，因此应该选择安全性高的除草剂，同时降低除草剂剂量，宜在常规剂量的基础上减少 1/5～1/4。此外，地膜覆盖条件下，阔叶杂草长势比较弱，禾本科杂草长势比较强，应在混配时适当增加防除禾本科杂草的除草剂剂量。

（3）坐水种玉米田　坐水种是保证玉米一次播种保全苗的重要栽培手段。除草剂使用时应注意安全性，严格控制除草剂使用量，一般采用推荐剂量的下限，乙草胺、莠去津、异丙甲草胺等除草剂较为安全。同时避免玉米种子和除草剂直接接触，否则容易产生药害。

163. 玉米除草为什么同药不同效？

近年来，人们在玉米田上使用除草剂越来越普遍，然而生产中农户同时购买的除草剂，一块田使用了效果很好，另一块田使用了效却很差，出现这种现象的原因，除了除草剂产品本身的质量差异外，还受到其他很多外界因素的影响。

（1）喷施除草剂过晚　除草剂一般掌握在玉米 2～5 叶期、杂草 2～3 叶期以前施药，若用药时间过晚，易导致草龄过大，用药不足，药效受到严重影响。

（2）施药方法不当　如果在喷施玉米除草剂时仍像喷施其他药剂一样采用前进式，脚印会破坏药液在地表上尚未形成好的药膜，从而导致除草剂药效严重下降。

（3）田间湿度不够　玉米在喷施除草剂时，田间湿度不够，药液接触地表水分立刻蒸发，使药液不能在地表形成药膜，导致药剂不能正常发挥，作用不佳。

（4）用水量过小，药膜覆盖不匀　一般要求每亩用水量至少在 30～40kg，有的每亩只用 15kg。

（5）施药时间的差异　若在中午喷药，药液蒸发快，影响除草效果。

（6）麦茬、麦秸影响　麦茬太高，麦秸不清理，药液喷不到土壤层上。

（7）土质原因　土壤沙质、盐碱地和地着过火（草灰呈碱性）对除草效果都有一定的影响。

164. 为什么说玉米除草剂没用对，下茬作物将遭殃？

有些除草剂的残留时间可长达两三年。特别对于今后要调整种植结构的地区，如果在玉米地里用错除草剂，下茬作物就要遭殃。玉米使用不同除草剂后适合不同的轮作作物。

（1）玉米田使用莠去津＋乙草胺（异丙草胺、异丙甲草胺）＋2,4-滴异辛酯　莠去津年每亩使用量低于 114g（有效成分），后茬可谨慎种植春大豆；莠去津年每亩使用量在 114～160g（有效成分），后茬春大豆遇降雨且雨后阳光充足时药害严重，减产明显，不提倡种植春大豆，可种植青贮玉米、鲜食玉米、高粱、糜子等；莠去津年使用量高于 160g（有效成分），后茬只能种植青贮玉米、鲜食玉米或爆裂玉米等。

（2）玉米田使用嗪草酮＋乙草胺　玉米田使用嗪草酮＋乙草胺（异丙草胺、异丙甲草胺）＋2,4-滴异辛酯的地块，后茬可种植大豆、青贮玉米、鲜食玉米、马铃薯、花生等。

（3）玉米田使用唑嘧磺草胺（或氯酯磺草胺）＋乙草胺　玉米田使用唑嘧磺草胺（或氯酯磺草胺）＋乙草胺的地块，可与大豆间作、轮作。

（4）玉米田使用烟嘧磺隆（硝磺草酮、苯唑草酮）＋莠去津＋安全剂　玉米田使用烟嘧磺隆（硝磺草酮、苯唑草酮）＋莠去津＋安全剂的田块或减量使用莠去津（土壤处理改为茎叶喷雾处理-减量20％～50％、添加功能助剂-减量20％以上、使用标准喷嘴等）的田块，2～3年后可种植青贮玉米、鲜食玉米、马铃薯、春小麦、春大豆、花生、杂粮杂豆、油菜、瓜类、蔬菜、果树或饲草作物等。

（5）注意　后茬作物化学除草总体原则，在作物安全的前提下，有效防除杂草危害；依据作物选择合适的除草剂品种及施药方法；依据土壤类型（沙壤土、轻碱土、草甸土、壤土、黑壤土等）及土壤有机质含量确定除草剂正确使用剂量；依据气候条件（土壤墒情或气温高低）确定除草剂正确使用剂量。

165. 玉米田除草剂的常见错误使用方法有哪些？

（1）除草剂品种选择不合理　比如用2,4-滴丁酯进行玉米田播后苗前土壤处理、玉米苗前选用乙草胺＋嗪草酮、玉米苗后使用2,4-滴丁酯＋烟嘧磺隆等，连年使用长残效除草剂莠去津、烟嘧磺隆等也会对下茬作物造成药害。

（2）除草剂使用的时候随意加大施药剂量　以38％莠去津悬浮剂为例，其推荐剂量为200～250g/亩，一些地方的实际用量达到了推荐剂量的三四倍。

（3）施药时期把握不准确　如果在玉米2叶以前使用2,4-滴丁酯，导致玉米叶片变窄、皱缩、卷曲，心叶卷成葱叶状。在玉米6叶以后施用，导致茎部变扁弯曲，脆而易折，雄穗难以抽出，果穗缺粒。

（4）遭遇不良气候条件　早春气候冷凉，降水量偏大时，乙草胺播后苗前土壤处理，可导致玉米茎叶扭卷、弯曲、植株矮缩；异噁草松施用时风大，造成雾滴漂移使植物的局部茎叶受害，呈现触杀型药害。温度高时，2,4-滴丁酯挥发漂移严重，下风向敏感植物受害严重。

166. 玉米施用化学除草剂产生药害的原因有哪些？

在玉米田推广使用化学除草剂，效果显著，但又因部分农民（户）用药不当，致使当季或下茬作物产生药害，造成减产。玉米发生药害的症状多为根部干腐，轻则种子根死亡，重则种子根死后逐渐向上发展到气生根，下部叶片枯死，玉米苗生长瘦弱，有的整株死亡。苗后用药的田块，心叶发黄皱缩，植株矮化，停止生长，有的叶片出现药害枯斑。造成玉米药害的原因主要有以下几个方面：

（1）用药剂量大、兑水量少　50%乙草胺乳油是用来防治玉米田杂草的主要除草剂，按照使用说明亩用量在 100～150mL，兑水 50kg 喷雾，防效可达到 95% 左右。但是，农户在使用过程中随意加大用药量，减少兑水量。一般亩用量均在 200～400mL 兑水 20～25kg 喷雾，个别农户用药量每亩高达 500mL 以上。

（2）施药后降雨又遇高温　玉米播种后随即使用除草剂，如在播后用药的 2～6 天内降雨，可使土壤表面的乙草胺通过雨水渗透到土层内，接触玉米种子根，使种子根受害枯死。雨后若又遇高温烈日，水分蒸发量大，根系因受害吸收水分、养分的能力下降，可造成小苗生长受阻，僵苗不发。

（3）因上茬麦田使用苯磺隆时间晚、剂量大　由于麦田杂草密度大，早春气温低，化学除草时间应在 3 月中、下旬，如农户过迟喷药治草，因草龄较大，比常规用量扩大 0.5～1 倍，加之春季干旱，小麦被干旱与高温催熟，收获期比往年提早。夏玉米播期大都在 6 月上旬。苯磺隆最后一次使用与下茬作物播种距离 60 天以上为安全期，这样上茬施药与下茬种植期距未达到安全期，再加上麦田施药量多，增大土壤农药残留，也是造成玉米产生药害的原因。

（4）麦田使用甲磺隆、氯磺隆及其复配剂　玉米田块土壤如属中性偏碱，甲磺隆、氯磺隆在碱性土壤中很难分解，易对下茬作物产生药害，麦田使用对下茬水稻可造成僵苗不发，分蘖减少，对夏播旱作物更是危害严重，轻则苗弱僵小，重则不能立苗，以至产量只能达到正常田块的 1/5。目前已经禁止使用此类农药。

（5）用药错误　一般应根据作物的种类选用除草剂，才能达到理想的防治效果，否则就会造成药害。有些农户错把 50%丁草胺乳油当作 50%乙草胺乳油防治玉米田杂草，有的用高效氟吡甲禾灵在玉米出苗后防治玉米田杂草或用氟磺胺草醚防治玉米田阔叶杂草等，均给玉米带来危害。

（6）**防治时间不适宜** 各种除草剂都有安全的施药时间，例如乙草胺、乙草胺与噻磺隆复配剂（旱锄）只能用于作物播后苗期，不能用于玉米出苗后，异丙草·莠（玉丰）在玉米田使用既可在播后苗前，也可用于玉米出苗后，但施药时玉米以 3 叶期之内较为安全，玉米叶龄越大受药害越重。

（7）**农药地域适应性的不同** 农药生产厂家对产品的使用，应多地、多点反复试验，确认能够使用再推向市场，特别是除草剂受气候（温度、湿度、光照）影响较大，而我国南北气候悬殊，在不同地区不同用药时间所产生的效果不一致。例如，乙草胺与噻磺隆复配剂（旱锄），在玉米播后苗前使用对杂草的防治效果可达 95％以上，但是，有些农民把药买回家因下雨影响耽误苗前用药，又因产品说明书上写着，在玉米出苗后 4 叶期前可以使用，结果造成部分玉米田块出现药害，而且防效极差。

（8）**使用方法不当** 在夏玉米播种期间极易出现 5～6 级风，有些农户在大风天气使用弥雾机喷药，由于雾点细，容易随风飘移。若兑药时先将农药倒入喷雾器后加水，易把药剂冲到喷管中，使开始喷雾的地面因药液浓度大而造成药害，甚至有些农民想减轻劳动强度和时间，将药剂配成毒土撒于玉米田进行除草，这种方法在土壤墒情好的情况下，尚能达到较好的防效，但必须加大用药量，如在拌药不匀、撒施不均的情况下，也易造成药害。

167. 如何识别与防止玉米苯氧羧酸类除草剂药害？

玉米田常用的 2,4-滴丁酯和 2 甲 4 氯钠盐为激素类选择性除草剂，具较强的内吸传导性。低浓度（小于 $100\mu g/mL$）施用时对植株有刺激生长作用，当施用剂量大于 $100\mu g/mL$ 时即抑制植株生长。2,4-滴丁酯和 2 甲 4 氯钠盐主要用于防除玉米田的阔叶类杂草。适宜用药时期为玉米出苗前或 3～4 叶期。两种除草剂用量分别为亩用有效成分 21～36g 和 50～60g。

（1）**药害症状** 叶片扭曲，心部叶片形成葱状叶卷曲，并呈现不正常的拉长，心叶呈棒状（彩图 84），下部茎叶丛生在一起，初生根畸形上卷不与土壤接触。非人工剥离雄穗很难抽出。叶色浓绿，严重时叶片变黄、干枯；果位上不能形成果穗，故常在植株下部节位上长出果穗；下部间脆弱易断，根系不发达，根短量少，侧根生长不规则，气生根畸形（彩图85）呈鸭掌状或虬须状。

（2）发生原因 2,4-滴丁酯、2甲4氯钠盐等在玉米出苗前或3～4叶期施药，一般不产生药害。而在其他时期应进行行间定向喷雾，避免药害发生。一些农药经营者和有些农民认为在玉米田间任意时期喷洒2,4-滴丁酯和2甲4氯钠后，玉米在外部形态上并没有明显变化，所以不会产生药害。但事实告诉我们，即使玉米外部形态没有明显变化，但已受隐性药害，这时的玉米比没有喷洒的植株秸秆脆弱，遇风更容易倒伏。

玉米5叶后耐药性显著降低，过晚施药、施药量过高或施药不均匀会产生药害。早春低温、使用时期过晚或过量或用于某些敏感品种，常会形成药害。早春低温使玉米对2,4-滴丁酯的耐药性减弱。春玉米4叶期低浓度（30～35g/亩）药剂处理，用药几星期后即可使玉米畸形；5～6叶期玉米耐药性增强，但浓度过大（120g以上/亩）更易引起植株器官变态。

（3）预防办法 2,4-滴丁酯要求温度必须在10℃以上才可使用，低于10℃除草效果不好，甚至无效，而且易产生药害；对使用时期要求严格，苗前土壤处理必须在苗出土前3天进行，过晚极易产生药害；苗后茎叶处理在玉米2叶期后，拔节期前（一般为5～6叶期），过早一是杂草未出齐，二是易产生药害。用药量不宜超标，施药要均匀。

2,4-滴丁酯和2甲4氯钠盐类除草剂发生药害较轻时，可以通过加强肥水管理，叶面喷洒植物调节剂芸苔素内酯、复硝酚钠等，一般短期内即可恢复；药害较重的地块，应及时翻种，一般不用考虑除草剂影响，因为该类除草剂土壤活性低，不会影响种子发芽出苗。

🌱 168. 如何识别与防止玉米酰胺类除草剂药害？

甲草胺、异丙甲草胺、乙草胺等酰胺类除草剂主要用于防治玉米田一年生禾本科杂草，对阔叶类杂草防效较差。此类除草剂能抑制植物呼吸作用与光合作用，抑制蛋白质与RNA的生物合成，使植物不能制造生命所需的物质而死亡；该类除草剂只能防治禾本科杂草的幼芽，而不能防治成株杂草。甲草胺、异丙甲草胺、乙草胺的田间用量分别为亩用有效成分 120～144g、72～144g 和 25～50g。

（1）药害症状 根和幼芽生长严重受到抑制，有的不能出土，幼苗矮化，叶片变形，心叶卷曲不能伸展。有时呈鞭状（俗称甩大鞭），其余叶片皱缩，根茎节肿大。

（2）发生原因 甲草胺、乙草胺和异丙甲草胺常被用于玉米田苗前土壤处理，防除一年生禾本科杂草，如果使用过量，会使玉米受害。土壤黏重冷湿有利于药害产生。播后芽前降雨、淹水可引发药害。

（3）预防办法 避免过量用药，保证施药均匀。一旦出现药害，及时中耕松土，以缓解药害。灌水施肥，会使药害加重。

169. 如何识别与防止玉米三氮苯类除草剂药害？

莠去津、氰草津等三氮苯类除草剂主要是通过影响植物体内一系列生理生化过程，从而达到干扰抑制光合作用的目的，使杂草幼苗因不能进行光合作用，难以补充必需的有机营养而饥饿死亡；此类除草剂可有效防除田间的一年生禾本科杂草与阔叶杂草，在玉米田使用比较安全。主要应用品种有莠去津、氰草津等；田间用量分别为亩用 67～100g 和 120～160g。

（1）药害症状 可使玉米叶片失绿或变黄，生长受到抑制并逐渐枯萎（彩图 86）。

（2）发生原因 玉米田常用的品种主要是莠去津，在土壤有机质含量偏低（低于 2.0%）的沙质土壤或苗前施药后遇到大雨则可造成淋溶性药害。玉米苗后 5 叶期使用，在低温多雨条件下对玉米也会产生药害。

（3）预防办法 避免过量用药，保证施药均匀。一旦出现药害，及时追肥、中耕松土，以缓解药害。

170. 如何识别与防止玉米磺酰脲类除草剂药害？

烟嘧磺隆、噻吩磺隆等磺酰脲类除草剂对杂草和作物的选择性主要是由于降解代谢的差异。磺酰脲类除草剂为弱酸性化合物，在土壤中的淋溶和降解速度受土壤 pH 影响较大。淋溶性随着土壤 pH 的增加而增加；在酸性土壤中，降解速度快，在碱性土壤中降解速度慢。磺酰脲类除草剂的活性极高，用量特别低，每公顷的施用量只需几克到几十克，被称为超高效除草剂。此类除草剂能有效地防除阔叶杂草，其中有些除草剂对禾本科杂草也有抑制作用，甚至很有效。大部分磺酰脲类除草剂的选择性强，对当季作物安全。

（1）药害症状　生长受抑制，植株矮化。有的心叶基部褪绿，或叶片上出现不规则的褪绿斑（彩图 87）；有的叶片卷缩成筒状，叶缘皱缩，影响心叶抽出；有的斜向生长呈倒伏状。

（2）发生原因　如玉米田茎叶处理使用烟嘧磺隆，施药量大于有效成分 5.3g/亩或局部药量过大时会出现药害症状。一是生产中大面积推广的很多密植品种对烟嘧磺隆除草剂敏感性强，不宜使用；二是一般玉米 4 叶后使用也往往出现药害现象，必须要求 3 叶期前使用，技术环节往往难以把握；三是在玉米 6 叶期以后除草要顺行用药或戴上防护罩打药，让农民感觉很不方便，虽然杂草除掉了，但是玉米叶子黄了，影响玉米产量；四是在高温或干旱情况下，烟嘧磺隆除草剂往往对玉米的药害加重，很多玉米叶片发黄皱缩，长得矮小，甚至甩不出穗来而造成减产，引发很多纠纷。另外，烟嘧磺隆对黏玉米、甜玉米、爆裂玉米等特用玉米也不安全，不能选用。

噻吩磺隆（宝收）在玉米苗后 1～4 叶期施药安全，5 叶期施药遇低温多雨、光照少可使玉米受害。施有机磷杀虫剂（如辛硫磷）后紧接着再施此类药剂或与有机磷杀虫剂混施可能产生药害。

（3）预防办法　避免过量用药，保证施药均匀。及时中耕追肥，促进恢复。用萘二甲酐对玉米种子包衣可减少烟嘧磺隆与有机磷杀虫剂的协同作用所造成的药害。高温干旱时及时灌水。

171. 如何识别与防止玉米草甘膦等有机磷类除草剂药害？

（1）药害症状　着药叶片初呈水渍状，后逐渐干枯，整个植株呈现脱水状，叶片向内卷曲，生长受到严重抑制。叶尖、叶缘黄枯，受害重的植株逐渐枯死。

（2）发生原因　如玉米田误施草甘膦或药液喷落到玉米植株上产生药害。

（3）预防办法　玉米田喷洒草甘膦应在无风条件下，进行严格定向喷雾，避免玉米叶片沾药；路边、河边等地方喷洒草甘膦时，应在无风条件下距离作物 20m 以上；对喷用过草甘膦的喷雾器要反复清洗。

药害发生时，及时喷洒清水进行冲洗，摘除下部沾药叶片，同时喷洒 0.136％赤·吲乙·芸苔可湿性粉剂来缓解，也可喷施各种叶面肥修复被损害的细胞。药害发生到死苗需要十几天时间，如果施药量超过 40g/亩，就应考虑毁种。

172. 如何识别与防止玉米有机杂环类除草剂药害？

（1）**药害症状**　土壤处理不影响玉米出苗，幼苗出土后，从叶片基部开始褪绿，变黄，变白，或变成红紫色，还可能出现黄绿相间条纹，严重者全株枯死。受害较轻者，叶片出现不同程度的白花斑，随着幼苗长大，叶片上白色褪绿斑仍然清晰可见，植株矮化。

（2）**发生原因**　如玉米田用异噁草酮进行土壤处理，或上茬作物使用的残留在土壤中造成药害。

（3）**预防办法**　异噁草酮不宜用于玉米地，尤其与莠去津混用更易产生药害。土壤残留药害可恢复，不必采取措施。

173. 如何识别与防止玉米氯氟吡氧乙酸异辛酯药害？

氯氟吡氧乙酸异辛酯对鸭跖草、打碗花、刺菜等阔叶恶性杂草防效显著，所以被大量用于玉米苗后除草。而有些农民不分玉米生长时期胡乱用药，导致该药在玉米上药害时有发生。

（1）**药害症状**　卷心呈"牛尾巴"状、植株倾斜或倒折、基部节间弯曲、气生根畸形等（彩图 88）。

（2）**发生原因**　氯氟吡氧乙酸异辛酯在玉米 3～5 叶期全田喷雾防治阔叶杂草，玉米不会产生药害；而在其他时期应进行行间定向喷雾，避免药害产生。

（3）**防止措施**　氯氟吡氧乙酸异辛酯发生药害较轻时，可以通过加强肥水管理，叶面喷洒植物调节剂芸苔素内酯、复硝酚钠等措施，一般短期内即可恢复；药害较重的地块，应及时翻种，一般不用考虑除草剂影响，因为该类除草剂土壤活性低，不会影响发芽出苗。

174. 如何识别与防止玉米硝磺草酮·莠去津药害？

硝磺草酮·莠去津是硝磺草酮与莠去津的混配制剂，具有杀草谱广、用药量少，对玉米安全，施药时期长，苗前苗后均可使用的特点。硝磺草酮可被植物的根和茎叶吸收，通过抑制对羟基苯基酮酸酯双氧化酶的合成，导致酪氨酸积累，使质体醌和维生素 E 的生物合成受阻，进而影响到类胡萝卜素的生物合成，杂草茎叶白化后死亡。

玉米苗后喷洒硝磺草酮·莠去津进行化学除草，如果喷施浓度过高或重复喷洒，温度低，会造成玉米叶片上部白化褪绿（彩图 89），尤其是心叶及叶片基部受害最重；对植株高度抑制比较明显。

玉米苗后喷洒硝磺草酮·莠去津形成药害后，如果症状较轻，不用采取任何措施，过一段时间可以逐渐恢复；如果症状较重，可以喷洒 0.136% 赤·吲乙·芸苔可湿性粉剂来缓解药害，促进玉米生长，叶色逐渐恢复变绿。

175. 如何识别与防止玉米烟嘧·莠去津药害？

烟嘧·莠去津作为玉米田除草剂，目前市场上有多种配方和剂型，一般严格按照说明使用，基本不会出现药害。施用烟嘧·莠去津除草剂时，在增加剂量、高温、玉米叶龄过大或过小、某些敏感玉米品种、与有机磷农药混用或喷施有机磷农药与喷施烟嘧·莠去津间隔不足 7 天的情况下，都容易出现药害。

药害症状主要表现为心叶及其他叶片褪绿黄化，或在叶片中部出现黄色斑块；上部叶片卷缩成鞭状或皱缩，或相互粘连；有些植株叶片边缘撕裂；生长受到抑制，植株矮小等。

一般情况下，玉米本身的耐药性较强，烟嘧磺隆产生轻微药害时，不需要处理，玉米生长只是暂时受到抑制，一段时间后即可恢复，不会影响产量。若药害较重，需要处理时，可采用以下措施：及时浇水、喷淋清水，并适当追施速效性肥料，也可叶面喷施生长调节剂，增加植株抗性，缓解药害；另外加强中耕，增强土壤的通透性、促进根系的活动及对水肥的吸收能力，加快植株恢复生长。

176. 如何识别与防止玉米乙草胺·噁草酮药害？

乙草胺·噁草铜乳油为花生田封闭性除草剂，若误喷到玉米上，导致苗期玉米叶片烧灼干枯，沾药少的叶片被烧灼成白色斑点，喷药重的整片叶干枯或叶片上部干枯，有些植株初期烧灼成水渍状，后期整株干枯。

药害发生较轻的，首先要喷洒 2～3 遍清水，清洗植株上残留药液，然后喷洒 0.136% 赤·吲乙·芸苔可湿性粉剂来缓解药害，促进玉米生长，使叶色逐渐恢复变绿，叶片干枯的要及时剪除促发新叶。药害重的，应及时翻种其他作物。

177. 玉米除草剂药害的预防措施有哪些？

（1）**前茬作物慎选除草剂**　小麦田除草禁用甲磺隆、氯磺隆。在使用苯磺隆除草剂时，要严格掌握用药时期和用量。十字花科作物田尽可能选用高效、低毒、低残留且对下茬玉米无毒副作用的除草剂。

（2）**认真核查，确保药剂选择和使用剂量无误**　施药前认真核对药剂名称、含量、适用作物、防除对象、敏感作物等，针对田间杂草种类选用对玉米安全的除草剂品种。认真阅读除草剂说明书，掌握其使用技术，不随意增加药量，不扩大使用范围。禁止在不完全了解各农药性能情况下自行配制混合药剂进行病虫草害的综合防治。各类除草剂严禁与杀虫剂或杀菌剂混合使用。

（3）**药械要检修调整到完好状态**　人工手动喷雾器最好选用扇形喷雾嘴，不用锥形喷雾嘴，作业前将喷雾机调整到农艺技术要求的标准状态。喷洒除草剂时不要左右摇摆。

（4）**严格掌握施药时间**　如选用 2,4-滴丁酯、烟嘧磺隆应在玉米 2～3 叶期进行，过早或过晚均易产生药害。喷药时间一般在上午8 时，下午 5 时后；风速低于 4 米每秒，空气湿度在 65％以上。气温超过 27℃时应当停止喷药。苗后除草在使用触杀性除草剂时，应在喷雾器喷头上加设防护罩，并在无风或微风条件下进行，防止喷溅到玉米植株上伤及玉米。

（5）**正确选择喷药时期**　在玉米刚露头时、玉米制种田和沙性土壤不宜使用，以免产生药害。玉米田化学除草要选择杀草谱广、持效期适中、不影响后茬作物的除草剂，并且应以苗前土壤处理为主，苗后茎叶处理为辅。播后苗前、雨后施药，或者施药后有 15～20mm的降雨最好，所以施药前应密切注意当地天气预报。

（6）**严格控制施药量和施药浓度**　作业前认真计算每箱药液加药量，严格掌握用药量。多数除草剂的使用剂量随着土壤有机质和黏土粒的含量增加而增加，应根据土壤质地和有机质含量确定用药量。每亩兑水量不应低于 30L，否则一是施药不均，二是施药浓度高，易产生药害。

（7）**提高田间作业质量**　喷洒苗前或苗后除草剂，拖拉机行走路线最好与播种、中耕一致。喷洒作业中应注意风向，大风天应停止作业。

（8）**相邻地块慎用除草剂**　与玉米田相邻的地块在使用除草剂时，一定要根据作物的类别、地理位置、风向、所用除草剂的品种与性能等谨慎用药。非同科作物更应提高警惕性，并选择适宜的用药方式，防止药剂微粒随风扩散到玉米田伤及玉米。

（9）**注意长残效除草剂对后茬作物的影响**　生产上因除草剂残留毒害而造成后茬敏感作物受害的现象屡见不鲜。玉米田常用除草剂莠去津的残效期可长达 18 个月，如果后茬种植大豆、小麦及阔叶蔬菜等，极容易造成残留药害。因此，使用莠去津后，下茬不应种植对其敏感的作物。

（10）**清洗药具**　施药用具在用前用后要认真严格清洗，用前清洗可防止前次残留药剂对此次用药的影响，用后清洗能消除下次用药的隐患。特别是在前次用药防治其他类型病虫害或作物田杂草情况下，更应严格清洗，否则易对玉米造成药害，必要时可用 2%～3% 的苏打水反复浸泡冲洗喷雾器的各个部件后再行使用。

178. 打完玉米乙草胺封闭药，连续下雨怎么办？

目前，在打玉米封闭除草剂时，用的都是乙草胺，若使用不当，特别是连续下雨时，容易产生药害。

（1）**乙草胺出现药害时的症状表现**

① 在玉米种子发芽出土前，玉米芽中毒弯曲严重变形不能出土，造成缺苗。

② 在玉米出苗时芽鞘中毒僵硬变成锥形，造成新叶无法正常生长展开，部分干枯死掉，部分直到芽鞘干枯破裂新叶才展开，最终多数形成弱苗导致小棒或空秆。

乙草胺药害和 2,4-滴丁酯药害是不一样的，一般情况下，在玉米苗期出现的药害，是乙草胺导致的，而不是 2,4-滴丁酯导致的，2,4-滴丁酯药害症状一般在玉米 5～6 片叶以后出现，一个比较明显的特征是心叶呈牛尾状，俗称牛尾巴苗。

（2）**乙草胺产生药害的原因**

① 乙草胺用量过大　目前，在实际应用过程中，乙草胺的用量

正逐年加大，从开始的 50％乳油，1 亩地用 111mL 左右，到每亩 167mL，再到 90％乳油每亩 167mL，再到现在的每亩 400～450mL，随着用药剂量的加大，药害的情况也会加大。

② 乙草胺使用方法不对

a.兑水量小　一般情况下，乙草胺每亩用药的兑水量为 30～45kg，但是在实际用药中，都喜欢加大药量，而不是加大用水量，不能形成很好的封闭层，需要等雨或者灌水，结果就会出现用量过大的问题，导致乙草胺药害出现。

b.用药时期不对　很多农民是在玉米播种后等雨打药，这样就会出现玉米种子发芽后再进行打药的情况，这种情况极易出现药害，一般在玉米播种后，应尽快打封闭药。

c.没有因地施药　不同地力、不同地块用药量不同。一般土壤较好的地块可以多加点量，土壤情况不好的地块，可以减少一点用药量，如果土壤贫瘠的地块，施药量过大的话，就很容易出现药害。地块里一片一片的药害，就是这种情况。

③ 打药后降水量过多　如果打过封闭除草剂后，土壤的墒情不好，而且又不降雨或者降水量很少，那效果一定不好。如果降水量充足，那么就会形成很好的封闭层，封闭效果很好。如果降水量过大，就会出现药害，因为药液会随着降水下沉，导致玉米种吸收过量的除草剂，产生中毒症状。

（3）预防措施

① 不要等雨施药，播后就要及时打药，不要等出苗后再打，到时就晚了。

② 学会因地施药，兑水量够，提高封闭效果。

③ 播种时，尽量避免有凹陷的地方存在，以免产生积水，导致药害。

④ 使用机械打药，喷洒均匀，兑水量大。

⑤ 多交流、多学习，不要一个人"闷着头"去种地。

（4）乙草胺药害补救措施

① 药害较轻的情况（10％左右地块药害），可以不用处理。

② 稍微严重的情况（20％～40％左右地块药害），要及时补种。

③ 非常严重的情况（50％以上地块药害），要及时毁种。

179. 玉米除草剂药害的处理原则有哪些？

一旦产生除草剂药害，首先要分辨药害的种类，分析产生药害的原因，估测药害的严重程度，采取相应的对策。如果作物所受药害较轻，仅仅叶片产生或为暂时性、接触性药害斑点，一般不必采取措施，作物很快就可以恢复正常生长发育；如果作物受药害较重，叶片出现褪绿、皱缩、畸形，生长受到较明显抑制，就要采取一些补救措施；对于药害十分严重，生长持续受到严重抑制或者生长点、部分植株死亡，估计最终产量损失60%以上甚至有更大损失的地块，应考虑补种或毁田补种。在补种中，不要盲目地施用补救剂，应在技术部门的指导下，选用适宜的药剂，进行解毒，补偿生长。毁田补种时，应在技术部门指导下，补种对除草剂耐性强、生育期适宜的作物，避免发生第二次药害。

180. 玉米除草剂药害常用的补救措施有哪些？

玉米发生药害所能采取的补救措施主要是改善作物生育条件，促进作物生长，增强其抗逆能力。如采取耕作措施，疏松土壤，增加地温和土壤通气性。根据作物的长势，补施一些速效的氮、磷、钾肥或其他微肥。叶面施肥更好，肥效来得快。也可喷施一些助长和助壮的植物生长调节剂，特别是促进根系生长的。但一定要根据作物的需求，不可随意施用，否则会适得其反。如果地面有积水，要及早排除；如果发生病虫害，应及早防治。总之，只要有利于作物生长发育的措施，都有利于缓解药害。

（1）喷施植物生长调节剂或针对不同药剂的解毒剂　植物生长调节剂对玉米生长发育有很好的刺激作用，同时还可利用锌、铁、铝等微肥及叶面肥促进作物生长，有效减轻药害。常用植物生长调节剂有赤霉酸、芸苔素内酯、复硝酚钠等。

除草剂的解毒剂，可以减轻或抵消除草剂对作物的毒害。萘酐、二氯丙烯胺（R-27725）是选择性拌种保护剂，能被种子吸收，并在根和叶内抑制除草剂对作物的伤害，此类药物可以解除乙草胺、丁草胺、异丙甲草胺等除草剂的伤害。

（2）喷淋灌溉　由于叶面和植物喷洒某种除草剂而发生的除草剂药害，短时间内，可以迅速用大量清水喷洒作物叶面，反复2～3

次，以消减毒物量。并增施磷钾肥，中耕松土，促进根系发育，以增强作物恢复能力，同时，由于用大量清水淋洗，使作物吸收较多水分，增加了作物细胞中的水分，对作物体内的药剂浓度能起到一定的稀释作用。

（3）加强田间管理，促苗早发快长　对发生药害的玉米田块应加强管理，结合浇水，增施腐熟人畜粪尿、碳酸氢铵、硝酸铵、尿素等速效肥料，促进根系发育和再生，恢复受害玉米的生理功能，促进作物健康生长，以减轻除草剂药害对农作物的危害。加强中耕松土，破除土壤板结，增强土壤的透气性，提高地温，促进有益微生物活动，加快土壤养分的分解，增强根系对养分和水分的吸收能力，使植株尽快恢复生长发育，降低药害造成的损失。

（4）施用叶面肥、植物生长调节剂或植物免疫诱抗剂　发生药害后，可迅速施用尿素或叶面肥等速效肥料增加养分。喷施赤霉酸、芸苔素内酯、复硝酚钠等植物生长调节剂，促进作物生长发育。喷施氨基寡糖素等植物免疫诱抗剂，可以增强受害作物的抵抗能力。植物微生态制剂——益微（增产菌）可缓解氯嘧磺隆、氟磺胺草醚、咪唑乙烟酸等残留药害和烯禾啶、精吡氟禾草灵、精喹禾灵、高效氟吡甲禾灵等飘移药害，可以和 0.136% 赤·吲乙·芸苔可湿性粉剂（碧护）等按一定比例混合使用提高缓解效果。

（5）合理使用安全保护剂活性炭等　玉米种子包衣时，加入活性炭成分，可减轻或防治甲草胺、2,4-滴丁酯、利谷隆等除草剂对玉米等的药害。玉米用种子重量 0.15% 的萘二甲酐兑水拌（浸）种，可以防止丙草丹药害。播种前，每亩使用 R-25788 安全剂 37g，能提高丙草丹、燕麦灵等除草剂的安全用量，增强防除抗性杂草和多年生杂草的效果。

（6）及时补救毁种　对较重药害，应在查明药害原因的基础上，尽快采取针对性补救措施，严重药害尚无补救办法的，要抓紧时间改种、补种，弥补损失。

此外，玉米出现 2,4-滴丁酯药害后，先人工辅助去除"马鞭状""拳头状"的外部形态，再施肥浇水，可结合喷施叶面肥或生长调节剂，能收到明显的效果。

但一定要注意，除草剂的药害主要是预防为主，任何的缓解方法都不是万能的。

第五章

玉米气象灾害及减灾技术

第一节　玉米旱灾

181. 如何预防玉米春旱?

　　春旱是指出现在 3～5 月份的干旱，主要影响我国各地春播玉米播种、出苗与苗期生长。北方地区，春季气候干燥多风，水分蒸发量大，遇冬春枯水年份，易发生土壤干旱。播种至出苗阶段，表层土壤水分亏缺，种子处于干土层，不能发芽和出苗，播种、出苗期向后推迟，易造成缺苗；出苗的地块干旱苗势弱。苗期轻度水分胁迫对玉米生长发育影响较小。进入拔节期，植株生长旺盛，受旱玉米的长势明显不好，植株矮小，叶片短窄，植株上部的叶间距小（彩图 90）。

　　如果底墒不足并遇到连续干旱就会造成叶片严重萎蔫，使幼苗生长受到很大影响。此时则需要及时进行适当灌溉并松土保墒，以供给幼苗期植株必要的水分，使其正常生长。此外，针对当地的气候情况，可采用苗期抗旱技术：

　　（1）因地制宜地采取蓄水保墒耕作技术　以土蓄水是解决旱地玉米需水的重要途径之一。建立以深松深翻为主体，松、耙、压相结合的土壤耕作制度，改善土壤结构，建立"土壤水库"，增强土壤蓄水保墒能力，提高抵御旱灾能力。冬春降水充沛地区、河滩地、涝洼地等进行秋耕冬耕，能提高土壤蓄水能力，同时灭茬灭草，翌年利用返浆的土壤水分即可保证出苗。干旱春玉米区、山地、丘陵地，秋整地会增加冬春季土壤风蚀，加重旱情危害，加大春播前造墒的灌水量。采取保护性耕作措施，高留茬或整秆留茬，春季秸秆粉碎还田覆盖；深松整地、不翻动土壤；或免耕播种、耕播一次完成的复合作业，可提高抗旱能力。

（2）选择耐旱品种　因地制宜地选用耐旱和丰产性能好的品种，是提高玉米发芽率，确保播后不烂籽、出全苗，提高旱地玉米产量的有效措施。耐旱玉米品种一般具有如下特点：根系发达、生长快、入土深；叶片叶鞘茸毛多、气孔开度小、蒸腾少，在水分亏缺时光合作用下降幅度小；灌浆速度快、时间长、经济系数高，因而产量高。

（3）种子处理　采用干湿循环法处理种子，可有效提高抗旱能力。方法是将玉米种子在 20～25℃ 温水中浸泡两昼夜，捞出后晾干播种。经过抗旱锻炼的种子，根系生长快，幼苗矮健，叶片增宽，含水量较多，具有明显的抗旱增产效果。另外，还可以采用药剂浸种法：用氯化钙 1kg 兑水 100L，浸种（或闷种）5000kg，5～6 小时后即可播种，对玉米抗旱保苗也有良好的效果。提倡用生物钾肥拌种，每亩用 500g，兑水 25mL 溶解均匀后与玉米种子拌匀，稍加阴干后播种，能明显增强抗旱、抗倒伏能力。

（4）地膜覆盖与秸秆覆盖　覆膜栽培可防止水分蒸发、增加地温、提高光能和水肥利用率，具有保墒、保肥、增产、增收、增效等作用。对于正在播种且温度偏低的干旱地区，可直接挖穴抢墒点播，并覆盖地膜保墒，防止土壤水分蒸发。地面覆盖作物秸秆后，使地表处于遮阳状态，可减少地面水分蒸发，抑制杂草，阻缓地面雨水集积径流的速度，减少地面径流量，增加土壤对雨水的积蓄量。

（5）抗旱播种　根据玉米生长习性，进入适播期后，利用玉米苗期较耐旱的特点，使玉米的需水规律与自然降水基本吻合，可基本满足玉米生长发育对水分的需求。遇到干旱时，可采用以下措施：一是抢墒播种，二是起干种湿、深播浅盖，三是催芽或催芽坐水种，四是免耕播种，五是坐水播种，六是育苗移栽等。这样可实现一播全苗。其中，育苗移栽比大田种植同生育时段能减少用水 80% 以上，并且可控性强。同时还可实现适期早播，缓解了与前作共生期争水、争光、争肥的矛盾，有利于保全苗、争齐苗、育壮苗。

（6）合理密植与施肥　要依据品种特性、整地状况、播种方式和保苗株数等情况确定播种量。为了保证合理的种植密度，在播种时应留足预备苗，以备补栽。增施有机肥不仅养分全，肥效长，而且可改善土壤结构，协调水、肥、气、热，起到以肥调水的作用；增施磷、钾肥可促进玉米根系生长，提高玉米抗旱能力。氮肥过多或不足都不利于耐旱。玉米根系分布有趋肥性，深施肥可诱使根系下扎，提高抗旱能力。正施肥（施肥于种子正下方）应注意种子（或幼苗）与肥料间距，以免水分亏缺时发生肥害。

（7）抗旱种衣剂和保水抗旱制剂的应用　保水抗旱制剂在旱作玉米上的应用有两类：一类叫土壤保水剂，是一种高吸水性树脂，能够吸收和保持自身重量 400～1000 倍水分，最高者达 5000 倍。保水剂吸水保水性强而散发慢，可将土壤中多余水分积蓄起来，减少渗漏及蒸发损失。随着玉米生长，再缓慢地将水释放出来，供玉米正常生长需要，起到"土壤水库"的作用。采用玉米拌种、沟施、穴施等方法，提高土壤保墒效果，使种子发芽快、出苗齐、幼苗生长健壮；另一类叫叶片蒸腾抑制剂，例如黄腐酸、十六烷醇溶液，喷洒至叶片后可降低水分蒸腾，增强抗旱能力，提高抗旱效果。

（8）加强苗期田间管理　玉米苗期以促根、壮苗为中心，紧促紧管。要勤查苗，早追肥，早治虫（如地老虎、蝼蛄等），早除草，并结合中耕培土促其快缓苗，早发苗，力争在穗分化之前尽快形成较大的营养体。

182. 如何防止玉米伏旱？

伏旱，即伏天发生的干旱。从入伏到出伏，相当于 7 月上旬至 8 月中旬，出现较长时间的晴热少雨天气，这对夏季农作物生长很不利，比春旱更严重。伏旱发生时期，正是玉米由以营养生长为主向生殖生长过渡并结束过渡的时期，叶面积指数和叶面蒸腾均达到其一生中的最高值，生殖生长和体内新陈代谢旺盛，同时进入开花、授粉阶段，为玉米需水的临界期和产量形成的关键需水期，对产量影响极大。玉米遭受伏旱灾害后植株矮化，叶片由下而上干枯。防止玉米伏旱可从以下几个方面提前做好准备。

（1）科学施肥　增施有机肥、深松改土、培肥地力，提高土壤缓冲能力和抗旱能力。

（2）及时灌水　适时灌水可改善田间小气候，降低株间温度 1～2℃，增加相对湿度，有效地削弱高温干旱对作物的直接伤害。在有灌溉条件的田块，采取一切措施，集中有限水源，浇水保苗，推广喷灌、滴灌、垄灌、隔垄交替灌等节水灌溉技术；水源不足的地方采取输水管或水袋灌溉，扩大浇灌面积，减轻干旱损失。

（3）**加强田间管理**　有灌溉条件的田块，在灌溉后采取浅中耕，切断土壤表层毛细管，减少蒸发；无灌溉条件的等雨蓄水，可以采取中耕锄、高培土的措施，减少土壤水分蒸发，增加土壤蓄水量，起到保墒作用。

（4）**根外喷肥**　用尿素、磷酸二氢钾水溶液及过磷酸钙、草木灰过滤浸出液在玉米大喇叭口期、抽穗期、灌浆期连续进行多次喷雾，增加植株穗部水分，降温增湿，为叶片提供必需的水分及养分，提高籽粒饱满度。

（5）**辅助授粉**　在高温干旱期间，花粉自然散粉传粉能力下降。可采用竹竿赶粉或采粉涂抹等人工辅助授粉法，增加落在柱头上的花粉量和选择授粉受精的机会，减少高温对结实率的影响。一般可使结实率增加5％～8％。

（6）**防治病虫害**　做好虫害的监测，及时发布预警信息，提供防治对策。如统一调配杀螨类农药，集中连片化学防治玉米红蜘蛛。

（7）**应用玉米抗旱增产剂**　施用奥普尔有机活性液肥（高美施）600～800倍液或垦易微生物有机肥500倍液，每亩用量500g加水150倍喷洒；也可喷洒促丰宝、迦姆丰收植物增产调节剂等。

（8）**及时青贮，发展畜牧业，实现"种灾牧补"**　干旱绝产的地块，如玉米叶片青绿，可及时进行青贮。建造青贮窖，利用青贮饲料，增加畜牧业饲养量，促进畜牧业的发展。

重灾区、绝收地区及时割黄腾地，发展保护地栽培或种植蔬菜、小杂粮等短季作物。力争当年投产，当年收益，弥补旱灾损失。

🌱 183. 如何防止玉米秋旱？

秋旱又称"秋吊"，是指在大田作物籽粒灌浆阶段发生的干旱（彩图91），8月中旬至9月上旬，降水量小于60mm或其中连续两旬降水量小于20mm可作为秋旱指标。这个时期水分供应不足，影响灌浆，降低千粒重，直接影响农作物的产量和质量。应加强以下管理措施。

（1）**灌好抽雄灌浆水**　抽雄后是决定玉米粒数多少、粒重高低的关键时期，保证充足的水分，对促进籽粒形成，提高绿叶的光合能力，以及增生支持根，防玉米倒伏都具有明显的作用。饱灌抽雄灌浆水，以满足花粒期玉米对水分的需求，提高结实率，促进养分运转，使穗大粒饱产量高。

（2）根外追肥　叶面喷施含腐植酸类的抗旱剂，或者用磷酸二氢钾水溶液进行叶面施肥，给叶片提供必需的水分及养分，提高籽粒饱满度。

（3）防治虫害　注意防治红蜘蛛、叶蝉、蚜虫等干旱条件下易发生的害虫。

🌱184. 玉米抽雄吐丝期如何防止高温干旱？

玉米抽雄吐丝期，是需水高峰期，也是对缺水反应最敏感的时期。为应对旱情及可能出现的夏秋连旱，应以"抗高温、防连旱、促灌浆、保成熟"为重点，科学田管，抗灾减损。

（1）抢旱灌溉，造墒保苗　充分利用抗旱水源和节水滴灌工程，优先保证高产田和缺水临界期田块用水。根据苗情长势和墒情变化，及时采取小水浅浇，维持植株正常灌浆结实。有条件的地方采取滴灌、喷灌、沟灌等灌溉措施及时补水。无条件的地区采用错时垄灌、隔垄交替灌等方法，以减少用水量，降低田间温度，最大限度减轻干旱造成的损失。

（2）追肥促长，壮秆保穗　结合灌溉浇水，及时追施穗粒肥，亩施尿素 10~20kg，开沟侧深施，避免地表撒施，促进玉米根系下扎，增强养分和水分吸收能力，促壮秆大穗。

灌浆后期用高杆喷药机追施叶面肥或植物生长调节剂，亩用尿素 0.5~0.7kg 加磷酸二氢钾 0.2kg，兑水 50~100kg，降温增湿。

（3）科学田管，减灾降损　浇水 1~2 天后要轻铲或浅耕一次，破除土壤板结，减少水分蒸发。对于受旱导致发育延迟的田块，及时进行人工辅助授粉，提高结实率。

生长后期通过放秋垄、拔大草、割空株、打底叶等措施，提高通风透光能力，减少水分竞争，减轻病害侵染，确保灌浆饱满。对于严重减产或绝收的玉米田块，及时翻种露地蔬菜或饲草作物。对于难以形成籽粒的玉米田块，适时开展青贮，弥补产量损失。

（4）防治病虫　加强监测预警，密切关注玉米螟、黏虫、蚜虫及叶斑病等病虫害发生趋势，适时开展应急防治和统防统治。

第二节 玉米洪涝渍害

185. 如何防止玉米涝渍？

玉米对土壤空气非常敏感，是需要土壤通气性好、空气容量多的作物。玉米最适土壤空气容量约为 30％，而小麦仅为 15％～20％，所以，玉米是需水量大但又不耐涝的作物。土壤湿度超过最大持水量 80％以上时，玉米就发育不良（彩图 92），尤其在玉米苗期表现更为明显。玉米渍涝灾害，特别是西南和南方玉米丘陵区，是影响玉米产量提升的重要限制因素。其主要应对措施有以下几点。

（1）选用耐涝、抗涝品种 不同品种耐涝性显著不同，耐涝性强的品种，根系一般具有较发达的组织气腔，淹水后乙醇含量低，近地面根系发达，可以选择耐涝性强的品种。

（2）调整播期，适期播种 在易涝地区改种水稻、高粱等耐涝作物，播种期应尽量避开当地雨涝汛期。玉米苗期最怕涝，拔节后抗涝能力逐步增强。因此，可调整播期，使最怕涝的生育阶段错开多雨易涝季节。

（3）浸种处理 春玉米播种时遭遇连续阴雨天气容易出现烂种，降低发芽率。要在种植前进行浸种处理，方法是在种植前，将玉米种子拌于 1500 倍神农素螯合肥、5000 倍芸苔素内酯混合液中浸 5～6 小时，使种子充分吸湿膨胀，捞起后，沥干水分，再用 1000 倍高锰酸钾水溶液清洗种子，除去种子表面的各种病菌，然后种植。

（4）排水降渍，垄作栽培 涝害主要是地下水过高和耕层水分过多造成的。因此，防御涝害应因地制宜地搞好农田排灌设施。低洼易涝地及内涝田应疏通田头沟、围沟和腰沟，及时排除田间积水。有条件的可根据地形条件在田间、地头挖设蓄水池，将多余淹涝水排入蓄水池内贮存，作为干旱时的灌溉用水。要尽量避免玉米在低洼易涝、土质黏重和地下水位偏高的地块种植，应尽量选择地势高的地块种植玉米。在低洼易涝地区，通过农田挖沟起垄或做成"台田"，在垄台上种植玉米，可减轻涝害。玉米前期怕涝，高产夏玉米应及时排涝，淹水时间不应超过 0.5 天；生长后期对涝渍敏感性降低，但淹水时间不应超过 1 天。

（5）中耕除草　涝渍害过后易使土壤板结，通透性降低，影响玉米根系的呼吸作用及营养物质的吸收。降水后地面泛白时要及时中耕松土，或起垄散墒，破除土壤板结，促进土壤散墒透气，改善根际环境，促进根系生长。清除田间杂草。

（6）及时培扶植株　灾后造成倒伏的，如果涝害发生较早，植株可自行恢复直立生长。但在大喇叭口期后发生倒伏，植株已失去恢复直立生长的能力，应当人工扶起并培土固牢。但应尽量不损伤新生出的气生根，并注意清除叶面泥沙，以恢复植株正常的光合作用。

（7）及时追肥　玉米受涝后，一方面土壤耕层速效养分随水大量流失，另一方面玉米根茎叶受伤，根系吸收功能下降，植株由壮变弱。因此，要及时补施一定量的速效化肥，促进玉米恢复生长，促弱转壮。

① 根外追肥　根外追肥，肥效快，肥料利用率高，是玉米应急供肥的有效措施。田间积水排出后，应及时喷施叶面肥，保证玉米在根系吸收功能尚未恢复时对养分的需求，促进玉米尽快恢复生长。玉米田每亩用 0.2%～0.3% 的磷酸二氢钾＋1% 尿素水溶液 45～60kg，进行叶面喷雾，每 7～10 天喷一次，连喷 2～3 次。

② 补施化肥　植株根系吸收功能恢复后，再进行根部施肥。处于抽穗扬花期以前的玉米地块，每亩补施高浓度复合肥 20～25kg，并于大喇叭口或抽穗扬花期每亩补施尿素 7.5～10kg，促进玉米恢复健壮。

（8）人工授粉　对处于抽雄授粉阶段的玉米，遇长期阴雨天气，应采取人工授粉方法促进玉米授粉。否则，玉米将因不能正常结实而出现大面积空秆。

（9）化学调控　针对因雨水多而导致的高脚苗问题，在落实中耕除草、起垄散墒措施的基础上，有针对性地喷施 40% 羟烯·乙烯利水剂（玉米健壮素）、30% 胺鲜·乙烯利水剂（玉黄金）、乙烯利·矮壮素（金得乐）等玉米化学调控制剂。喷多效唑比喷水增产 5.3%，受涝后喷施增产 9.5%。

（10）加强病虫害防治，消灭田间杂草　由于田间积水，土壤水分饱和，空气湿度大，易发生各种病虫害，如大斑病、小斑病、纹枯病、青枯病等。喷施叶面肥时，可同时进行病虫害防治。

（11）促进早熟　涝灾发生后，玉米生育期往往推迟，易遭受低温冷害威胁。必须进行人工促熟。生产上常用的促熟方法有：

① 施肥法　在玉米吐丝期，每亩用硝酸铵 10kg 开沟追施，或者

用 0.2%～0.3%的磷酸二氢钾溶液（或 3%过磷酸钙浸出液）叶面喷施。如果吐丝期已经推迟，可通过隔行去雄，减少养分消耗，提高叶温，加速生育进程。

②晒棒法　在玉米灌浆后期、籽粒达到正常大小时，将苞叶剥开，使籽粒外露，促其脱水干燥和成熟。

③晾晒法　如果小麦播期已到，但玉米仍未充分成熟，可将玉米连秆砍下，码在田边或其他空闲处（注意不要堆大堆），待叶片干枯后再掰下果穗干燥脱粒。另外，在玉米灌浆期，用锄（或犁）在垄的两侧锄（或犁）一遍。

（12）涝后晚播补种措施　对受淹时间过长、缺苗严重的田块，灾后应及时重新播种，选用早熟种，如早熟品种也不能成熟，则应改种其他作物或蔬菜。8 月 10 日前，可以毁种改种大白菜、萝卜、芥菜；8 月 10 日以后，可以种植芫荽、菠菜、樱桃萝卜或定植大葱等早熟或耐寒的蔬菜品种。

186. 防止玉米芽涝的措施有哪些?

芽涝又称奶涝，是指播种至第三叶展开阶段因土壤过湿和通气不良而妨碍种子发芽与幼苗生长的现象。一般是夏玉米发生较重。播种至 3 叶期是玉米一生中对涝害最敏感的时期，其中尤以播后 1 天受涝的危害性最大，其原因与种子萌发的生理生化特性有关。

（1）适宜的耕作方式和抗涝品种　苗期根系强大的品种抗涝性较强，采用垄作对防治芽涝效果明显，播前先起垄，然后将玉米种在垄上。雨量较大时垄背上不至于积水，垄沟又可排水，能在一定程度上减轻涝害。

（2）及时排涝　雨后要及时疏通排水沟渠，排除积水，防止芽涝和苗涝。

（3）浅中耕、划锄　玉米苗期以根系生长为主，涝灾后要采取相关措施，促进根系生长。在抓好排涝的基础上，及时搞好划锄松土，通气散墒，以防止土壤板结。

（4）及时追肥　要根据玉米生长发育和施肥情况，对缺肥地块及时追施肥料，促弱转壮。

（5）重播或改种其他作物　对受淹时间过长，缺苗严重的田块，灾后应及时重新播种或改种其他作物。

187. 如何抓好夏玉米雨季的田间管理?

（1）苗期最易受涝害（彩图93） 从出苗至7叶期，因生长点还未露出地面，易受涝害。尤其3叶期是玉米断奶期，新根未长大，种子中的营养也已消耗殆尽，若此时土壤中水分过多或者田间积水，会使根部受害，甚至死亡。

具体讲，当土壤湿度占田间持水量的90%时会形成苗期涝害。田间持水量达90%以上，持续3天，3叶期玉米便会表现出红、细、弱等症状，甚至停止生长。连续降雨多于5天，苗将弱黄或死亡。

玉米生长中后期是耐涝性较强的时期，地面淹水深度10cm，持续3天，只要叶面露出水面都不会死亡，但产量会受到很大影响。若出现多于10天的连阴雨天气，玉米光合作用减弱，植株瘦弱，常出现空秆。若花期遇阴雨，7月下旬至8月中旬雨量之和大于200mm或8月上旬大于100mm，就会影响玉米正常开花授粉，造成大量秃顶和空秆，导致减产。

（2）涝害后七招补救

① 科学扶苗 玉米苗倒伏度在30°以下的田块，应将玉米向倒伏反方向轻轻扶起，并在反方向用脚踩踏玉米根部土壤。倒伏度在60°以上的田块，因玉米本身具有调节能力，可以自然恢复。倒伏度在30°~60°的田块，扶苗培土，促进玉米支持根产生。

② 及时排水 一旦发现田间积水，及早开深沟引水出田。

③ 中耕松土和培土 降水后地面泛白时要及时中耕松土，破除土壤板结，促进土壤散墒透气，改善根际环境。增施钾肥，拔除弱株改善群体结构，提高植株抗倒伏能力。

④ 及时补充速效肥 玉米受涝后根系吸收能力下降，应增施尿素等速效氮肥，亩产500kg的地块可追施尿素15~20kg、硫酸钾10kg左右。施肥要开沟埋施或用机械耧施，避免撒施。要提早防止玉米早衰，籽粒灌浆期每亩再施用尿素7.5kg左右。

⑤ 加强病虫害防治 涝后易发生各种病虫害如黏虫、玉米螟、蚜虫等虫害和褐斑病、大斑病、锈病等病害。喷施叶面肥时，可同时进行病虫害的防治。

⑥ 搞好人工辅助授粉 开花授粉期间如遇连续阴雨或极端高温，要人工辅助授粉。

⑦ 重视适期晚收 一般地块应在 9 月底至 10 月初收获，播种较晚地块和生育期偏长品种的地块应在 10 月 10 日前后收获。

第三节 玉米冷害、冻害

❀ 188. 如何预防玉米冷害？

冷害是指在作物生长季节 0℃以上低温对作物的损害，又称低温冷害（彩图 94）。冷害使作物生理活动受到阻碍，严重时某些组织遭到破坏。如在北方夏季，由于玉米长期以来适应了高温的条件，对稍低的温度不能适应，当日平均气温降降至 20℃以下时，便影响正常生长。

（1）选用早熟品种 选用早熟品种是避免低温冷害年减产的重要措施。一般原则是品种生育期长度不应超过当地多年平均无霜期的天数。使各品种所需的积温与当地可能提供的积温相协调，避免盲目选用晚熟品种。

（2）选育耐寒品种 玉米品种间耐低温差异很大，应因地制宜选用适合的耐低温高产的优质玉米良种。玉米基因型间耐寒性差异较大。有些品种在 7.2℃时就会受冷害致死，有的品种遭受 −4.2℃ 的冷害仍有部分植株能够存活。选育苗期耐寒品种，还有利于适期早播，延长玉米生育期，提高产量。

（3）种子处理 用浓度 0.02%～0.05% 的硫酸铜、氯化锌、钼酸铵等溶液浸种，可提高玉米种子在低温下的发芽力，并使玉米提前 7 天成熟，减轻成熟期冷害。

（4）适时早播 按照当地气候特点科学地确定播种期，适期早播。据试验，早播可巧夺前期积温 100～240℃，应掌握在 0～5cm 地温稳定通过 7～8℃时开始播种，覆土 3～5cm，集中在 10～15 天内播完。必要时选用育苗移栽，可以提前播种。

（5）苗期施磷 苗期施磷肥对于缓解玉米低温冷害有一定的效果。在玉米种肥中施入磷肥总量的 1/3，或每亩施入富尔磷钾菌 2～3kg，效果较好。对于没有施入种肥的田块，可在苗期喷施磷肥叶面肥。也可用生物钾肥 0.5kg 加水 250mL 拌种，稍加阴干后播种。

（6）催芽坐水种 催芽坐水种可提早出苗 6 天，早成熟 5 天，增产 10%。将合格的种子放在 45℃ 的温水里浸泡 6～12 小时，然后捞出放在 25～30℃ 室温条件下催芽，2～3 小时将种子翻动一次，在种子露出胚根后，置于阴凉处炼芽 8～12 小时，将催好芽的种子坐水种或开沟滤水播种，要浇好水、覆好土以保证出苗。

（7）地膜覆盖 地膜覆盖在玉米上应用，可以有效地增加地温（≥10℃ 活动积温 200～300℃·天），提早成熟 7～15 天，生育期延长 10～15 天；可以抗旱保墒保苗，提高土壤含水量 3.6%～9.4%；还可以促进土壤微生物活动，加速土壤中的养分分解，使作物吸收土壤中更多的有效养分，从而促进玉米的生长发育，提高抗低温冷害的能力。

（8）育苗移栽 育苗移栽一般可增加积温 250～300℃，比直播增产 20%～30%。在上年秋季选岗平地作苗床，翌年播种催芽，此时注意要浇透水，播种后要立即覆膜；温度管理是育苗的关键，在出苗至 2 叶期温度控制在最低 13.6℃ 和最高 30℃ 之间；2 叶期至炼苗前温度控制在 25～38℃，以控制叶片生长，促进次生根的发育，提高秧苗素质；在移栽的前 5 天，要根据天气情况逐渐增加揭膜面积进行炼苗，晚上如无霜冻可不盖膜。

（9）苗期早追肥 早追肥可以改善因地温造成的土壤微生物活动弱、土壤养分释放少、基肥及种肥不能及时满足玉米对肥料需求量的情况，从而促进玉米早生快发，起到促熟和增产的作用。

（10）加强田间管理

① 深松或深耥 玉米出苗后对于土壤水分较大的地块，可进行深松，能起到散墒、沥水、增温、灭草等作用；对于土壤水分适宜的地块，进行深耥一犁，可增温 1～2℃。

② 间苗去蘖 在玉米 2～3 叶期进行一次间苗，留大苗、壮苗，去掉弱苗和老苗。玉米每拖后一个叶间苗，将延迟生育 3 天，所以要及时间苗。另外，在玉米茎基部腋芽发育成的分蘖不能结实，为无效蘖，应结合第二遍锄地及早去掉以减少养分消耗。

③ 早锄勤耥 东北北部春季易涝，草荒较重，应加强田间锄耥，要达到三锄三耥的标准，每锄耥一遍可增温 1℃，早熟 1～2 天。

④ 除草去老叶 在玉米开花授粉后，人工锄除大草，去掉玉米雄穗以下的衰老黄叶。消灭大草，通风透光，增加地温 1.5℃，减少养分消耗，增加粒重，减少秃尖，促进早熟 3～4 天，增产效果明显。

⑤ 隔行去雄　在雄穗刚露出顶叶时，隔一行去掉一行雄穗，可以减少养分消耗，使更多的养分、水分供给雌穗，这样可以增产10%，提早成熟 4 天。

⑥ 站秆扒皮晾晒　在蜡熟中期籽粒形成硬盖时，将苞叶轻轻扒开，使果穗籽粒全部露出，进行晾晒，可以加速果穗和籽粒水分散失，促进籽粒脱水，提高籽粒品质，使提前收获。

⑦ 适时晚收　玉米是较强的后熟作物，生理成熟后，籽粒重量还会增加，因此适当晚收可提高成熟度，增加产量。一般玉米收获期以霜后 10 天左右为宜。

189. 如何预防玉米霜冻害？

0℃以下低温引起作物受害，称为霜冻。霜冻的发生，是由于强冷空气突然侵入，使气温骤然降至 0℃ 或 0℃ 以下，引起农作物体内结冰，以致死亡。每年入秋后第一次出现的霜冻，称为初霜冻；每年春季最后一次出现的霜冻，称为终霜冻。因为初霜冻对作物生长危害严重，所以有农作物"秋季杀手"的称号。

（1）选择适宜品种　掌握当地低温霜冻发生的规律，选择生育期适宜品种，使玉米播种于"暖头寒尾"，成熟于初霜之前；相同生育期品种，应选择籽粒灌浆脱水速率快的。

（2）抗寒栽培　选择抗寒力较强的作物或品种，采用能提高作物抗寒能力的栽培技术。

（3）灌冻水　可在预计有霜冻出现的前两天傍晚灌水，增加土壤水分，增大近地面层的空气湿度，减缓夜晚地面长波辐射的散热程度。另外，湿土比干土的热容量和导热系数大，可延缓地表温度的降低，保护地面热量，提高地层气温 1~3℃。

（4）喷水防霜　进入霜期后，坚持每天清晨到田间，用手触摸检查玉米叶片是否出现结冰。若出现结冰，可于早晨太阳出来之前，用喷雾器在叶片上喷水防霜（不可用温水）。此法适用于不同苗龄的冬玉米防霜。

（5）熏烟防霜　在霜冻来临 2 小时前在上风口大量点燃能产生大量烟雾的物质，如秸秆、柴草、锯末等，改变局部环境，降低冻害损失。但此法会污染大气，适于短时霜冻或价值较高的玉米田使用。

（6）**遮盖防霜**　用稻草、杂草、尼龙薄膜等覆盖作物或地面，既可防止外面冷空气的袭击，又能减少地面热量向外散失，一般能保证覆盖物下温度比气温高 1～3℃。寒流来临之前还可在苗周围高培土，重点保护生长点，过后再扒开，也能降低晚霜冻影响。

（7）**利用地膜增温效应改善防霜微环境**　采用地膜覆盖栽培的冬玉米，破膜放苗后，破膜口暂时不用盖土。这样，白天膜下土壤、水分和空气吸收的热量，夜间和清晨就不断从破膜口释放出来，使玉米苗周围空气保持较高的温度，能减轻霜冻为害。霜期结束后，用细土将破膜口盖好，以利于增温、保水、保肥。此法适用于冬玉米苗前期的防霜。

（8）**施肥防霜**　霜冻来临前 3～4 天，在玉米田间施上厩肥、堆肥和草木灰等，既能提高地温，又能增加土壤团粒结构，提高地力。增施磷、钾肥，可增加玉米抗冻性。

（9）**风障防霜**　在霜冻来临前，于田间向北面设置防风障，阻挡寒风侵袭，减免作物受低温霜冻的危害。由于防风障背风范围有限，该方法适合于小面积地块。

190. 玉米发生霜冻害后的补救措施有哪些？

霜冻发生后，应及时调查受害情况，制订对策。仔细观察主茎生长锥是否冻死，若只是上部叶片受到损伤，心叶基本未受影响，可以通过加强田间管理，及时进行中耕松土，提高地温，追施速效肥，加速玉米生长，促进新叶生长。

玉米苗期受冻后，抗逆性有所下降，应根据田间情况，加强病虫的预测预报并及时做好防治工作。

对于冻害特别严重，致使玉米全部死亡的田块，要及时改种早熟玉米或其他作物。

第四节　玉米高温热害

191. 如何预防玉米高温热害？

（1）**选育推广耐热品种**　不同品种耐热性存在显著差异，应筛选和种植高温条件下授粉、结实良好，叶片短，直立上冲，叶片较厚，持绿时间长，光合积累效率高的耐热品种。

（2）调节播期，开花授粉期避开高温天气　较长时间的持续高温，一般集中发生在6月下旬至8月上旬，春播玉米可在4月上旬适当覆膜早播，夏播玉米可推迟至6月中旬播种，使不耐高温的玉米品种在开花授粉期避开高温天气，从而避免或减轻危害程度。

（3）人工辅助授粉，提高结实率　在高温干旱期间，玉米的自然散粉、授粉和受精结实能力均有所下降，如果在开花散粉期遇到38℃以上持续高温天气，建议采用人工辅助授粉。一般在早上8～10点采集新鲜花粉，用自制授粉器给花丝授粉，花粉要随采随用。

（4）适当降低密度，采用宽窄行种植　在低密度条件下，个体间争夺水肥的矛盾较小，个体发育健壮，抵御高温伤害的能力较强，能够减轻高温热害。在高密度条件下，采用宽窄行种植有利于改善田间通风透光条件、培育健壮植株，增加对高温伤害的抵御能力。

（5）科学施肥　在肥料运筹上，增加有机肥使用量，重点普施基肥促早发，重视微量元素的施用，玉米出苗后早施苗肥促壮秆，大喇叭口期至抽雄前主攻穗肥增大穗。另结合灌水，采用以水调肥的办法，加速肥效发挥，改善植株营养状况，增强抗旱能力。高温时期可采用叶面喷肥，既有利于降温增湿，又能补充玉米生长发育必需的水分及营养。

（6）苗期蹲苗进行抗旱锻炼，提高耐热性　利用玉米苗期耐热性较强、花期最敏感的特点，在出苗10～15天后进行20天左右的蹲苗，使其获得并提高耐热性，减轻花期高温的影响。

（7）适期喷灌水　高温常伴随着干旱发生，高温期间提前喷灌水，可直接降低田间温度。同时，在灌水后玉米植株获得充足的水分，蒸腾作用增强，使冠层温度降低，从而有效降低高温胁迫程度，也可以部分减少高温引起的呼吸消耗，减免高温热害。有条件的可利用喷灌将水直接喷洒在叶片上，降温幅度可达1～3℃。

192. 如何识别与防止玉米高温炙烤？

近年有些农民在小麦收获后，由于麦茬较高，造成下茬玉米播种质量不好，所以常常烧麦茬，造成临近地块早播种的玉米受害。玉米受害后，有的全株失水干枯，有的上部叶片失水干枯，变成灰白色，离火源越近受害越重。

　　主要防治措施：加大禁烧秸秆宣传力度，努力推广玉米铁茬免耕播种技术。玉米受害后，严重地块及时毁种补种或移栽补苗，受害较轻的地块视情况及时剪除干枯叶片，同时浇水追肥，喷洒磷酸二氢钾、尿素等叶面肥，促进玉米生长，尽可能降低损失。

第五节　玉米阴雨寡照

193. 减轻玉米寡照危害的措施有哪些？

　　寡照危害是指连阴日多、光照不足对作物的危害。玉米是喜光作物，光饱和点高，全生育期都需要充足的光照。但玉米在生长发育过程中常遭遇连续阴雨低温或伏天高温、光照不足的天气，直接限制了其光合生产能力，玉米长期光照不足造成营养生长不良，授粉受阻，灌浆缓慢。不同时期遮光试验表明，以抽雄到吐丝期，遮光减产最为严重。玉米看上去青枝绿叶，产量却很低。

　　玉米抽穗灌浆期阴雨寡照灾害的防御，应加强玉米抗阴雨品种的选育和引进，利用传统育种技术与高新生物技术相结合选育耐阴、灌浆速率快、籽粒脱干快的玉米品种，广泛征集、鉴定、筛选抗阴雨品种应用于生产，在此基础上运用综合措施防御。

　　（1）选用良种，合理密植　玉米高产必须增源扩库，即应适当提高叶面积指数，增加种植密度，扩大群体库容，但寡照地区光照强度不足，群体过大造成郁闭反而影响产量。实行东西行向种植，能改善作物受光条件，可以减轻行间植株互相遮阴。根据当地情况选择抗病性强、适应性广、稳产高产的优良品种，确定适宜种植密度。一般秆矮、叶片上冲、雄穗较小、叶片功能期长的品种具有较好的耐阴性。

　　（2）适时早播，使敏感期躲过阴雨天气　根据当地气候规律安排玉米播种期。各地都有较为集中的阴雨天气高发期，如黄淮海地区多在7月中下旬，则夏玉米播种期应尽量提前，可减轻阴雨危害。同时，适时早播，结合应用育苗移栽技术，可提早成熟，有效地避开后期低温阴雨危害。播种时必须播前晒种、催芽，以便提早出苗。

（3）运用地膜覆盖技术 地膜覆盖栽培玉米，可以保温保水，提早生育期，避开后期低温阴雨危害，是解决山区积温、光照不足和玉米生育期长的矛盾的有效方法。同时还可促进土壤微生物活动，使玉米吸收土壤中更多的有效养分，促进玉米生长发育，提高抵抗低温阴雨灾害的能力。

（4）科学管理，构建高产群体 根据当地气候特点安排玉米播种期，使关键生育期避开阴雨天气高发期。抓好播种质量，培育壮苗，建立整齐、均匀一致的高质量群体结构；大小行种植，改善群体内部光照条件；合理施用肥料，增施氮肥提高绿度，促进光合作用，及时进行田间管理，尽可能地延长玉米叶片有效功能期，防止早衰，争取籽粒饱满，增加粒重。也可为玉米喷洒磷酸二氢钾和植物生长调节剂，使玉米合理发育，健壮生长，减轻连阴危害。东西行向可减轻相互遮阳。但光照充足时仍以南北向为好。此外，在西南和南方玉米光照条件差的地区，可采取玉米与矮秆作物间作种植。

（5）及时中耕、施肥 寡照常伴随低温或高湿、阴雨，容易造成土壤板结、养分流失，需要采取措施及时中耕和追肥，使土壤疏松，改善土壤的通气性，提高土壤的含氧量，对调节土壤水、肥、气、热和减少水分蒸发，蓄水保墒，增加土壤有效养分有良好的促进作用。另外，及时锄地还有利于微生物的活动，加快土壤有机物的分解和转化，同时消灭杂草，减少土壤养分和水分无效消耗，增加根系干重，提高地温，加快农作物生长发育进程。

（6）喷施玉米生长调节剂 寡照玉米茎秆脆弱，容易发生倒伏，尤其是遇连阴雨多风灾害性天气后更是如此。于玉米 6～12 叶期叶面喷施抗倒伏、防衰的生长调节剂，可起到促根、壮秆、抗倒伏、稳产、增产作用。研究表明，在玉米雄穗分化早期施用低剂量（100mg/kg）乙烯利，可提早抽穗开花 4 天，有利于避开后期低温阴雨寡照，使产量平均增加 8%～10%；用浓度 0.25% 的矮壮素，浸种6～10 小时，也可增产 20%。低温阴雨寡照常发区应因地制宜推广应用生长调节剂调控技术。

（7）人工辅助授粉 密切关注阴雨寡照天气下玉米授粉情况，及时采取应对措施。加强玉米花粒期田间管理，及早拔除小弱株，改善田间通风透光条件。高产攻关田可进行人工去雄和辅助授粉。大田玉米开花授粉期间如遇连续阴雨，也要采取人工辅助授粉等补救措施。如采用拉绳等方法及时进行人工授粉，减少秃尖和缺粒。

（8）综合防治病害 在低温、寡照、多湿条件下，玉米大斑病、小斑病、锈病和穗腐病等病害，以及玉米螟、黏虫等虫害较严重，要及早调查与防治。

（9）适时收获 及时收获晾晒，避免后期多雨造成粒籽霉烂或被老鼠吃等损失。也可带穗收获，使玉米穗在其秆上还能继续吸收养分，以利于玉米产量的提高。

第六节　玉米风害

194. 如何预防玉米风灾？

风灾是指大风对农业生产造成的直接和间接危害。直接危害主要指造成土壤风蚀沙化、对作物的机械损伤和生理危害，同时也影响农事活动或破坏农业生产设施。间接危害指传播疾病和扩散污染物质等。

（1）选用抗倒伏良种 玉米品种间遇风抗倒伏能力差异显著。生产中应选用株型紧凑、穗位或植株重心较低、茎秆组织较致密、韧性强、根系发达、抗风能力强的品种，特别是在风灾发生严重的地区。此外，抗倒伏品种与易倒伏品种间作也是有效的措施。

（2）促健栽培，培育壮苗 促健栽培是提高玉米抵御风灾能力的重要措施。一是适当深耕，打破犁底层，促进根系下扎。二是增施有机肥和磷、钾肥，切忌偏肥，尤其是速效氮肥，避免拔节期追施氮肥。三是合理密植、大小行种植。四是应适时早播，注意早管，特别是高肥水地块苗期应注意蹲苗，结合中耕促进根系发育，培育壮苗。五是中后期结合追肥进行中耕培土，可在玉米拔节期，结合中耕、施肥，进行培土。六是做好玉米螟等病虫的防治工作。茎秆、穗轴受玉米螟蛀食，养分、水分的运输受破坏，也会出现红叶和茎折。七是人工去雄。

（3）适当调整玉米种植行向 在风灾较为严重的地区应注意调整行向。由于玉米的株距一般约为行距的 1/2 或 1/3，行间的气流疏导能力远大于株间，当平行于行间的气流来临时，由于株距较小，可以从后面植株获取一定的支撑力，抗风力就有所加强；反之，当气流与行向垂直时就会使风灾的危害更大。在对抗风灾时，还可以将迎风面玉米 2～3 株在穗位部捆扎在一起，使其形成一个三角形，从而增强抗风能力。

（4）化学调控栽培 在玉米抽雄期以前，采取化学控制措施可增强玉米的抗倒伏能力。目前生产上利用的调节剂主要有 40% 羟烯·乙烯利水剂（玉米健壮素）、维他灵、30% 芸苔·乙烯利水剂（壮丰灵）、30% 胺鲜·乙烯利水剂（玉黄金），乙矮合剂：乙烯利·矮壮素（金得乐）和矮壮素等，可以抑制玉米顶端优势，延缓或抑制植株节间伸长，促进根系发育，降低植株高度，提高抗倒伏能力。化学调控药剂的使用时期、浓度及喷施方式等一定要严格按照产品说明书要求进行，否则很容易出现药害。

（5）植株造林，构建防风林带 在风灾严重地区，应将植树造林、构建防风林带与玉米抗风栽培技术有机结合起来。据测定，防风带的保护范围是其株高的 20 倍左右，如果在风灾严重地区适当规划、种植防风林带，不仅可以美化环境，而且可以大幅减轻风灾的影响。

195. 台风发生后，玉米灾后恢复生产的技术措施有哪些？

风灾发生后，及时采取补救措施，恢复生长，减少损失。特别是 8 月份发生台风，北方的玉米多处于授粉灌浆期，台风易造成受淹、倒伏或茎折断等，影响灌浆，使茎基腐病、叶斑病等病害加速侵染，增加了防控难度。

（1）加强分类管理

① 及时培土扶正 在玉米拔节至成熟期，由于强风暴雨的侵袭，致使玉米倒伏、茎折，若不及时采取措施，因植株互相倒压，严重影响光合作用，使产量损失很大。一般在苗期和拔节期遇风倒伏，植株能够正常恢复直立与生长；小喇叭口期若遭遇强风暴雨危害，只要倒伏程度不超过 45°，经过 5～7 天后，也可自然恢复生长。

大喇叭口期后遇风灾发生倒伏，植株已失去恢复直立生长的能力，应当人工扶起并培土固牢。若未及时采取措施，地上节根侧向下扎，植株将不能直立起来，必须及时采取措施，对根倒、茎倒伏的玉米应抓紧时间进行扶苗；对茎折的玉米要及时拔除，为其他玉米创造好的空间条件。

② 严重倒伏，可多株捆扎　在花粒期，培土扶正难度大，效果也不明显。因此，需采取多株捆扎的方法。具体做法是：将邻近 3～4 株玉米，顺势扶起，用植株相互支撑，免受倒压、堆沤，以减轻危害，有利于灌浆成熟，减少产量损失。

③ 茎折玉米处理　乳熟中期以前茎折严重的地块，可将玉米植株割除作青贮饲料；乳熟后期倒伏，可将果穗作为鲜食玉米销售，秸秆作为青贮饲料销售，最大限度减少损失。蜡熟期倒伏，加强田间管理，防治病虫害，待成熟收获。尽快将折断植株从田间清除，以免腐烂后影响植株从田间清除，影响正常植株生长，同时因地制宜地补种生育期较短的其他作物。

（2）加强管理，促进生长　玉米遭受风灾同时，常遭受涝害，受灾后务必加强田间管理，尽快恢复生长是提高光合效能的重要措施之一。因此，灾害后有积水的玉米田块应尽快排水，在晴天墒情适合后，加大后期管理措施，如及时扶直植株、培土、中耕、破除板结，改善土壤通透性，使植株根系尽早恢复正常的生理活动。

根据受灾程度，还可增施速效氮肥，加速植株生长能力。如处于生育前期的玉米，强降水和洪涝过后，土壤肥力易被雨水带走，可趁雨后放晴及时追施尿素和磷酸二氢钾，连续喷洒 2 次，每次间隔 7天，促进植株恢复生长。

进入成熟期的倒伏玉米应及时收获，减少穗粒霉烂，避免玉米品质受到影响。

（3）加强病虫防治，防止玉米果穗霉烂　玉米倒伏后会造成机械损伤，易受茎基腐病、纹枯病、大斑病等病害侵染，应及时用药防治。

（4）掌握气温变化，监测霜冻情况　防冷害地区东北玉米产区，还应加强与气象部门联系，及时掌握气温变化和霜冻实时监测情况，关注早霜预警信息。有条件的玉米田块可在霜冻出现前 2 天进行灌溉，增加土壤水分，提高地温，减轻低温霜冻危害。一旦发生早霜，迅速开展人工熏烟防霜，降低早霜不利影响，同时适当延长生长时间，提高玉米产量和品质。

第七节 玉米雹灾

196. 如何防止玉米雹灾？

（1）**改良环境，合理布局作物** 冰雹经常发生的地点多是山区小盆地、迎风坡等，在这些冰雹多发区通过植树造林，可改变冰雹形成的热力条件；或选种抗雹灾能力强的作物，如甘薯、花生等。冰雹在某一地区的发生季节都有相应集中的时段，可将抗雹差的作物关键发育期避开雹灾高峰期。

（2）**及时田间诊断，慎重毁种** 玉米不同生育阶段，遭雹灾后恢复生长能力不同。灾后首先确定各地块受灾的玉米能否恢复生长并估计其减产幅度，再提出恰当的措施，切勿轻易毁种。对于苗期受灾的玉米，因其恢复能力强，不能采取翻种的方法，否则将因晚播而减产更严重。玉米苗期遭雹灾后恢复能力强，只要生长点未被破坏，都能恢复生长并取得较好的收成。拔节与孕穗期茎节未被砸断，通过加强管理，仍能恢复。玉米抽雄后抗灾能力减弱，灾后恢复力差，减产严重，此期砸断穗节者，不能恢复吐穗，但穗节完好者，灾后加强管理后仍能获得较好收成。如果玉米抽雄期受灾并有 20%～60% 的穗节被砸断，要立即把砸断的玉米棵锄掉，种上绿豆、菜豆等，以弥补损失。如抽雄期以后有 70% 以上穗节被砸断，只要离初霜还有 3 个月以上生长期，就应及时翻种早熟玉米，或改种谷子、大豆、甘薯、荞麦等作物。雹灾后由于生育期推迟，也可以把晚熟玉米作为青贮玉米种植，因为青贮玉米的生育日数比粒用玉米少 20～25 天。

（3）**做好雹灾预报，发挥气象部门职能** 在雹灾常发区上风头处，完善高炮、火箭等防雹设施建设，当有冰雹的灾害天气形成时，及时消雹减灾。

（4）**雹后管理** 雹灾后应立即进行逐块检查，对于不需要翻种的玉米，将被暴风雨、冰雹压倒的玉米苗，逐棵清洗与扶正，清理冰雹打断的残枝残叶，减少残枝残叶对养分的消耗，并加强追肥、中耕，促使还没有张开的叶片迅速生长。

① 剪叶 冰雹除使玉米幼苗受损外，中后期主要撕裂植株叶片，损害功能叶，降低光合效率，影响玉米生长发育和产量形成，雹灾过

后，及时剪去枯叶和被冰雹打碎的烂叶，使顶心似露未露，以促进心叶生长。

② 及时中耕松土　下冰雹时多伴有暴风雨，会造成地温降低；土壤表层被雹砸实，透气不良，使玉米根部正常的生理活动受到抑制，影响根系发育。土壤表层干燥后，及时锄地、中耕、松土，有利于破除板结层，增加土壤透气性，提高地温，促进根系发育，促苗早发。

③ 追施速效氮肥和叶面喷肥　玉米受雹灾后，生长速度受到抑制，可用开沟的方法追施速效氮肥。根据苗情和生育期，每亩追施尿素 5～10kg 或碳酸氢铵 5kg 左右，追施时间越早效果越好。如果雹灾时雨量小，墒情不足，追肥后应立即浇一次水。玉米大喇叭口期前受雹灾，此时还有部分叶片没有生长出来，新叶长出后，用磷酸二氢钾等叶面肥喷施 2～3 次，促进新叶生长，保证后期正常成熟。

④ 植株伤口消毒　灾后玉米植株受损伤口（特别是茎秆受损部位）容易受到细菌或真菌等病原物的侵染而引发其他病害，为防止茎秆受损部位坏死，应及时使用 5％菌毒清水剂 500 倍液整株喷雾，以减少侵染。

⑤ 扶苗、舒展叶片　雹灾发生时有部分幼苗被冰雹或暴雨击倒，有的则被淹没在泥水中，容易造成幼苗窒息死亡；有的顶部幼嫩叶片组织受雹灾危害后往往因坏死而不能正常展开，导致新生叶片（心叶）卷曲、展开受阻，影响植株的光合作用。雹灾过后，一方面要及时将遭受冰雹危害程度小，心叶完整的倒伏或淹没在水中的灾害幼苗人工扶苗，使其尽快恢复生长；另一方面应及时用手将粘连、卷曲的心叶展开，以便使新生叶片及早进行光合作用。挑开缠绕在一起的破损叶片，以使新叶能顺利长出。

对成熟前倒伏或茎折的玉米，应及时扶起，以免相互倒伏，影响光合作用。对于倒折的玉米，如果只是根倒，将植株扶正即可；如果是茎折，应将数株捆在一起，使植株相互支持。

⑥ 移栽　遭受冰雹整株打烂造成缺苗的，要及时采取苗床育苗或大田直播方式进行补苗，对没有受灾有多余玉米苗的，要及时组织秧苗余缺调剂，尽量确保满栽满种。对雹灾过后出现缺苗断垄的地方，可选择健壮大苗带土移栽，移栽后及时浇水、追肥，促进缓苗。

⑦ 疏通三沟，排除积水　地势较平坦的玉米地，过多的降水往

往造成田间长时间积水，土壤湿度过大，植株生长受到严重影响，根系因缺氧而窒息坏死，生理功能衰退，对产量影响很大。因此应及时疏通围沟、腰沟和厢沟，排除积水，降低地下水位，降低田间土壤湿度。尤其是低洼地块、稻田玉米，因排水不畅，容易造成涝灾，故疏通三沟就显得更为重要。

197. 玉米苗期遭受雹灾怎么办？

玉米苗期由于尚未拔节，植株生长点靠近地表甚至在地表以下，所以遭受雹灾后一般不会因为植株生长点受损而导致死亡。因此，玉米苗期在遭受雹灾后要尽快促进幼苗恢复生长。

（1）扶苗 雹灾发生时常有部分幼苗被冰雹或暴雨击倒，有的则被淹没在泥水中，容易造成幼苗窒息死亡。雹灾过后，应及早将倒伏或淹没在水中的幼苗扶起，使其尽快恢复生长。

（2）追施氮肥 雹灾后及时追施速效氮肥，促使幼苗尽快恢复生长。一般每亩可追施尿素 10～15kg 或碳酸氢铵 25～40kg，在距离苗行 10cm 左右处开沟施入。

（3）浅中耕散墒 雹灾常常会伴随暴雨，雹灾过后土壤水分过多、过湿，或导致根系缺氧，或由于土壤温度较低而不利于幼苗恢复生长。应及早进行浅中耕松土，增强土壤通透性，促进根系生长和发育。

（4）舒展叶片 对于不能正常展开，新生叶片（心叶）卷曲、展开受阻的叶片，应及时用手将粘连、卷曲的心叶放开，以便使新生叶片及早进行光合作用。

（5）补种 部分缺苗的地块，可趁墒移苗补栽或点籽补种，以减少缺苗造成的损失。点籽补种的可考虑补种生育期比较短的玉米品种。

第八节 玉米倒伏

198. 如何预防玉米倒伏？

近年来，随着玉米产量水平的大幅度提高，玉米的倒伏问题越来越严重。玉米倒伏是指玉米在连续降雨或灌水的情况下，土壤含水量达到饱和或过饱和状态，玉米植株吸水量大，重量增加，在风的作用下，发生倾斜、茎折或根倒的现象。玉米倒伏的方式有茎倒（彩图95）、根倒（彩图96）、茎折等。防止玉米倒伏可采用如下方法：

（1）选用抗倒伏品种　一个玉米品种是否容易发生倒伏，主要与该品种的植株特性有关。一般植株较高、穗位（着生果穗的节位距地面的高度）较高、茎秆纤细、根系发育不良的品种发生倒伏的概率比较大。植株较高，特别是穗位较高的品种重心不稳，茎秆纤细的品种容易发生茎折，根系发育不良的品种则容易发生根倒。抗倒伏品种株高和穗位都比较低，根部较粗，根系发达。选用适合当地自然条件和栽培条件的杂交种和优良品种，这是关键措施之一。品种的抗倒伏能力只是相对而言，没有哪一个品种能够绝对抗倒伏。

（2）加深耕层　播种（移栽）要对土壤深翻犁耙，做到地平土细，以防寒增温，蓄水保墒。深耕还能促进玉米根系发育，加深入土，可明显减轻后期倒伏程度。

（3）适期播种　倒伏还与植株的生长发育特性有关。一般在抽雄前后，株高已经定型或接近定型，而且茎秆还相对柔弱，遇到大风多雨天气极容易发生倒伏。春玉米在适宜播种期间内可调整播期，使植株容易发生倒伏的敏感时期尽量避开当地的大风多雨季节。夏玉米播种晚，在高温、多雨条件下很容易蹿秆，植株较高且茎秆纤细，很容易发生倒伏，因此夏玉米在收获小麦以后应尽量早播。此外，还应及时间苗、定苗、补苗，达到苗全、苗齐、苗匀、苗壮，促进根系下扎，生育良好，茎秆精壮，抗倒伏。

（4）合理密植　种植密度过大会造成田间郁闭，植株之间的相互遮阳会使茎秆徒长、纤细，极易发生倒伏。生产中一定要按照不同品种的生物学特性来合理安排种植密度，在一般生产条件下，尽量不要超过品种推荐种植密度的上限。从健康栽培角度来讲，在高密度条件下适当加大行距可增强田间的通风透光能力，有利于促进基部茎节的发育，同时也会减轻田间玉米植株对风的阻力，可在一定程度上减轻倒伏的风险。玉米的行距可控制在70cm左右，一般不要小于60cm。大小行种植方式有利于减少倒伏概率。

（5）苗期蹲苗　蹲苗有控上促下、前控后促、控秆促穗的作用，但应根据苗情、墒情、地力等条件灵活掌握，原则上是"蹲黑不蹲黄、蹲肥不蹲瘦、蹲湿不蹲干"。蹲苗终期一般以拔节期为界。苗期有旺长趋势的田块，可采用中耕断根和控制土壤水分的方法进行蹲苗，能使地上部节间缩短，根系入土深广，从而有效防止玉米倒伏。但进行蹲苗的地块一般只适合于地力比较壮、土壤墒情比较好和有旺长趋势的地块，蹲苗时间不宜太长，在拔节之前一定要结束，否则会影响果穗分化。蹲苗主要适用于春玉米，夏玉米由于出苗后就进入高温多雨季节，基本上没有蹲苗的机会。

（6）增施钾肥　施肥要以基肥为主，氮、磷、钾应合理施用，钾肥具有提高茎秆强度的作用，缺钾地区要特别注意增施钾肥，以增强茎秆强度，提高茎秆抗倒伏能力。在目前生产上大量施用氮肥的情况下，提倡增施钾肥，与氮钾配合施用，防止偏施氮肥引起的徒长。钾肥宜早施，在播种时作种肥或在出苗后作苗肥施用。施用量可根据土壤肥力等状况来确定，一般每亩可施用硫酸钾或氯化钾 10～20kg。

（7）适期追氮　玉米生育期间追施氮肥可以促进植株或果穗的发育，有利于提高籽粒产量。追肥不宜过多、过早，尽可能避免在拔节期一次性追施氮肥，应将氮肥分成苗肥（或种肥）和穗肥 2 次追施。拔节期玉米基部茎节开始快速伸长，此时如果再追施大量氮肥，则会加速基部茎节的伸长，使倒伏的风险加大。所以生产上一般不提倡在拔节期追施氮肥，在施用种肥或苗肥的前提下，氮肥可延迟到大喇叭口期再追施。这样既可促进果穗的发育，同时也会减轻倒伏的发生。

（8）精细管水　遇旱灌、遇涝排，苗期玉米不灌或少灌水，使地上部节间变短，根系入土深而广，但在苗弱、墒情不足或干旱严重影响幼苗生长时，应及时灌溉，但要控制水量，切勿大水漫灌。抽雄前后是水分临界期，一旦出现旱情要及时灌溉，最好采用沟灌或隔沟灌的节水增效办法，灌水量一次不宜过大，防止在高温、多肥、过湿的情况下，引起倒伏。遇涝要及时排除。

（9）中耕培土　培土可以促进地上基部茎节气生根的发育，增强植株抗根倒的能力，是防止玉米倒伏的有效措施之一。培土可在拔节至封垄之前进行，中耕深度一般 5～8cm、净培土高度一般 8～10cm。

（10）防治病虫　苗期防治地老虎、蛴螬等地下害虫；大喇叭口期加强玉米螟的防治，防止玉米螟钻蛀茎秆遇风引起倒伏。

（11）喷施植物生长调节剂　种植密度比较大、有倒伏危险的地块，可在拔节以后喷施植物生长抑制剂来抑制株高，降低植株重心。如目前生产当中常用的乙烯利·矮壮素（金得乐）、30％胺鲜·乙烯利水剂（玉黄金）、矮壮素、40％羟烯·乙烯利水剂（玉米健壮素）等，在大喇叭口至抽雄期，每亩用40％羟烯·乙烯利水剂20～30mL，兑水15～20L喷施，可显著降低穗位和株高，减少空秆和小穗，增强抗倒伏能力。要注意在应用化控技术时，化控药剂的使用时期、浓度及喷施方式等一定要根据药剂说明书来进行，否则也会产生药害或造成减产。

199. 如何使用控旺药防止玉米倒伏？

倒伏一直是制约玉米高产、稳产的一个重要因素。防止玉米倒伏，除加强栽培管理等农艺措施外，喷施化学调节剂控旺防倒伏已被越来越广泛地应用于玉米的栽培管理中。

（1）玉米控旺最佳时机　玉米控旺剂最佳使用时期是玉米6～10叶期，即玉米"尺把高"至玉米"膝盖高"时，这个时期是玉米的拔节初期，喷打后可使玉米茎增粗，节间缩短，穗位高度降低，"霸王根"层数、条数增加，既可有效防止玉米倒伏，又可促进营养物质向穗部运转，减少空棵、秃尖。

（2）非控旺最佳时间控旺的危害　玉米控旺剂施用的最佳时间是玉米6～10叶期，过迟过早不但影响效果，还会造成危害。

控旺过早危害：玉米不足6叶期使用控旺剂，由于控制过早，造成玉米身秆不旺、茎秆过低，所以推荐在6叶期以后施用。

控旺过迟危害：玉米控旺剂使用过迟，叶片数超过12片，玉米已过拔节期，会造成以下几个问题。

① 给玉米造成不正确的缩节现象　本来应当使基部1～3节间缩短，现在反而造成中部4～5节间比基部1～3节间缩短，不但不能有效防止玉米倒伏，还导致玉米生长不良，后期造成玉米减产。

② 影响玉米雄穗分化　拔节后玉米雄穗即开始分化，如果此时控制玉米生长，就会影响玉米雄穗分化，导致玉米花粉量少，进而影响玉米授粉，最后影响玉米产量。所以玉米控旺一定不要迟。

（3）合适的控旺产品选择　理论上讲，凡是能够抑制玉米植株生长，对玉米起矮化强健作用的调节剂均能用于玉米控旺。目前，市场上此类产品种类繁多、名称五花八门，但究其化学成分，无外乎以下几类，或某一单剂，或其复配制剂。

① 矮壮素　矮壮素是赤霉酸的拮抗剂，其作用机理是抑制植株体内赤霉素的生物合成。它的生理功能是控制植株徒长，促进生殖生长，使植株节间缩短，根系发达，抗倒伏。

② 三唑类　如多效唑、烯效唑等。这类调节剂的作用机理是抑制内源赤霉素的生物合成，同时提高植物体内吲哚乙酸氧化酶的活性，降低内源生长素水平。它能明显减弱植株顶端生长优势，促进侧芽滋生，矮化植株。

③ 比久　比久能抑制内源赤霉素及生长素的生物合成，其主要作用是抑制新枝生长，缩短节间长度，增加叶片厚度，刺激根系生长。

④ 甲哌鎓　又名缩节胺、壮棉素。甲哌鎓可以抑制植株顶端生长，缩短节间长度，使株型紧凑，主要用于棉花整形。

⑤ 乙烯利　乙烯利是一种促进成熟的植物生长调节剂，能有效矮化植株，促进叶片、果实的成熟脱落。众多试验结果证明：玉米施用乙烯利能显著降低基部节间长度，茎基部变粗，支持根增多，株高明显下降，抗倒伏增产效果显著。同时，乙烯利用于玉米控旺，具有施用适期较长、适用浓度范围宽等优点。

（4）控制施用浓度与注意事项

① 严格控制施用浓度　玉米控旺剂作为植物生长调节剂，在不同的浓度范围内对植物的生理作用有所不同。浓度过低达不到应有效果，浓度过高则会产生严重的副作用。因此，选择合适的浓度是施用控旺产品的关键。

如乙烯利作为玉米控旺剂，其最佳施用浓度为 $300\sim500\text{mg/kg}$，以此浓度的乙烯利于玉米 6～10 叶期进行喷雾处理，能明显矮化玉米植株，增产显著。若施用浓度超过 1000mg/kg 则会导致玉米果穗发育畸形，穗粒数减少，减产严重。

其他控旺产品浓度可按照厂方推荐施用。

② 注意事项　要严格按照说明书配制药液，不得擅自提高药液浓度。要严格掌握喷施时期，不可提前或拖后，过早会抑制植株正常的生长发育，过晚则达不到应有的效果。不重喷、不漏喷，天旱不喷，喷玉米上部叶片，一扫而过，不可全株喷施。药液随配随用，不能久存，也不能与农药、化肥混用，以防失效。喷后 6 小时内遇雨，

减半药量再喷一次。喷药量还要因势而定，干旱少雨的年份可以适当减少控旺药使用量，多雨年份可适当加大使用量。高水肥、耐密植的高产田品种地块适于化控，低肥力的中低产田、缺苗补种三类苗地块及因特殊原因生物量明显不足的地块，不宜化控。

200. 如何使用控旺药剂胺鲜·乙烯利预防玉米植株倒伏?

控制作物旺长的药剂有多种，如多效唑多用于小麦、花生、红薯控旺；缩节胺多用于棉花控旺等；矮壮素只是让作物不再生长，不具备调节作用。因此，这些药剂在作物田没有太多应用。而玉米控旺药剂以胺鲜·乙烯利的复配剂最好。目前的复配剂商品有：国光必施、地生金、高玉金、玉黄金等。

（1）产品介绍 30％胺鲜·乙烯利水剂，含3％胺鲜酯、27％乙烯利，乙烯利是植物生长调节剂，具有增进植物乳液分泌，加速成熟、脱落、衰老以及促进开花的生理效应。最早应用于棉花后期催熟脱叶，现在也用于瓜类苗龄期刺激雌花的增多，秧苗节间变短，增加坐瓜率；还可用作番茄、西瓜等果蔬类的催熟，提早5～7天上市，增加甜度，促进种子成熟。

胺鲜酯也称DA-6，可与肥料混用，增加稳定性，提高有效储存时间；与杀菌剂复配使用，有明显的增效作用；与杀虫剂复配使用，可增加植物长势，增强作物的抗虫性，做到了既杀虫又增产；可与除草剂复配，不降低除草效果的同时，还能防止作物中毒，可谓作物的安全剂。胺鲜酯具有广谱，适用时期长，低成本高收益，提效、改质、解毒等功效，可适应低温，无毒副作用，可增进作物的光合作用，可调节植物体内的生长素、赤霉素、脱落酸、细胞分裂素、乙烯利等的活性和有效调节其配比平衡。

乙烯利和胺鲜酯的有机结合，可使玉米茎秆增粗、节间变短，后期穗位高度降低，气生根明显增多，极大增加了玉米的抗倒伏能力，且可抑制玉米的生理生长，促进玉米的生殖生长，让更多的营养物质积累转化，向穗部传导，减少空棵、秃尖，有增产的功效。

（2）喷施时间 玉米控旺产品用药时期通常为3～11叶期，最佳时机为6～10叶期（注意，玉米的叶龄要包含刚展开的苞叶）。即玉米至"膝盖高"的阶段，这个时期为玉米的拔节初期。喷施时间不宜过早或过晚，否则会导致生长不良，造成减产。

（3）**使用浓度**　每亩用 22.5～25mL，喷雾。

（4）**注意事项**

① 不重喷、漏喷，病弱苗不喷　玉米控旺药剂严禁重喷、漏喷。为保持玉米生长一致性，特殊低矮玉米可不喷施药液。

② 不可用植保无人机、弥雾机喷施　由于药械的特殊性，作用时风力太大，不能使用无人机或弥雾机喷施玉米控旺药剂，否则极易造成施药不匀，反而影响玉米正常生长。

③ 可添加甲维盐、氯虫苯甲酰胺等杀虫剂共防玉米螟等害虫　在对玉米施药时，在喷施控旺药剂的同时，可加入甲维盐、高效氯氰菊酯或氯虫苯甲酰胺等防治玉米螟、钻心虫类害虫，达到共防、省时、省工、省力的目的。

参考文献

［1］王迪轩，陈军燕．玉米优质高产问答．北京：化学工业出版社，2013．

［2］鲁传涛，等．农作物病虫害诊治原色图谱．北京：中国农业科学技术出版社，2013．

［3］徐洪明，张旭，顾新颖．玉米优质高产栽培新技术．北京：中国农业科学技术出版社，2015．

［4］寿永前，陈彦伟．小麦玉米抗逆高产栽培技术．北京：中国农业科学技术出版社，2015．

［5］夏来坤，乔江方，朱卫红，等．一本书明白玉米高产与防灾减灾技术．郑州：中原农民出版社，2016．

［6］陈亚东．图说玉米生长异常及诊治．北京：中国农业出版社，2016．

［7］苏前富，高月波，张庆贺．春玉米全生育期植保技术应用手册．北京：中国农业出版社，2018．

［8］刘霞，穆春华，尹秀波．一本书明白玉米安全高效与规模化生产技术．济南：山东科学技术出版社，2018．

［9］刘伟，李淑欣，历春萌．玉米高产栽培与病虫害防治．北京：中国农业科学技术出版社，2019．